高职高专电子信息专业系列教材

EDA技术（第2版）

吴翠娟 主编
武 艳 徐 进 副主编

清华大学出版社
北京

内容简介

本书主要介绍可编程逻辑器件CPLD/FPGA的设计应用技术，设计芯片选用Altera公司的FPGA器件，以Quartus Ⅱ为设计开发平台。为了满足以MAX＋plus Ⅱ为设计开发平台的读者的需求，附录中介绍全加器的MAX＋plus Ⅱ平台设计开发，便于读者学习在MAX＋plus Ⅱ开发平台中进行CPLD/FPGA设计开发。

本书共分6个项目，分别为：认识EDA技术及可编程逻辑器件；4位全加器电路设计；3人多数表决器电路的VHDL设计；简易8路抢答器电路设计；计时器电路设计；交通灯控制器电路设计。项目设置从简到繁，从原理图设计到VHDL设计，系统介绍CPLG/FPGA的设计开发过程。

本书以项目引导、任务驱动为编写体系组织内容，职业特色更加突出，教学实施过程更符合学习的认知规律，以日常生活中学生熟悉的电子小产品为项目载体，引导职业岗位技能培养的整个教学实施过程。书中将项目分解为多个任务，将晦涩难懂的理论知识分散在各个任务的学习情境中，降低了学习难度，有效提高了学生的学习兴趣。

本书可作为高职高专院校电子信息类专业"数字电路"和"EDA技术"课程的教材或课程设计指导书。

图书在版编目(CIP)数据

EDA技术/吴翠娟主编. --2版. --北京：清华大学出版社，2016(2019.8重印)
高职高专电子信息专业系列教材
ISBN 978-7-302-42967-8

Ⅰ. ①E… Ⅱ. ①吴… Ⅲ. ①电子电路－电路设计－计算机辅助设计－高等职业教育－教材
Ⅳ. ①TN702

中国版本图书馆CIP数据核字(2016)第030496号

责任编辑：王剑乔
封面设计：常雪影
责任校对：刘　静
责任印制：刘海龙

出版发行：清华大学出版社
网　　址：http://www.tup.com.cn，http://www.wqbook.com
地　　址：北京清华大学学研大厦A座　　**邮　　编**：100084
社 总 机：010-62770175　　**邮　　购**：010-62786544
投稿与读者服务：010-62776969，c-service@tup.tsinghua.edu.cn
质量反馈：010-62772015，zhiliang@tup.tsinghua.edu.cn
课件下载：http://www.tup.com.cn，010-62770175-4278
印 装 者：清华大学印刷厂
经　　销：全国新华书店
开　　本：185mm×260mm　　**印　　张**：14　　**字　　数**：320千字
版　　次：2009年11月第1版　2016年6月第2版　　**印　　次**：2019年8月第2次印刷
定　　价：39.00元

产品编号：068017-02

PREFACE 前言

本教材为江苏省省级精品课程“EDA 技术”的配套教材，第 1 版获江苏省精品教材建设立项。随着精品课程教学改革和建设过程的不断深入，以及教育教学理念不断更新，为了贯彻新的教育教学模式，我们致力于第 1 版教材的修订工作，修订教材即第 2 版教材获江苏省 2014 年高等学校重点教材建设立项。

本版教材以项目引导、任务驱动模式为编写体系组织内容，以工作任务为中心，让学生在完成具体项目的过程中学会完成相应的工作任务，构建相关理论知识体系，发展职业能力，使教材的职业特色更加突出，教学实施过程更符合学习的认知规律。本教材编写立足于培养学生的综合职业能力，激发学生的学习兴趣，推行做中学、做中教、精讲多练的教学方法。本教材根据课程教学大纲和课程标准，分解课程的知识点，选择合适的项目载体，完成各知识点的学习和实践。

本教材修订的原则是：①以社会就业和行业需求为导向，突出以需求为基础、以能力为本位的教学模式，体现职业教育的特点，教材内容选取符合由浅入深、由易到难、循序渐进的认知规律；②项目引导、任务驱动，突出职业技能的培养，选用的项目载体是日常生活中学生熟悉的电子小产品，将项目分解为多个任务，将晦涩难懂的理论知识分散在各个项目任务中学习，既可降低学习难度，又可有效提高学生的学习兴趣；③教材内容力争反映专业的新知识、新技术、新工艺、新方法。

本教材的特色与创新表现在以下几个方面：以项目引导，任务驱动，职业特色突出，符合认知和技能的形成规律。教材内容反映专业的新知识、新技术、新工艺、新方法。校外实训基地企业工程师直接参与本教材的开发和编写，校企合作，更贴近职业岗位对人才素质的培养要求。

本教材由苏州经贸职业技术学院吴翠娟担任主编，武艳、徐进担任副主编。吴翠娟负责统稿，并编写了项目 2 和项目 3，武艳编写了项目 4 和项目 5，徐进编写了项目 1 和项目 6，苏州市苏州中科集成电路设计公司总经理汤晓蓉和苏州易米克电子有限公司总经理禹世源参与了本教材的编写开发工作共同完成了附录的编写,并在教材的编写过程中,从企业对毕业生的岗位能力需求,到项目载体的选择、工作任务的划分、教材的体系结构等,提出了很多宝贵的建议,在此对企业工程技术人员在校企合作开发教材中所做的贡献表示感谢。

由于编者水平有限,教材中难免存在疏漏之处,敬请广大读者批评指正。读者的反馈意见和建议可发送至电子邮箱:cjuan_w@126.com,我们在此表示衷心的感谢!

编　者

2016年4月

CONTENTS

目录

Project 1

项目 1

认识 EDA 技术及可编程逻辑器件

本项目介绍 EDA 技术及可编程逻辑器件。通过学习，学生可初步认识 EDA 技术及可编程逻辑器件。主要学习目标为：了解 EDA 技术的发展历程、常用的 EDA 软件平台，了解可编程逻辑器件的分类及发展，掌握可编程逻辑器件的基本结构，理解 CPLD 和 FPGA 的结构特点，了解 Altera 公司的可编程逻辑器件。

任务 1.1　认识 EDA 技术

电子设计自动化（Electronic Design Automation，EDA）是在 20 世纪 90 年代初从 CAD、CAM、CAT 和 CAE 的概念发展起来的。

① CAD(Computer Assist Design)：计算机辅助设计。

② CAM(Computer Assist Manufacture)：计算机辅助制造。

③ CAT(Computer Assist Test)：计算机辅助测试。

④ CAE(Computer Assist Engineering)：计算机辅助工程。

EDA 技术是在电子 CAD 技术基础上发展起来的计算机软件系统，是指以计算机为工作平台，融合应用电子技术、计算机技术、信息处理及智能化技术的最新成果，进行电子产品的自动设计。利用 EDA 工具，电子设计师可以从概念、算法、协议等开始设计电子系统，大量工作通过计算机完成，并将电子产品从电路设计、性能分析到设计 IC 板图或 PCB 板图的整个过程在计算机上自动处理完成。在机械、电子、通信、航空航天、化工、矿产、生物、医学、军事等各个领域，都有 EDA 的应用。目前，EDA 技术在各大公司、企事业单位和科研教学部门广泛使用。例如，在飞机制造过程中，从设计、性能测试及特性分析，直到飞行模拟，都可能涉及 EDA 技术。

EDA 技术代表了当今电子设计技术的最新发展方向，它是电子设计领域的一场革命。它的基本特征是：设计人员按照"自顶向下"的设计方法，对整个系统进行方案设计和功能划分；然后采用硬件描述语言（HDL）完成系统行为级设计；最后通过综合和适配，生成最终的目标器件。这样的设计方法称为高层次的电子设计方法。随着大规模集成电路和计算机技术的发展，特别是各应用领域 ASIC（Application Specific Integrated Circuit）的设计驱动，EDA 技术在电子系统设计中的应用越来越广泛，成为电子设计领域重要的设计手段。不仅电子类技术项目研究开发越来越依赖 EDA 技术，而且在普通电子产品的开发中，EDA 技术的应用常常使一些原来的技术瓶颈得以轻松突破，大大缩短了产品开发周期,大幅提高了产品的性价比。

EDA 技术主要针对电子电路设计仿真、PCB 设计、IC 设计和可编程逻辑器件设计。EDA 设计分为系统级、电路级和物理实现级。本教材主要介绍可编程逻辑器件中的FPGA(Field Programmable Gate Array,现场可编程门阵列)设计。

本项目首先介绍 EDA 技术的发展概况,然后简要介绍 EDA 技术涉及的 PLD(Programmable Logic Device)、VHDL(Very High Speed Integrated Circuits Hardware Description Language)、EDA 工具 3 个要素,最后介绍 EDA 的数字系统设计技术。

EDA 工具众多,根据高职高专学生的特点,通过多年的教学实践,我们精选 4 个典型的软件来介绍,PCB 设计的软件为 Protel DXP 2004、PADS Power、Ultiboard 10;CPLD/FPGA 设计的软件为 MAX+plus Ⅱ。

1.1.1 EDA 技术的发展历程

1. EDA 技术的发展过程

EAD 技术是以计算机和微电子技术的发展为先导发展起来的电子系统设计软件工具。EDA 技术有力地促进了微电子技术水平的发展;反过来,由于微电子技术和制造工艺的飞速发展不断对 EDA 技术提出新的要求,也有力地促进了 EDA 技术的发展。综观EDA 技术的发展历程,大致分为以下 3 个阶段。

1) CAD 阶段(20 世纪 60 年代至 80 年代初期)

在这个阶段,人们研制出相对独立的软件工具,典型的有 PCB 制板布线设计以及其他用于电路仿真的工具。该阶段的主要贡献是使设计者从烦琐、重复的计算和绘图中解脱出来。该阶段的产品主要有 AutoCAD、Tango、Protel、SPICE 等软件。20 世纪 80 年代,由于集成电路规模不断发展,EDA 技术在此期间有了较大的突破,针对产品开发的设计、分析、生产、测试等工具包不断出现,有力地促进了微电子技术的发展。但该时期EDA 软件的局限性很明显,各个软件工具包相互独立,而且由不同公司开发,一般每个工具包只完成一项任务,各工具包之间的衔接需要人工干预,这给使用者提出了挑战,不仅要全面掌握电路设计的知识,而且要同时熟悉多家公司互不兼容的软件,严重影响设计速度。同时,该时期的 EDA 软件不能处理复杂电子系统设计中系统级的综合与仿真。

2) CAE 阶段(20 世纪 80 年代初期至 90 年代)

在这一阶段,EDA 技术有了较大的发展,主要体现在设计工具的集成方面。一个软件一般包含原理图输入、编译与连接、逻辑模拟、测试码生成、版图自动布局、单元库和门阵列等内容。设计从原理到版图实现自动化,推进了 ASIC 的发展。

3) EDA 阶段(20 世纪 90 年代至今)

EDA 技术在微电子技术飞速发展的推动下获得了突飞猛进的发展,设计工具完全集成化,可以实现以 HDL 语言为主的系统级综合与仿真,从设计输入到版图的形成,几乎不需要人工干预,因此整个流程实现了自动化。该阶段 EDA 的发展还促进了设计方法的转变,由传统的自底向上的设计方法逐渐转变为自顶向下的设计方法。该阶段的EDA 软件主要有如下特点。

① 高层综合：从RTL级（寄存器传输级）提升到系统级（行为级）。

② 采用硬件描述语言：如VHDL、Verilog、AHDL等硬件描述语言。

③ 可测试性：JTAG接口可以测试到内部的每一个逻辑单元。

④ IP核的采用（特别μP核），实现软、硬件协同设计。

⑤ 并行设计（在工作站下多人共同设计一个复杂的系统）。

⑥ SOC阶段（System on Chip）。

20世纪90年代中期开始，人们致力于发展第4代EDA工具，使EDA技术发展到SOC阶段。第4代EDA工具围绕深亚微米工艺特点展开，试图在行为级对系统进行描述、模拟和综合，将前端设计和后端设计以及测试融为一体。同时，研究开发模拟电路设计自动化技术。如果一个EDA工具能够将从系统的行为描述开始，到系统的物理实现为止的全部设计工作自动完成，则称其为全程EDA工具。目前，全程EDA技术还在不断发展中。

2. EDA技术的发展方向

EDA技术发展的下一阶段是ESDA（电子系统设计自动化）和CE（并行设计工程）。

ESDA强调建立从系统到电路的统一描述语言，同时考虑仿真、综合与测试，将定时、驱动能力、电磁兼容性、机械和散热等约束条件都加到设计综合中，统一进行设计描述和优化，提高设计的一次成功率。

CE设计方式的核心是在设计阶段就对设计对象（产品）具有全面的可预见性。它要求设计者从一开始就考虑设计产品的质量、成本、开发周期、用户需求和市场占有周期等综合因素。由于EDA工具基本为多功能模块的开放式集成设计环境，同一个设计工程可切割为若干模块，各模块的设计完全可以在统一规范下齐头并进。这种并行工程设计方式将大大提高设计效率，缩短设计周期，从而在激烈的技术市场竞争中处于有利地位。

3. EDA技术的发展趋势

从目前的EDA技术看，其发展趋势是政府重视、使用普及、应用广泛、工具多样、软件功能强大。

中国EDA市场渐趋成熟，不过大部分设计工程师面向的是PCB制板和小型ASIC领域，仅有小部分（约11%）设计人员开发复杂的片上系统器件。

未来的EDA技术发展将渗透到信息通信领域，广泛应用于高速宽带信息网、深亚微米集成电路、新型元器件、计算机及软件技术、第三代移动通信技术、信息管理、信息安全技术，积极开拓以数字技术、网络技术为基础的新一代信息产品中。在制造业信息化中利用EDA技术开展便于合作设计、合作制造、参与国内和国际竞争的“网络制造”，开展“数控化”工程和“数字化”工程。EDA技术将与自动化仪表的测试技术、控制技术与计算机技术、通信技术进一步融合，形成测量、控制、通信与计算机（M3C）结构。EDA技术在ASIC和PLD设计方面，将向超高速、高密度、低功耗、低电压方面发展。EDA技术与外设技术相结合，在组合超大屏幕的相关连接、多屏幕技术中有所发展和突破。

中国自1995年以来加速开发半导体产业，先后建立了几所（北京、西安、成都、苏州、上海EDA中心）设计中心，推动系列设计活动，以应对亚太地区其他EDA市场的竞争。

在EDA软件开发方面，目前主要集中在美国。各国也在努力开发相应的工具。日本、韩国都有 ASIC 设计工具,但不对外开放。中国华大集成电路设计中心也提供 IC 设计软件,但性能不是很强。相信在不久的将来,会有更多、更好的设计工具在各地开花并结果。据最新统计显示,中国和印度成为电子设计自动化领域发展最快的两个市场,年复合增长率分别达到了 50%和 30%。

EDA 技术发展迅猛,完全可以用日新月异描述。EDA 技术应用广泛,涉及各行各业。EDA 水平不断提高,设计工具趋于完美。EDA 市场日趋成熟,但我国的研发水平仍很有限,需迎头赶上。

1.1.2 EDA 常用软件

EDA 工具层出不穷,目前进入我国并具有广泛影响的 EDA 软件有 Multisim、PSPICE、OrCAD、PCAD、Protel、Protel DXP、Altium Designer、ViewLogic、Mentor、Graphics、Synopsys、LSIlogic、Cadence、MicroSim 等。这些工具都有较强的功能,一般可用于几个方面。例如,很多软件都可以用于电路设计与仿真,还可以完成 PCB 自动布局布线,可输出多种网表文件与第三方软件接口。下面按主要功能或主要应用场合,分为电子电路设计与仿真工具、PCB 设计软件、IC 设计软件、PLD 设计工具进行简单介绍。

1. 电子电路设计与仿真软件

大家可能都采用试验板或其他东西制作过一些电子产品,其过程是:根据设计思路和原理绘画原理图;绘制 PCB 图并送 PCB 制作厂家制板;装配、焊接电子元器件;调试、检验整体电路等。有的时候,我们会发现做出来的东西存在一些设计中没有考虑的问题和缺陷。这样一来,将浪费很多时间和物资,而且增加了产品的开发周期,延续了产品的上市时间,从而使产品失去市场竞争优势。有没有能够不动用电烙铁、试验板,就能知道结果的方法呢?结论是有,这就是电路设计与仿真技术。

说到电子电路设计与仿真工具这项技术,就不能不提到美国,不能不提到他们的飞机设计为什么有很高的效率。以前我国定型一个中型飞机的设计,从草案到详细设计、风洞试验,再到最后出图,到实际投产,整个周期大概要 10 年,而美国是 1 年。为什么会有这样大的差距呢?因为美国在设计时大部分采用的是虚拟仿真技术,把多年积累的各项风洞实验参数都输入电脑,然后通过电脑编程,编写出一个虚拟环境的软件,使它能够自动套用相关公式和调用相关经验参数。于是,只要把飞机的外形设计数据输入这个虚拟的风洞软件进行试验,哪里不合理、有问题,就改动哪里,直至获得最佳效果,效率自然提高。最后,只要在实际环境中测试几次,找找不足,就可以定型了,从波音 747 到 F16 都是采用这种方法。空气动力学方面的数据由资深专家提供,软件开发商是 IBM 公司,飞行器设计工程师只需利用仿真软件在计算机平台上进行各种仿真调试工作即可。同样地,其他的很多工作都可以采用类似的方法,从大到小,从复杂到简单,甚至包括设计家具和作曲,只是具体软件的内容不同。

电子电路设计与仿真工具包括 Multisim、SPICE、PSPICE、MATLAB、SystemView、Edison、Tina Pro Bright Spark 等。下面简单介绍 3 个软件。

1) Multisim 软件

Multisim 是美国国家仪器(NI)有限公司推出的以 Windows 为基础的仿真工具,适用于板级的模拟/数字电路板的设计工作。它包含了电路原理图的图形输入、电路硬件描述语言输入方式,具有丰富的仿真分析能力。工程师们可以使用 Multisim 交互式地搭建电路原理图,并对电路进行仿真。Multisim 提炼了 SPICE 仿真的复杂内容,工程师无须懂得深入的 SPICE 技术就可以很快地进行捕获、仿真和分析新的设计。通过 Multisim 和虚拟仪器技术,PCB 设计工程师可以完成从理论到原理图捕获与仿真,再到原型设计和测试,这样一个完整的综合设计流程;还能进行 VHDL 仿真和 Verilog HDL 仿真。目前其最新版本为 Multisim 14。

2) SPICE 软件

SPICE(Simulation Program with Integrated Circuit Emphasis)是最普遍的电路级模拟程序,是 20 世纪 80 年代全世界应用最广的电路设计软件,1998 年被定为美国国家标准。各软件厂家提供了 VSPICE、HSPICE、PSPICE 等不同版本的 SPICE 软件,其仿真核心大同小异,都采用了由美国加州 Berkeley 大学开发的 SPICE 模拟算法。

1984 年,美国 Microsim 公司推出了基于 SPICE 的微机版 PSPICE(Personal-SPICE)。现在用得较多的是 PSPICE 6.2。可以说,在同类产品中,它是功能最强大的模拟和数字电路混合仿真 EDA 软件,在国内普遍使用。最新的 PSPICE 9.1 版本可以完成各种电路仿真、激励建立、温度与噪声分析、模拟控制、波形输出、数据输出,并在同一窗口内同时显示模拟与数字仿真结果。无论对哪种器件、哪些电路进行仿真,都可以得到精确的仿真结果,并可以自行建立元器件及元器件库。

3) MATLAB 软件

MATLAB 的一大特性是有众多的面向具体应用的工具箱和仿真块,包含完整的函数集用来对图像信号处理、控制系统设计、神经网络等特殊应用进行分析和设计。它具有数据采集、报告生成和 MATLAB 语言编程产生独立 C\C++代码等功能。MATLAB 产品族具有下列功能:数据分析、数值和符号计算、工程与科学绘图、控制系统设计、数字图像信号处理、财务工程、建模、仿真、原型开发、应用开发、图形用户界面设计等。MATLAB 产品族广泛应用于信号与图像处理、控制系统设计、通信系统仿真等领域。其开放式结构使 MATLAB 产品族很容易针对特定的需求进行扩充,从而在不断深化认识问题的同时,提高自身的竞争力。

2. PCB 设计软件

PCB(Printed Circuit Board)设计软件的种类很多,如 Protel、Protel DXP、Altium Designer、OrCAD、PCAD、ViewLogic、PowerPCB、Cadence PSD、Mentor Graphices Expedition PCB、Zuken CadStart、PCB Studio、Tango、PCBWizard、UltiBoard 7 等。下面简单介绍两个软件。

1) Altium Designer 软件

Altium Designer 是原 Protel 软件开发商 Altium 公司推出的一体化电子产品开发系统,主要运行在 Windows 操作系统。这套软件通过把原理图设计、电路仿真、PCB 绘制编辑、拓扑逻辑自动布线、信号完整性分析和设计输出等技术完美融合,提供全新的设计解决方案,使设计者轻松完成设计。熟练使用这一软件,将使电路设计的质量和效率大大提高。目前其最新版本为Altium Designer 15,简称AD15。

Altium Designer除了全面继承包括Protel 99SE、Protel DXP在内的先前一系列版本的功能和优点外,增加了许多改进和高端功能。该平台拓宽了板级设计的传统界面,全面集成了FPGA设计功能和SOPC设计实现功能,允许工程设计人员将系统设计中的FPGA与PCB设计及嵌入式设计集成在一起。由于Altium Designer在继承先前Protel软件功能的基础上,综合了FPGA设计和嵌入式系统软件设计功能,Altium Designer对计算机的系统需求比先前的版本要高一些。

2) PADS软件

PADS软件是Mentor Graphics公司推出的电路原理图和PCB设计工具软件,是国内从事电路设计的工程师和技术人员主要使用的电路设计软件之一,是PCB设计高端用户最常用的工具软件。PADS软件可以直接导入其他软件的设计图纸,非常方便,广泛用于手机PCB设计,以及MID和其他消费类电子产品的PCB设计。目前最新版本为PADS 9.5。

PADS软件作为业界主流的PCB设计平台,以其强大的交互式布局布线功能和易学易用等特点,在通信、半导体、消费电子、医疗电子等当前最活跃的工业领域应用广泛。PADS涵盖了从原理图网表导入,规则驱动下的交互式布局布线,DRC/DFT/DFM校验与分析,直到最后的生产文件(Gerber)、装配文件及物料清单(BOM)输出等全方位功能需求,确保PCB工程师高效率地完成设计任务。

3. IC设计软件

IC设计工具很多。按市场所占份额,ASIC设计领域软件供应商排名为Cadence、Mentor Graphics和Synopsys。其他公司的软件相对来说使用者较少。中国华大公司也提供ASIC设计软件(熊猫2000)。另外,近来出名的Avanti公司是由原来在Cadence公司的几个华人工程师创立的,其设计工具可以全面地和Cadence公司的工具相抗衡,非常适用于深亚微米的IC设计。下面按用途介绍IC设计软件。

1) 设计输入工具

这是任何一种EDA软件必须具备的基本功能,如Cadence公司的Composer,ViewLogic公司的ViewDraw。硬件描述语言VHDL、Verilog HDL是主要的设计语言,许多设计输入工具都支持HDL(比如MultiSim等)。另外,像Active HDL和其他设计输入方法,包括原理和状态机输入方法,设计FPGA/CPLD的工具大都可作为IC设计的输入手段,如Xilinx、Altera等公司提供的开发工具ModelSim FPGA等。

2) 设计仿真工具

使用EDA工具最大的好处是可以验证设计是否正确。几乎每个公司的EDA产品都有仿真工具。Verilog XL、NC Verilog用于Verilog仿真,Leapfrog用于VHDL仿真,Analog Artist用于模拟电路仿真。ViewLogic的仿真器有ViewSim门级电路仿真器、Speedwave VHDL仿真器和VCS Verilog仿真器。Mentor Graphics有其子公司Model Tech出品的VHDL和Verilog双仿真器ModelSim。Cadence、Synopsys公司用的是

VSS(VHDL仿真器)。现在的趋势是各大EDA公司都逐渐采用HDL仿真器作为电路验证的工具。

3) 综合工具

综合工具可以把HDL变成门级网表。在这方面,Synopsys工具有较大优势,其Design Compile是一个综合的工业标准。它有另外一个产品Behavior Compiler,提供更高级的综合。

在美国新推出的软件Ambit,据说比Synopsys公司的软件更有效,可以综合50万门电路,速度更快。随着FPGA设计规模越来越大,各EDA公司开发了用于FPGA设计的综合软件,比较有名的有:Synopsys公司的FPGA Express、Cadence公司的Synplity和Mentor公司的Leonardo。这3种FPGA综合软件占有了绝大部分市场份额。

4) 布局和布线

在IC设计的布局布线工具中,Cadence公司的软件比较强,它有很多产品,用于标准单元、门阵列,可实现交互布线。最有名的是Cadence Spectra。它原来用于PCB布线,后来Cadence公司把它用来作IC布线,其主要工具有Cell3,Silicon Ensemble标准单元布线器,Gate Ensemble,门阵列布线器;Design Planner,布局工具。其他EDA软件开发公司也提供各自的布局布线工具。

5) 物理验证工具

物理验证工具包括板图设计工具、板图验证工具、板图提取工具等。在这个方面,Cadence公司的软件也很强大,其Dracula、Virtuso、Vampire等物理工具拥有广泛的使用者。

6) 模拟电路仿真器

上述仿真器主要针对数字电路。对于模拟电路的仿真工具,普遍使用SPICE。这是唯一的选择,只不过可以选择不同公司的SPICE,像MicroSim的PSPICE、Meta Soft的HSPICE等。HSPICE现在被Avanti公司收购了。在众多SPICE中,HSPICE用于IC设计,其模型多,仿真的精度也高。

4. PLD设计软件

PLD(Programmable Logic Device,可编程逻辑器件)是一种由用户根据需要自行构造逻辑功能的数字集成电路。目前主要有两大类型:CPLD(Complex PLD,复杂的可编程逻辑器件)和FPGA(Field Programmable Gate Array,现场可编程门阵列)。它们的基本设计方法是借助于EDA软件,用原理图、状态机、布尔表达式、硬件描述语言等方法,生成相应的目标文件,然后用编程器或下载电缆,由目标器件实现。生产PLD的厂家很多,但最有代表性的是Altera公司、Xilinx公司和Lattice公司。

可编程逻辑器件的逻辑功能可利用EDA技术完全由用户根据需要,通过对器件的编程设计来实现。可编程逻辑器件的这种设计方法由集成电路的工艺所支持。

可编程逻辑器件和门阵列、标准单元的半定制工艺器件设计方法的不同之处在于,IC制造厂家以标准单元的模块的形式完成初期布局和可编程布线等工序;更大的区别在于可编程逻辑芯片将这种"待完成工序"的芯片进行封装,以成品的形式进入市场,供设计者根据设计需要进行"再开发"。在PLD先进工艺的支持下,设计人员完成板图设计后,在实验室内就可以烧制出自己的芯片,无须IC厂家的参与。它不仅具有设计灵活、性能高、速度快等优势,而且开发周期短、成本低廉。在半导体领域中,随着设计技术和制造工艺的完善,器件性能、集成度、工作频率等指标不断提升,PLD应用日益普及,已成为集成电路中最具活力和前途的产业,越来越多地成为系统级芯片设计的首选。

PLD的开发工具一般由器件生产厂家提供,但随着器件规模不断增加,软件的复杂性随之提高,目前由专门的软件公司与器件生产厂家使用,推出功能强大的设计软件。

目前应用广泛、有较大影响的CPLD/FPGA开发软件有:Altera公司的MAX+plus Ⅱ、Quartus Ⅱ;Xilinx公司的Foundation、ISE;Lattice公司的ispEXPERT、ispLEVEL等EDA开发软件。这些PLD开发软件对VHDL语言、Verilog HDL语言的综合都能很好地支持。

MAX+plus Ⅱ友好的编辑界面,易学易用的特点深受国内研究人员、高校师生的青睐。但目前Altera公司停止了对MAX+plus Ⅱ的更新支持。Quartus Ⅱ继承了MAX+plus Ⅱ友好的图形界面及简便的使用方法,具有更加强大的设计能力和直观易用的接口,越来越受到数字系统设计者的欢迎。

PLD是一种可以完全替代74系列及GAL、PLA的新型电路。设计人员只要有数字电路基础知识,会使用计算机,就可以进行PLD的开发。PLD的在线编程能力和强大的开发软件,使工程师可以在几天,甚至几分钟内完成以往几周才能完成的工作,并可将数百万门的复杂设计集成在一块芯片内。PLD在发达国家已成为电子工程师必须掌握的技术。

任务1.2 认识可编程逻辑器件

可编程逻辑器件(Programmable Logic Device,PLD)是一种由用户根据需要而自行构造逻辑功能的数字集成电路。目前主要有两大类型:CPLD(Complex PLD,复杂的可编程逻辑器件)和FPGA(Field Programmable Gate Array,现场可编程门阵列)。

1.2.1 可编程逻辑器件分类

1. 数字集成电路的分类

数字集成电路的分类如图1-1所示。

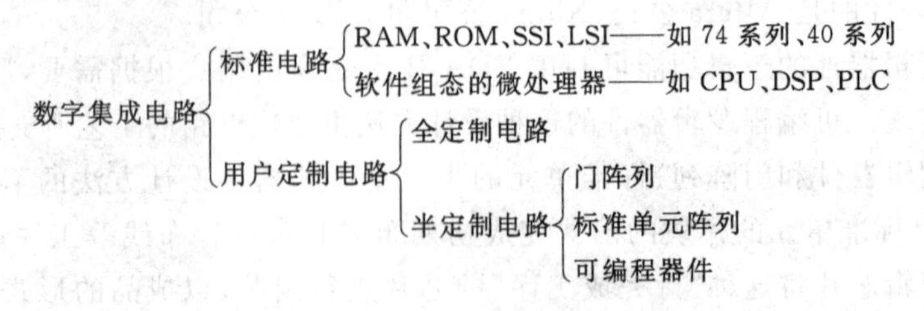

图1-1 数字集成电路的分类

标准电路的功能是固定的，用户只能根据功能要求选用相应的集成电路。

用户定制电路又称为专用集成电路(Application Specific Integrated Circuit，ASIC)，是为满足某一应用领域或特定用户需要而设计、制造的大规模集成电路LSI或超大规模集成电路VLSI，可以将特定的电路或一个应用系统设计在一块芯片上，构成单片应用系统SOC。

全定制电路的各层(掩膜)都是按特定电路功能专门制造的。设计人员从晶体管级的版图尺寸、位置和互连线开始设计，以达到芯片面积利用率高、速度快、功耗低的最优性能。全定制的ASIC制作费用高，周期长，适用于批量较大的产品。

半定制是一种约束性设计方式。约束的目的是简化设计，缩短设计周期，以及提高芯片的成品率。半定制的ASIC主要有门阵列、标准单元和可编程逻辑器件3种。

门阵列包括门电路、触发器等，并留有布线区供设计人员连线。用户根据需要设计电路，确定连线方式，交生产厂家布线。

标准单元是厂家提供给设计人员使用的，利用CAD(或EDA)工具完成板图级的设计。与门阵列相比、其设计灵活，功能强，但设计周期长，费用高。

可编程逻辑器件是厂家提供的通用型半定制器件(PLD)，用户可以根据功能需要，借助特定的EDA软件进行设计编程，实现满足要求的电路。通过可编程逻辑器件设计电路，成本低，设计周期短，可靠性高，风险小。

2. 可编程逻辑器件的分类

1) 按集成度分类

可编程逻辑器件按照集成度分为低密度器件(Low Density Programmable Logic Device，LDPLD)和高密度器件(High Density Programmable Logic Device，HDPLD)两类，如图1-2所示。

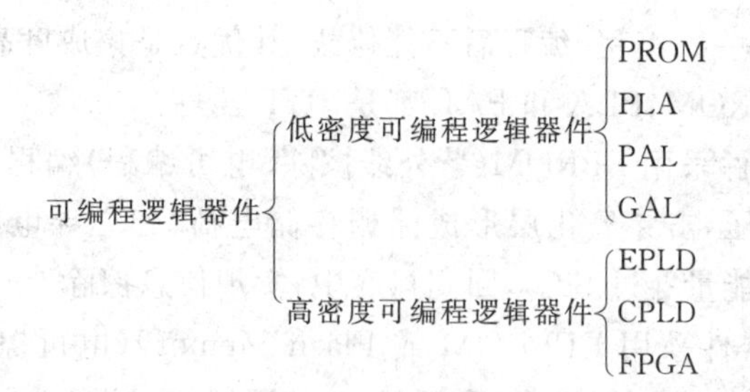

图1-2 编程逻辑器件按集成度分类

LDPLD器件主要是指早期发展起来的PLD，集成度一般小于700门。

HDPLD的集成度一般大于700门，特别是近几年FPGA技术发展迅速，集成度不断提高，如Altera公司的ACEX1K100器件的集成度高达10万门。Altera公司和Xilinx公司相继推出300万门以上的可编程逻辑器件。目前应用广泛的是CPLD和FPGA这两类器件。

2) 按结构特点分类

由于可编程器件大多是从与/或阵列和门阵列发展起来的，所以将可编程器件按结构特点分为两大类,如图 1-3 所示。

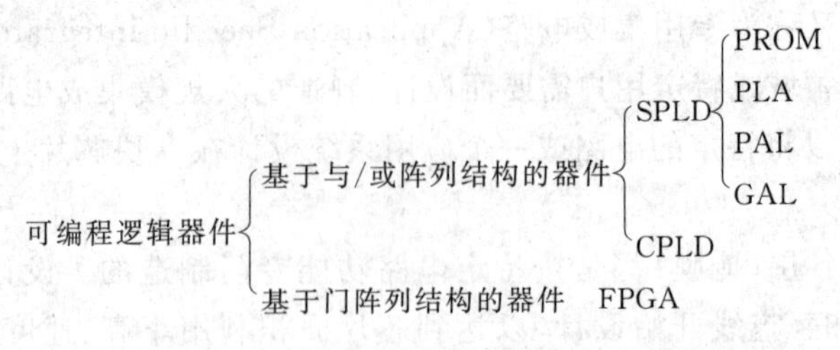

图 1-3 可编程逻辑器件按结构特点分类

基于与/或阵列结构的 PLD 由与阵列和或阵列组成,常简称为阵列结构。

基于门阵列结构的 PLD 又称为现场可编程门阵列 FPGA,由可编程逻辑单元组成。它与/或阵列的结构不同,而且不同公司、不同系列产品的组织结构不完全相同。与与/或阵列型 PLD 相比,现场可编程门阵列 FPGA 由于内部的触发器较多,因此更适合时序电路设计和复杂算法的研究。

3) 按编程方式分类

可编程逻辑器件按照编程方式,分为一次性编程(One Time Programmable,OTP)器件和多次可编程(Multiple Time Programmable,MTP)器件,如图 1-4 所示。

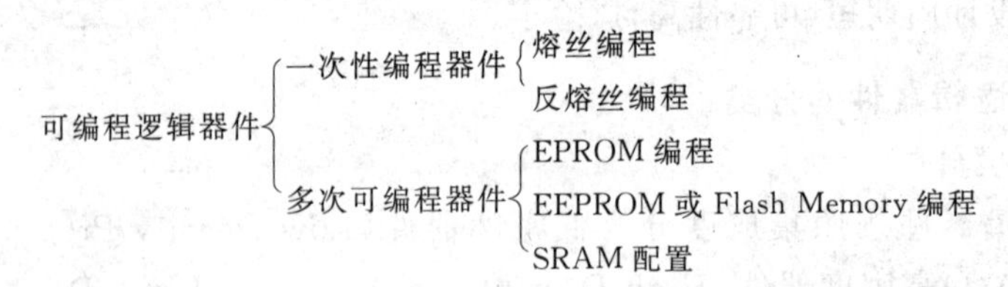

图 1-4 可编程逻辑器件按编程方式分类

OTP 器件只允许一次编程,编程后不能修改,其优点是集成度高、工作频率和可靠性高、抗干扰性能强。PROM、PLA 和 PAL 都是 OTP 器件。

大多数 EPLD 器件采用 EPROM(紫外线擦除、电可编程)编程。其工艺采用浮栅结构,在栅、漏之间加高压,击穿氧化层形成浮栅存储电荷,建立导电沟道。紫外线使浮栅中的电子获得足够的能量穿过 SiO_2,回到衬底中,实现信息擦除。

GAL 和 CPLD 器件采用 EEPROM 或 Flash Memory(电可擦除、电可编程)编程。其工艺也采用浮栅技术,控制栅极 G_1 和浮栅 G_2。浮栅 G_2 与漏极之间有一层极薄的氧化层(10～15μm),产生隧道效应。编程时,源极、漏极接地,G_1 加脉冲电压,衬底中的电子通过隧道注入 G_2,在衬底形成导电沟道。擦除时,G_1 接地,源极悬浮,漏极加 20V 电压脉冲。

目前,Xilinx 公司和 Altera 公司的 FPGA 器件都采用静态随机存取存储器(Static Random Access Memory,SRAM)来配置编程数据。采用 SRAM 配置数据的特点是:配置速度高,配置次数没有限制。而且互补输出的结构提高了器件的稳定性和抗干扰能力。

一般的 CPLD 器件基于 EEPROM 结构,FPGA 基于 SRAM 作为配置存储器,因此在系统应用中,FPGA 一般要外加非易失性存储器作为永久配置数据,在上电期间利用该数据配置FPGA器件。

1.2.2 可编程逻辑器件的发展

当今社会是数字化的社会，是数字集成电路广泛应用的社会。数字集成电路本身在不断地更新换代，由早期的电子管、晶体管、小中规模集成电路，发展到超大规模集成电路VLSI(Very Large Scale IC)以及许多具有特定功能的专用集成电路。但是，随着微电子技术的发展，设计与制造集成电路的任务已不完全由半导体厂商独立承担。系统设计师们更愿意自己设计专用集成电路(Application Specific IC，ASIC)芯片，而且希望ASIC的设计周期尽可能短，最好是在实验室里就能设计出合适的ASIC芯片，并且能立即投入实际应用。因而出现了可编程逻辑器件(Programmable Logic Device，PLD)，其中应用最广泛的当属现场可编程门阵列(Field Programmable Gate Array，FPGA)和复杂可编程逻辑器件(Complex Programmable Logic Device，CPLD)。

1. 第一代PLD

最早期的可编程逻辑器件只有可编程只读存储器(Programmable Read Only Memory，PROM)、紫外线可擦除只读存储器(Erasable Programmable Read Only Memory，EPROM)和电可擦除只读存储器(Electrically Erasable Programmable Read Only Memory，EEPROM)3种。由于结构的限制，它们只能完成简单的数字逻辑功能。

2. 第二代PLD

这是在结构上比最早期的PROM等稍复杂的可编程芯片，能够完成各种数字逻辑功能。典型的结构由一个与门和一个或门阵列组成，任意一个组合逻辑都可以用与或表达式描述，所以这类PLD能以乘积之和的形式完成大量组合逻辑功能。

这一阶段的产品主要有可编程阵列逻辑(Programmable Array Logic，PAL)、可编程逻辑阵列(Programmable Logic Array，PLA)和通用阵列逻辑(Generic Array Logic，GAL)。PAL由一个可编程的与阵列和一个固定的或阵列构成，或门的输出通过触发器有选择地被置为寄存状态。PAL器件是现场可编程的，其工艺有反熔丝技术、EPROM技术和EEPROM技术。PLA是一类结构更灵活的逻辑器件，也由一个与阵列和一个或阵列构成，但是这两个阵列的连接关系都是可编程的。PLA器件既有现场可编程的，也有掩膜可编程的。GAL采用EEPROM工艺，实现了电可擦除、电可改写，其输出结构是可编程的逻辑宏单元，因而其设计具有很强的灵活性，至今仍有许多人在使用。这一时期的PLD器件的共同特点是可以实现速度特性较好的逻辑功能，但其过于简单的结构使其只能实现规模较小的电路。

3. 第三代PLD

为了弥补第二代PLD器件结构过于简单，只能实现规模较小的电路的缺陷，20世纪80年代中期，Altera公司和Xilinx公司分别推出了类似于PAL结构的扩展型(Complex Programmable Logic Device，CPLD)和与标准门阵列类似的(Field Programmable Gate Array，FPGA)，它们都具有体系结构和逻辑单元灵活、集成度高以及适用范围宽等特点。

这两种器件兼具PLD和通用门阵列的优点,可实现较大规模的电路,编程也很灵活。与门阵列等其他ASIC相比,它们具有设计开发周期短、设计制造成本低、开发工具先进、标准产品无须测试、质量稳定以及可实时在线检验等优点,因此广泛应用于产品的原型设计和产品生产之中。几乎所有应用门阵列、PLD和中小规模通用数字集成电路的场合均可应用FPGA和CPLD器件。

FPGA和CPLD都是可编程逻辑器件,它们是在PAL、GAL等逻辑器件的基础之上发展起来的。同以往的PAL、GAL等相比,FPGA和CPLD的规模比较大,可以替代几十甚至几千块通用IC芯片。这样的FPGA、CPLD实际上就是一个子系统部件。这种芯片受到世界范围内电子工程设计人员的广泛关注和普遍欢迎。经过十几年的发展,许多公司开发出多种可编程逻辑器件。比较典型的是Xilinx公司的FPGA器件系列和Altera公司的CPLD器件系列,它们开发较早,占领了较大的PLD市场。通常来说,在欧洲用Xilinx的人多,在日本和亚太地区用Altera的人多,在美国则是平分秋色。全球60%以上的FPGA/CPLD产品是由Altera和Xilinx公司提供的。可以说,Altera和Xilinx公司共同决定了PLD技术的发展方向。当然,还有许多其他类型的器件,如Lattice、Vantis、Actel、Quicklogic、Lucent等公司的产品。

4. 第四代PLD

目前,PLD工艺已经达到65nm(纳米)数量级,正向45nm迈进。2005年Altera公司可编程逻辑芯片的集成度达5亿只晶体管。原来需要成千上万只电子元器件组成的电子设备电路,现在以单片超大规模集成电路即可实现,为第四代PLC器件——SOC(System On Chip)和SOPC(System On Programmable Chip)的发展开拓了可实施的空间。

片上系统SOC是指将一个完整产品的功能集成在一个芯片或芯片组上。SOC中可以包括微处理器CPU、数字信号处理器DSP、存储器(ROM、RAM、Flash等)、总线和总线控制器、外围设备接口等,还可以包括数/模混合电路(放大器、比较器、A/D和D/A转换器、锁相环等),甚至延拓到传感器、微机电和微光电单元。

SOC是专用集成电路系统,其设计周期长,设计成本高。SOC的设计技术难以被中小企业、研究所和大专院校采用。为了让SOC技术得以推广,Altera公司于21世纪初推出SOPC新技术和新概念。SOPC称为可编程片上系统,它是基于可编程逻辑器件PLD(FPGA或CPLD)可重构的SOC。SOPC集成了硬核或软核CPU、DSP、锁相环(PLL)、存储器、I/O接口及可编程逻辑,可以灵活、高效地解决SOC方案,且设计周期短、设计成本低,一般只需要一台配有SOPC开发软件的PC和一台SOPC试验开发系统(或开发板),就可以进行SOPC设计与开发。目前,SOPC技术成为备受中小企业、研究所和大专院校青睐的设计技术。

1.2.3 可编程逻辑器件主要生产厂商及典型器件

世界上生产可编程逻辑器件的厂家很多,下面简单介绍几个较大和较有影响的厂商。

1. Altera 公司

Altera公司20世纪90年代以后发展很快。其主要产品有：MAX3000、MAX7000、FELX6K/10K、APEX20K、ACEX1K、Stratix等。

Altera公司生产的CPLD器件主要有：MAX7000系列、MAX7000 AE系列、MAX7000B系列、MAX7000S系列、MAX9000系列、MAX3000A系列、Classic系列等。

Altera公司生产的FPGA器件主要有：FLEX6000/8000、FLEX10K、FLEX10KA、FLEX10KB、FLEX10KE、ACEX1K、APEX20K、STRATIX、CYCLONE、EXCABULAR等系列器件。不同器件系列完成的功能有差别，如FLEX6000和FLEX8000中没有嵌入式阵列块；而FLEX10K、FLEX10KA、FLEX10KB、FLEX10KE、ACEX1K、APEX20K、CYCLONE中都有不同数量的嵌入式阵列块，可以规划成RAM和ROM等多种功能，STRATIX系列器件中除了包含EAB外，还有大量的乘累加硬件模块，特别适合数字信号处理。EXCABULAR系列器件中包含一个硬件ARM(嵌入式)单片机，很容易构成嵌入式系统。

Altera公司的PLD开发工具为MAX+plus Ⅱ，是较成功的PLD开发平台，最新又推出了Quartus Ⅱ开发软件。Altera公司提供较多形式的设计输入手段，绑定第三方VHDL综合工具，如综合软件FPGA Express、Leonard Spectrum，仿真软件ModelSim。

2. Xilinx 公司

Xilinx公司是FPGA的发明者，其产品种类较全，其PLD与Altera公司的器件在全世界所占份额相当，都是世界上最大的PLD生产商之一，而且器件结构有相似之处。

Xilinx公司主要生产FPGA器件，主要系列有：XC3000系列、XC4000系列、Virtex系列、Virtex E系列、Spartan Ⅱ、Spartan Ⅱ E、Spartan Ⅲ等。其最大的Vertex-Ⅱ Pro器件达到800万门。

Xilinx公司的CPLD器件为XC9500系列。

Xilinx公司的PLD开发软件为Foundation和ISE。

3. Lattice 公司

Lattice公司是ISP(In-System Programmability)技术的发明者。ISP技术极大地促进了PLD产品的发展，与Altera和Xilinx公司相比，其开发工具略逊一筹；其中小规模PLD比较有特色，大规模PLD的竞争力不够强，缺少基于查找表技术的大规模FPGA。1999年，Lattice公司推出可编程模拟器件，1999年收购Vantis公司(原AMD子公司)，成为第三大可编程逻辑器件供应商。2001年12月收购Agere公司(原Lucent微电子部)的FPGA部门。主要产品有ispLSI 1000E系列、ispLSI 2000E/2000VL/200VE系列、ispLSI 5000V系列、ispLSI 8000/8000V系列。

4. Actel 公司

Actel公司是反熔丝(一次性烧写)PLD的领导者。由于反熔丝PLD抗辐射、耐高低温、功耗低、速度快，所以在军品和宇航级上有较大优势。Altera和Xilinx公司则一般不涉足军品和宇航级市场。

5. Quicklogic 公司

Quicklogic是专业PLD/FPGA公司,其产品以一次性反熔丝工艺为主,在中国地区销售量不大。

6. Lucent 公司

Lucent公司有不少用于通信领域的专用IP核,PLD/FPGA不是其主要业务,在中国地区使用的人很少。

7. ATmel 公司

ATmel公司在中小规模PLD领域做得不错,也有一些与Altera和Xilinx公司产品兼容的片子,但在品质上与原厂家有差距,在高可靠性产品中使用较少,多用于低端产品。

8. Clear Logic 公司

Clear Logic公司生产与一些著名PLD/FPGA大公司产品兼容的芯片,用于将用户的设计一次性固化,不可编程,批量生产时成本较低。

9. WSI 公司

WSI公司生产PSD(单片机可编程外围芯片)产品。这是一种特殊的PLD,如最新的PSD8xx、PSD9xx集成了PLD、EPROM、Flash,并支持ISP(在线编程),其集成度高,主要用于配合单片机工作。

目前在我国常见的PLD生产厂家有Altera、Xilinx、Actel、Lattice、ATmel、Microchip和AMD等。Xilinx和Altera公司的产品使用较多。其产品各有优缺点,相比而言,Altera公司的产品略有长处:有EPROM和SRAM两种结构类型;对于SRAM结构的产品,Altera产品的输出电流可达25mA,Xilinx的只有16mA;Xilinx公司的开发软件Foundation功能全,但是不如Altera MAX+plus Ⅱ软件使用简单;Altera公司的产品价格稍微便宜些,该公司新推出的FLEX 10K10E系列产品具有更大的集成度。

1.2.4 可编程逻辑器件的基本结构

1. 与/或阵列型PLD的基本结构

早期的PROM、PLA、PAL、GAL等器件都是与/或阵列的结构。由于EPLD和CPLD是在PAL以及GAL基础上发展起来的,因此也是与/或陈列型结构。

1) 简单PLD电路的表示方法

由于PLD内部结构复杂,用传统的数字电路表示方法很难描述,因此采用一种简化的描述方法。

图1-5所示为PLD缓冲器的表示方法,图1-6所示为与门和或门的表示方法。其中,"·"表示固定连接,"×"表示可编程连接,在交叉处无标记的表示不连接。

图1-6(a)表示的逻辑关系为$F=ABD$;图1-6(b)表示的逻辑关系为$Y=A+C+D$。

图1-7所示的简单PLD逻辑电路的逻辑关系为$F_1=A\bar{A}B\bar{B}$,$F_2=0$,$F_3=A\bar{B}$。

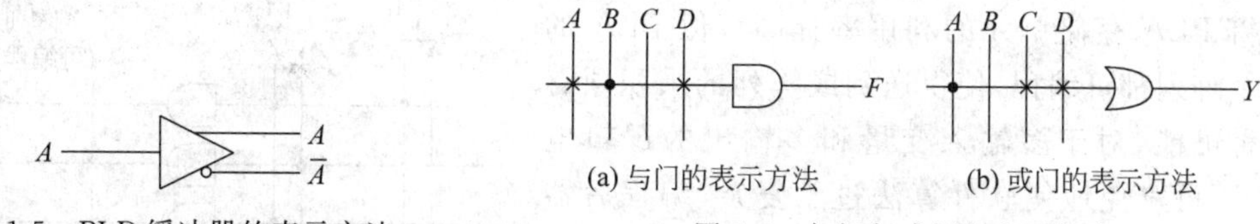

图 1-5　PLD 缓冲器的表示方法

(a) 与门的表示方法　(b) 或门的表示方法

图 1-6　与门与或门的表示方法

2）简单 PLD 的基本结构

简单 PLD 的结构如图 1-8 所示。简单 PLD 的基本结构是由与阵列和或阵列组成简单 PLD 的主体，实现组合逻辑函数。输入部分主要起缓冲作用和较强的驱动作用，并能产生互补的输入信号。输出部分提供三态（TS）、漏级开路（OC）、寄存器输出、高电平（H）、低电平（L）以及用户定义等几种方式。

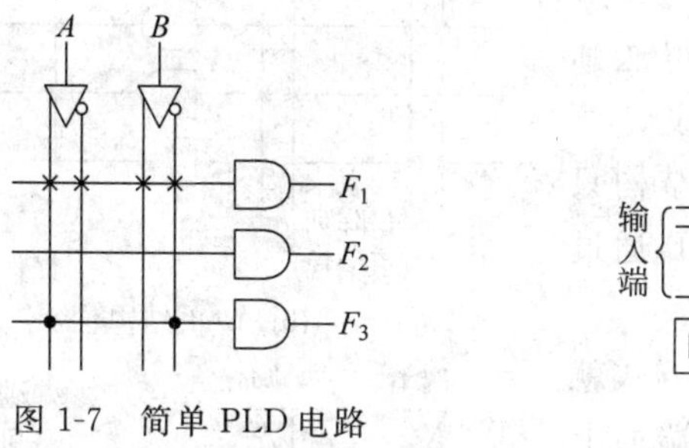

图 1-7　简单 PLD 电路

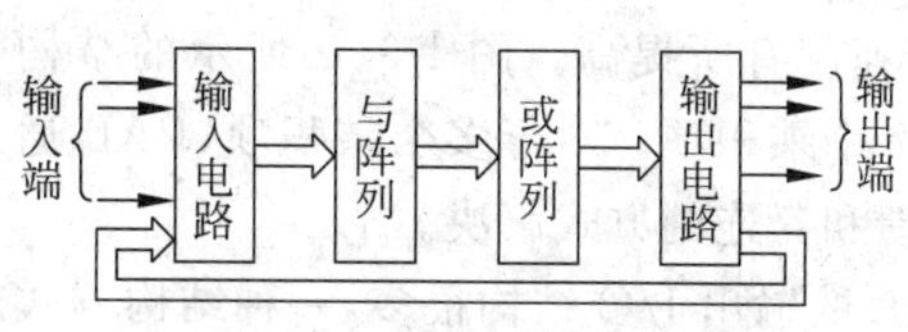

图 1-8　简单 PLD 的结构

表 1-1 列出了 4 种 PLD 的结构特点。CPLD 的结构与 GAL 的基本相同。

表 1-1　简单 PLD 的结构特点

类　型	与 阵 列	或 阵 列	输 出 方 式
PROM	固定	可编程	TS、OC
PLA	可编程	可编程	TS、OC、H、L
PAL	可编程	固定	TS、I/O，寄存器
GAL	可编程	固定	用户定义

简单 PLD 的基本结构电路如图 1-9 所示。

从图 1-9 以及表 1-1 可以看出简单 PLD 的基本组成结构及与/或阵列的编程方式。

（1）PROM 的结构特点

图 1-9(a)所示为 PROM 的结构电路，PROM 固定的与阵列相当于输入变量的全译码器，包含输入变量的所有二进制取值组合，即有 n 个输入变量，就有 2^n 个全译码地址，存储容量包含全部的最小项。

当输入变量增加时，存储容量增加，而大多数组合逻辑电路不需要所有的最小项，使得存储单元的利用率降低。因此，PROM 可用于简单组合逻辑电路的设计，而对于多输入变量的组合逻辑电路并不适合。

（2）PLA 的结构特点

PLA 是对 PROM 结构的改进，如图 1-9(b)所示。与阵列可编程克服了 PROM 与阵列固定的全译码结构，可以根据实际的最简逻辑形式的需要编程实现要求的设计功能，使得 PLA 存储单元的利用率提高。但 PLA 的两个阵列都可编程,使得送到或阵列的乘积项有多种可能,对于多输入变量和多输出的逻辑电路,不可避免地使软件算法过于复杂,编程后器件的运行速度下降,使得 PLA 的使用受到限制,因此只在小规模组合逻辑上使用。

目前在 PLD 设计中,PLA 芯片已淘汰,但由于其面积的利用率高,在全定制 ASIC 设计中仍在广泛使用。

(3) PAL 的结构特点

PAL 是对 PLA 结构的改进,如图 1-9(c)所示。或阵列固定,只有与阵列可编程,使得送到或阵列的乘积项是固定数目的,简化了设计算法,运行速度有所提高。图 1-9(c)所示的结构只允许有 2 个乘积项。对于多个乘积项,PAL 通过输出反馈和互连的方式解决。

PAL 的输出 I/O 结构很多,一种结构方式就有一种类型的 PAL 器件。例如,在输出端加上输出寄存器单元,就可以实现时序逻辑电路的可编程设计。这使得 PAL 的种类十分丰富,既可设计组合逻辑电路,又可设计时序逻辑电路。但使用者要根据不同的需要选用不用的结构,给使用和生产带来不便。现今,PAL 也已被淘汰。

(4) GAL 的结构特点

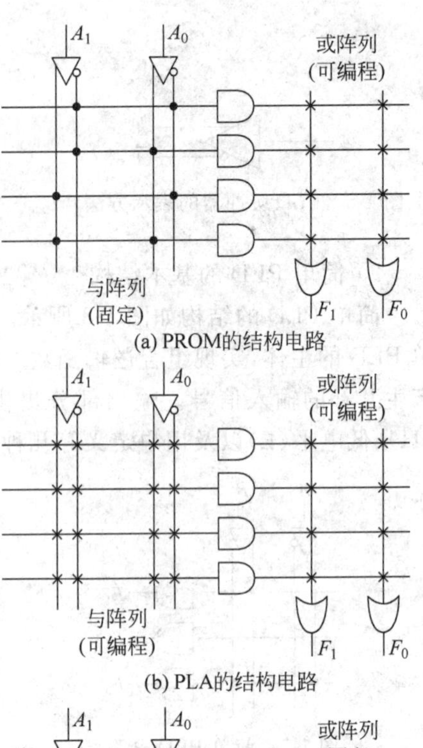

图 1-9 简单 PLD 的基本结构电路

GAL 的基本结构与 PAL 相同,如图 1-9(c)所示。但 GAL 首次在 PLD 上采用 EEPROM 工艺,与 PAL 采用熔丝工艺的 OTP 器件相比,有了很大的改进。其次,GAL 还对 PAL 的输出 I/O 结构进行了较大改进,增加了输出逻辑宏单元(Output Logic Macro Cell,OLMC)。

GAL 的 OLMC 设有多种组态,可配置成专用组合输出、专用输入/组合输出双向口、寄存器输出、寄存器输出双向口等,为逻辑电路设计提供了极大的灵活性。GAL 器件目前在中小规模可编程领域仍有广泛应用。

3) CPLD 的基本结构

CPLD 是从 GAL 发展起来的阵列型高密度 PLD 器件,其内部结构与 GAL 有相似之处,都是由与/或阵列和可编程逻辑宏单元,以及可编程 I/O 组成,但 CPLD 是大规模及超大规模 PLD,因此它们的结构差别很明显。CPLD 的整体结构由逻辑阵列块(Logic Array Block,LAB)、可编程连线阵列(Programmable Interconnect Array,PIA)和 I/O 控制模块组成。

CPLD 除了有 GAL 中的输出逻辑宏单元 OLMC 外,还有内部逻辑宏单元。同时,CPLD 的宏单元及阵列数目比普通的 GAL 大得多。每个 LAB 由 16 个宏单元组成。

CPLD和GAL器件的可编程逻辑宏单元不同，它们之间的差别主要体现在以下几个方面。

(1) 触发器和“隐埋”触发器结构

一般在一个输出逻辑宏单元上只有一个触发器，而且与输入、输出引脚相连；而CPLD的宏单元除了具有与输入、输出引脚相连的触发器外，还有隐埋的触发器，这些触发器不与I/O相连，但可以通过数据选择器与缓冲电路反馈到与阵列，形成复杂的组合与时序电路。

(2) 乘积项共享结构

在GAL和PAL的阵列中，或门的输入乘积项是固定的，一般为8个。多于8个的乘积项逻辑需进行逻辑表达式的变换，因此操作难度较大。CPLD中有扩展乘积项，因此多于5个乘积项的逻辑函数可以通过共享乘积项和并联乘积项实现。

(3) 可编程时钟

GAL器件只有一个时钟输入，而且所有触发器的时钟全部连接到该引脚上，因此只能实现简单的同步时序电路。CPLD的时钟是可编程的，不仅可以继续使用全局同步时钟，而且可以将与/或阵列的输出作为触发器的时钟，实现异步时序逻辑。

2. 门阵列型PLD的基本结构

门阵列型PLD的典型产品是现场可编程门阵列FPGA。FPGA是除CPLD外的另一大类大规模可编程逻辑器件。

CPLD采用的是与/或阵列(与阵列可编程，或阵列固定)的结构，而门阵列型PLD采用的是可编程的查找表(Look Up Table，LUT)结构。查找表LUT是门阵列型PLD的最基本编程单元。

大部分FPGA是采用基于静态随机存储器SRAM的查找表逻辑形成结构的，即用SRAM来构成逻辑函数发生器。一个N输入的LUT需要2^N个SRAM的存储单元，以存放N个输入变量的全部最小项，符合设计需要的最小项，用多路数据选择器选通输出，实现要求的逻辑功能。

输入变量N过大时，SRAM的存储单元增加，会降低LUT的利用率，因此N较大时，必须用几个查找表级联实现。一般的基本LUT采用4输入结构；输入大于4时，用多个4输入的LUT级联得到。

1.2.5 Altera公司的可编程逻辑器件

Altera公司的PLD具有良好的性能、极高的密度和非常大的灵活性，它除了具有一般PLD的特点外，还具有改进的结构、先进的处理技术、现代化的开发工具以及多种Mega功能等优点。这使得Altera公司的PLD器件在市场上占有较大的份额。

Altera公司生产的PLD器件按照结构分为两大类：基于与/或阵列结构的MAX(Multiple Array Matrix)系列，包括MAX9000、MAX7000、MAX5000、MAX3000A和Classic系列等；基于门阵列结构的FLEX(Flexible Logic Element Matrix)系列，包括

FLEX10K、FLEX8000、FLEX6000 系列等,以及 APEX20K、APEX Ⅱ、ACEX1K 系列等先进的可编程单元阵列。

下面主要介绍基于与/或阵列结构的 MAX7000 系列和基于门阵列结构的 ACEX1K 系列器件。

1. ACEX1K 系列器件

Altera 公司最新推出的 MAX+plus Ⅱ 9.6 以上版本支持 ACEX1K 系列器件的开发。

ACEX1K 器件是 Altera 公司着眼于通信、音频处理及类似场合的应用而推出的芯片系列,是基于查找表结构的 PLD,具有高性能、低价格特性,是目前性价比较好的芯片种类,其内部结构和性能与 FLEX10K30E 基本相同。总的来看,它将逐步取代该公司目前被广泛应用的 FLEX10K 系列,成为人们首选的大规模器件产品。

1) ACEX1K 器件的特点

(1) 高性能

ACEX1K 器件采用查找表 LUT 和嵌入式阵列块 EAB(Embed Array Block)相结合的结构,特别适合实现复杂逻辑功能和存储器功能,如通信中应用的 DSP、多通道数据处理、数据传递和微控制等。

(2) 高密度

典型门数为 1 万～10 万,有多达 49,152 位的 RAM。

(3) 系统性能

器件内核采用 2.5V 电压,功耗低,能够提供高达 250MHz 的双向 I/O 功能,完全支持 33MHz 和 66MHz 的 PCI 局部总线标准。

(4) 灵活的内部互连

具有快速连续式、延时可预测的快速通道互连,能提供实现快速加法器、计数器、乘法器和比较器等算术功能的专用进位链和实现高速多扇入逻辑功能的专用级联链。

2) ACEX1K 器件的组成

Altera 公司的 ACEX1K 器件主要由嵌入式阵列、逻辑阵列块、快速通道和 I/O 单元 4 个部分组成。

(1) 嵌入式阵列

嵌入式阵列是由一系列用于实现逻辑功能和具有存储功能的嵌入式阵列块 EAB 构成的。EAB 是在输入、输出口上带有寄存器的 RAM 块,它可以非常方便地实现一些规模不太大的 FIFO(First In First Out)、ROM、RAM 和双端口 RAM 等功能。EAB 具有快速可预测的性能,并且是全部可编程的,它还具有全部更改内容或根据需要定制的能力。每个 ACEX1K 的 EAB 含有 4096bit 的 RAM,其数据线最大宽度为 8bit,地址线最大宽度为 12bit。ACEX1K 中 EAB 的结构能保证可预测的并且易于使用的定时关系。当 EAB 用来实现乘法器、微控制器、状态机以及 DSP 等复杂逻辑时,每个 EAB 可以贡献 100～600 个门。EAB 可以单独使用,也可以组合使用。

(2) 逻辑阵列

逻辑阵列是由一系列逻辑阵列块 LAB 构成的。每个 LAB 包含 8 个逻辑单元 LE

(Logic Element)和一些连接线。逻辑单元LE是ACEX1K结构中的最小单元,它很紧凑,能有效地实现逻辑功能。每个LE含有一个4输入查找表LUT、一个带有同步使能的可编程触发器、一个进位链和一个级联链。每个LE都能驱动局域互连和快速通道互连。LE的结构能有效地实现各种逻辑。每个LAB是一个独立的结构,它具有共同的输入、互联与控制信号,多个LAB组合起来可以构成更大的逻辑块,每个LAB代表大约96个可用逻辑门。

(3) 快速通道

ACEX1K器件内部信号的互联和器件引脚之间的信号互联由快速通道(Fast Track)连线提供。它是贯通器件长、宽的快速连续通道。

(4) I/O单元

ACEX1K器件的I/O引脚由一些I/O单元IOE(Input Output Element)驱动。IOE位于快速通道行和列的末端,每个IOE有一个双向I/O缓冲器和一个既可做输入寄存器也可做输出寄存器的触发器。当IOE作为专用时钟引脚时,这些寄存器提供特殊的性能。当它作为输入时,可提供少于4.2ns的建立时间和0ns的保持时间;作为输出时,这些寄存器可提供少于5.7ns"时钟到输出"的时间。

图1-10所示是ACEX1K器件的结构框图。由图1-10可以看出,一组LE(8个)组成了一个LAB,LAB排列成行与列,每一行包含一个EAB。LAB和EAB由快速通道连接,IOE处于快速通道连线行和列的两端。

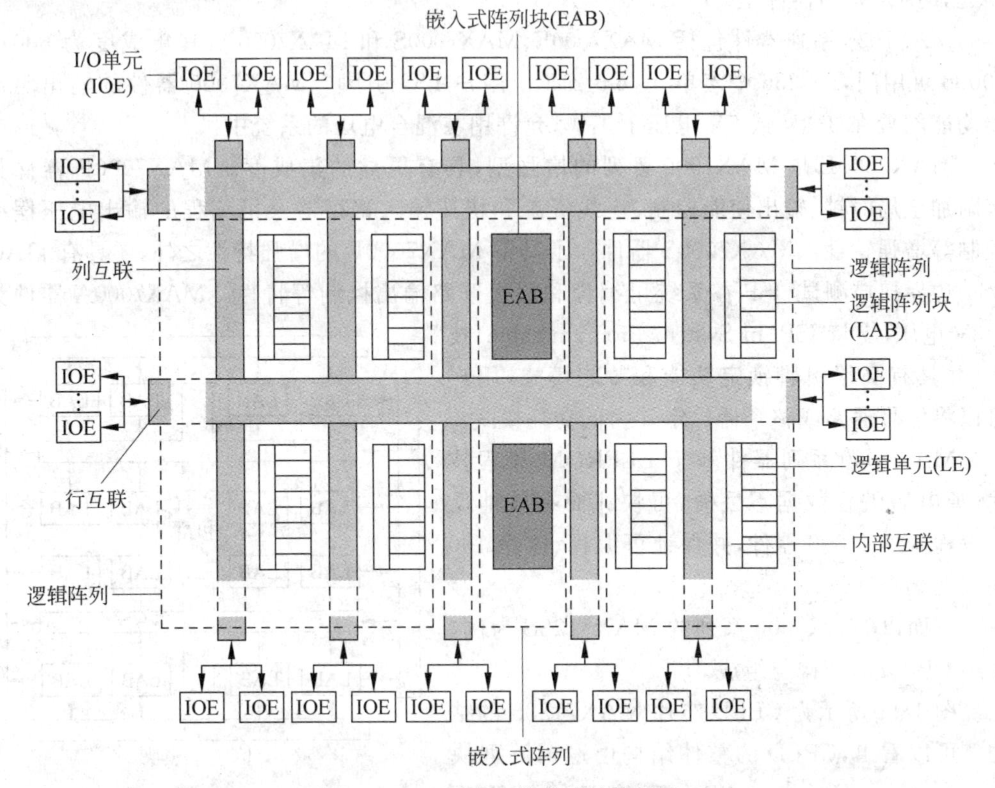

图1-10 ACEX1K器件的结构框图

ACEX1K 器件还提供6个专用输入引脚,用于驱动触发器的控制端,以确保控制信号高速、低偏移(1.2ns)地有效分配。这些信号使用专用的布线支路,以便具有比快速通道更短的延迟和更小的偏移。专用输入中的4个输入引脚用于驱动全局信号。这4个全局信号也能由内部逻辑驱动,为时钟分配或产生用以清除器件内部多个寄存器的异步清除信号提供了一个理想的方法。

表1-2给出了 ACEX1K 典型器件的特性。

表1-2 ACEX1K 典型器件的特性

特性 \ 器件	EP1K10	EP1K30	EP1K50	EP1K100
典型门	10000	30000	50000	100000
最大系统门	56000	119000	199000	257000
逻辑单元	576	1728	2880	4992
逻辑阵列块	3	6	10	12
总 RAM 位	12288	24576	40960	49152
最大可用 I/O 引脚	136	171	249	333

2. MAX7000 系列器件

基于与/或阵列结构的大规模及超大规模 PLD 又称为复杂可编程逻辑器件 CPLD。因此,MAX 系列器件是 CPLD。

MAX7000 系列器件包括 MAX7000E、MAX7000S 和 MAX7000A,其集成度为600~10000可用门,2~256个宏单元,6~212个用户 I/O 引脚。MAX7000 器件的输出驱动器均能配置在3.3V或5V电压下工作,允许用在混合电压的系统中。

MAX7000E 是 MAX7000 系列的增强型,具有更高的集成度。MAX7000E 器件具有附加全局时钟、输出使能控制、连线资源和快速输入寄存器及可编程的输出电压摆率控制等增强特性。MAX7000S 器件除了具备 MAX7000E 的增强特性之外,还具有 JTAG BST 边界扫描测试、ISP 在系统可编程和漏极开路输出控制等特性。MAX7000A 器件为3.3V电压,支持 ISP(In System Programmable)技术,并具有高级引脚锁定功能和节能模式,用户可以将信号通路或整个器件定义为低功耗模式。

MAX7000 系列器件基于 EEPROM 编程技术,掉电后编程数据不丢失,可快速而有效地反复编程 MAX7000 器件,并保证可编程、擦除100次以上。

下面以 MAX7000 系列的 MAX7128S 为例,介绍 CPLD 的结构与组成。

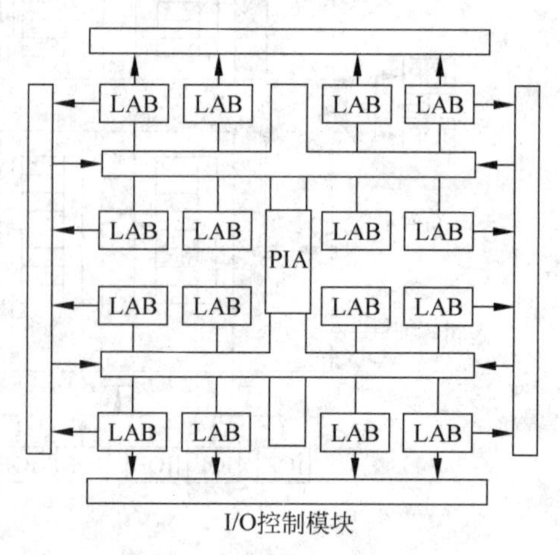

图1-11 MAX7128S 的结构

图1-11所示为 CPLD 芯片 MAX7128S 的结构。可以看出,CPLD 的整体结构由逻辑阵列块(Logic Array Block, LAB)、可编程连线阵列

(Programmable Interconnect Array,PIA)和I/O控制模块组成。

1) 逻辑阵列块LAB

MAX7128S的每个LAB由16个宏单元组成,多个LAB由可编程连线阵列PIA连接组成整个器件的逻辑阵列。

MAX7128S宏单元的结构如图1-12所示。宏单元可以单独配置成时序逻辑或组合逻辑工作方式。每个宏单元由逻辑阵列、乘积项选择矩阵和可编程寄存器3个功能块组成。

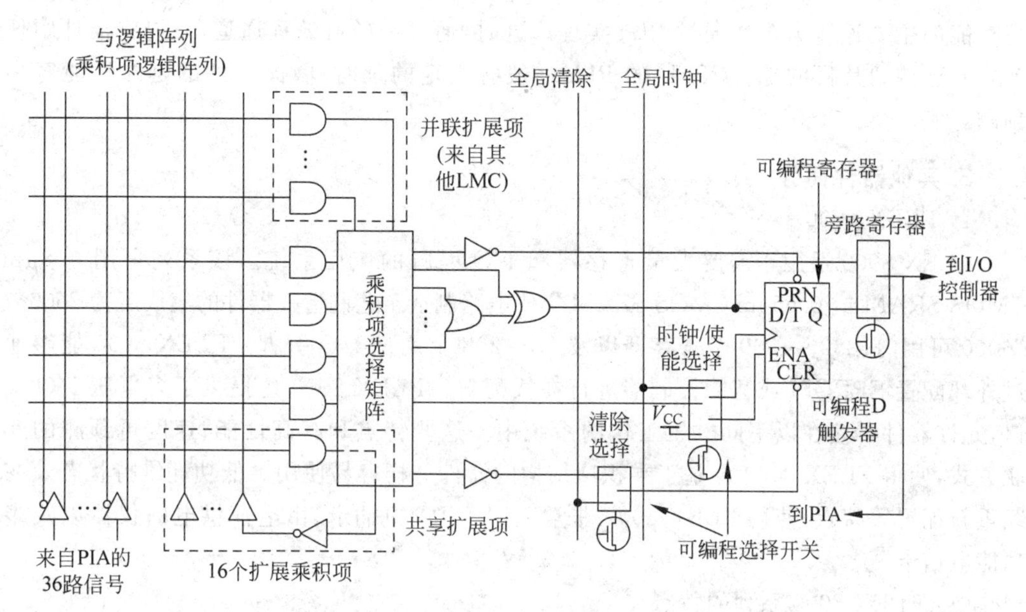

图1-12 MAX7128S宏单元的结构

逻辑阵列由可编程的与阵列组成,为每个宏单元提供5个乘积项。乘积项选择矩阵把这些乘积项分配到或门和异或门作为基本逻辑输入,实现组合逻辑功能;或者把这些乘积项作为宏单元的辅助输入,实现寄存器清除、预置、时钟和时钟使能等控制功能。

逻辑阵列为每个宏单元提供5个乘积项,一般可以满足设计的逻辑需要,但在更复杂的逻辑关系中,需要的乘积项多于5个时,宏单元提供扩展乘积项。图1-12中的共享扩展项(Shared Logic Expanders)和并联扩展项(Parallel Logic Expanders)可用来补充宏单元的逻辑资源。共享扩展项反馈到逻辑阵列的反向乘积项,并联扩展项借自临近的宏单元中的乘积项。根据设计的逻辑需要,开发系统能自动地优化乘积项分配。

作为触发器功能,每个宏单元寄存器可以单独编程为具有可编程时钟控制的D、JK或SR触发器工作方式。每个宏单元寄存器也可以被旁路掉,以实现组合逻辑工作方式。在设计输入时,设计者指明所需的触发器类型,然后由开发软件为每一个触发器功能选择最有效的寄存器工作方式,使设计所用资源最少。

CPLD的时钟是可编程的,不仅可以继续使用全局同步时钟,而且可以将与/或阵列的输出作为触发器的时钟,实现异步时序逻辑。

2) I/O 控制模块

CPLD 的 I/O 控制模块比 GAL 的结构复杂、功能强大。CPLD 的 I/O 控制模块允许每个 I/O 引脚单独被配置为输入、输出和双向工作方式。所有的 I/O 引脚都有一个三态缓冲器,其控制信号来自一个多路选择器,可以选择用全局输出使能信号之一进行控制,或直接连到地或电源上。

3) 可编程连线阵列 PIA

PIA 又称全局总线,提供 LAB 之间、LAB 与 I/O 之间的互联网络。CPLD 中复杂逻辑功能的主要连线大多数通过 PIA 实现。这时,通过一条可编程通道,可以将器件中任何信号连接到其目的地。CPLD 的 PIA 一般有固定的延时,因此器件的延时性能容易预测。

3. 其他器件简介

1) FLEX 8000

FLEX 8000 适用于需要大量寄存器和 I/O 引脚的应用系统。该系列采用 0.8μm CMOS SRAM 或 0.65μm CMOS SRAM 集成电路制造工艺制造。器件的集成度为 2500～16000 可用门、282～1500 个寄存器以及 78～208 个用户 I/O 引脚。FLEX 8000 能够通过外部配置 EPROM 或智能控制器进行在线配置。FLEX 8000 还提供了多电压 I/O 接口,允许器件桥接在以不同电压工作的系统中。这些特点和其高性能、速度可预测的互联方式,使得 FLEX 8000 像基于乘积项结构的器件一样容易使用。低功耗维持状态及在线重新配置等特点,使得 FLEX 8000 非常适用于 PC 机插卡、由电池供电的仪器以及多功能电信卡。

(1) FLEX 8000 系列的特点

最大门数 32000,具有 2500～16000 个可用门和 282～1500 个触发器;在线可重配置;可预测在线时间延迟的布线结构;实现加法器和计数器的专用进位通道;3.3V 和 5V 电源;MAX+plus 软件支持自动布线和布局;84～304 个引脚的各种封装。

(2) 常用型号

有 EPF8282、EPF8452、EPF8636、EPF8820、EPF81188 和 EPF81500 等。

2) FLEX 6000

为大容量设计提供了一种低成本可编程的交织式门阵列。该器件采用 OptiFLEX 结构,由许多含有一个 4 输入查找表、一个寄存器以及作为进位链和级联链功能的专用通道的逻辑单元(LE)组成。每 10 个 LE 组成一个逻辑阵列块(LAB)。FLEX 6000 器件也含有可重构的 SRAM 单元,设计者在设计初期直到设计测试过程中可以灵活、迅速地更改其设计。FLEX 6000 系列提供 16000～25000 个可用门、1320～1960 个 LE 及 117～218 个用户 I/O 引脚。此外,FLEX 6000 能够实现在线重配置,并提供多电压 I/O 接口操作。

3) APEX 20K

该系列器件具有集 LUT、PT 和存储器于一体的多核结构。这种特性能将各种子系统,如处理器、存储器及接口功能集成在单个芯片上。APEX 20K 系列 7 种器件的典型门数从1万门到100万门。Altera的第四代可编程逻辑器件开发工具软件Quartus支持APEX 20K系列器件。

4）MAX5000

MAX5000是Altera公司的第一代MAX器件，一般在低成本场合应用较广泛。这类器件的集成度为600～3750可用门、28～100个引脚，主要基于EPROM技术。在价格上，MAX5000器件相对来说比较便宜，每个宏单元的价格差不多接近于大批量生产的SSIC和门阵列。

5）MAX3000A

集成度范围为600～5000可用门、2～256个宏单元、34～158个可用I/O引脚。采用EEPROM技术，组合传输延迟快至4.5ns；采用16位计数器，频率达192.3MHz。而且MAX3000A器件具有多个系统时钟，还具有可编程的速度/功耗控制功能。同时，MAX3000A器件提供JTAG-BST回路和ISP支持，工业标准四引脚JTAG接口实现在线编程。这些器件也支持热拔插和多电压接口，其I/O引脚与5.0V、3.3V和2.5V逻辑电平相容。

6）MAX9000

该系列把MAX7000的高效宏单元结构与FLEX的高性能、延迟可预测的快速通道(Fast Track)互连结构结合在一起，适用于系统级功能集成。MAX9000采用EEPROM技术。器件的集成度为6000～12000可用门、20～560个宏单元及多达216个用户I/O引脚。MAX9000器件适用于利用PLD的高性能和ISP的灵活性进行门阵列设计的场合。

项目2 Project 2

4位全加器电路设计

知识目标与能力目标

本项目以全加器为项目载体，以全加器的原理图设计过程为主线，介绍 Altera 公司的 CPLD/FPGA 开发系统 Quartus Ⅱ的基本使用方法，使学习者掌握 CPLD/FPGA 设计开发的基本流程；并在1位全加器原理图设计的基础上，学习4位全加器的层次电路基本设计方法。

通过学习和实践，使学生了解 PLD 的设计输入方法，熟悉 EDA 开发工具的使用和 PLD 的设计流程；掌握 PLD 的图形设计输入方法和层次化电路设计方法，掌握 PLD 的设计仿真技术和硬件测试技术。

项目描述与分析

本项目的载体——全加器，是用门电路实现二进制数相加并求和的组合电路。1位全加器用于实现2个1位二进制数相加，可以处理低位进位，并输出本位和及进位。用层次电路设计法将多个1位全加器级联，可以实现多位全加器。

任务2.1　1位全加器的图形设计输入

任务描述与分析

本任务是在 Altera 公司的 PLD/FPGA 开发系统 Quartus Ⅱ中，用图形设计法设计一个1位全加器。

全加器是实现带进位加法的运算电路。1位全加器用于实现2个1位二进制数相加，可以处理低位进位，并输出本位和及向高位的进位。因此，1位全加器不仅要考虑对2个1位二进制数进行加法运算，还要加上低位的进位，运算结果为1位二进制和及向高位的进位，可确定其输入端为加数 A、B，低位的进位 Ci，输出端为和 S、向高位的进位 Co。

用图形设计法设计1位全加器，需要根据1位全加器的任务功能，列写真值表，写出逻辑表达式并化简；再根据简化的逻辑表达式，用基本逻辑门电路连接实现。

2.1.1　开发工具 Quartus Ⅱ简介

本教材的项目及任务实施在 Altera 公司研制的 PLD/FPGA 开发系统 Quartus Ⅱ中完成。

Altera 公司研制的 PLD/FPGA 开发系统有 MAX+plus Ⅱ和 Quartus Ⅱ两种。MAX+plus Ⅱ用于开发单片集成度不超过 25 万门的 PLD 器件。MAX+plus Ⅱ开发系统具有简单、操作灵活、功能强大、支持的器件种类多、易于学习掌握等特点，目前仍作为 Altera 公司中小规模 PLD 的开发工具。但目前 Altera 公司已经停止对 MAX+plus Ⅱ的更新支持。Quartus Ⅱ与 MAX+plus Ⅱ相比，不仅支持更丰富的器件类型和图形界面的改变，还包含许多如 SignalTap Ⅱ、Chip Editor 和 RTL Viewer 的设计辅助工具，集成了 SOPC 和 HardCopy 设计流程，并且继承了 MAX+plus Ⅱ友好的图形界面及简便的使用方法。因此，Quartus Ⅱ由于其强大的设计能力和直观、易用的接口，越来越受到数字系统设计者的欢迎。

Quartus Ⅱ用于开发单片集成度较大的 PLD 器件，特别是 APEX20K、APEX20KE、APEX Ⅱ、EXCALIBUR-ARM、Mercury、Stratix 等集成度高达百门的大容量、高性能系列器件，还提供完全集成且与电路结构无关的开发包环境，具有数字逻辑设计的全部特性。

Quartus Ⅱ软件具有以下功能：

① 可利用原理图、结构框图、VerilogHDL、AHDL 和 VHDL 完成电路描述，并将其保存为设计实体文件。

② 功能强大的逻辑综合工具；自动定位编译错误。

③ 完备的电路功能仿真与时序逻辑仿真工具。

④ 定时/时序分析与关键路径延时分析。

⑤ 芯片(电路)平面布局连线编辑。

⑥ LogicLock 增量设计方法，用户可建立并优化系统，然后添加对原始系统的性能影响较小或无影响的后续模块。

⑦ 可使用 SignalTap Ⅱ逻辑分析工具进行嵌入式逻辑分析。

⑧ 支持软件源文件的添加和创建，并将它们链接起来，生成编程文件。

⑨ 使用组合编译方式，可一次完成整体设计流程。

⑩ 高效的器件编程与验证工具。

⑪ 可读入标准的 EDIF 网表文件、VHDL 网表文件和 Verilog 网表文件。

⑫ 能生成第三方 EDA 软件使用的 VHDL 网表文件和 Verilog 网表文件。

Quartus Ⅱ具有以下几个显著特点：

① Quartus Ⅱ软件界面友好，使用便捷，功能强大，是一个完全集成化的可编程逻辑

设计环境，是先进的EDA工具软件。该软件具有开放性、与结构无关、多平台、完全集成化、丰富的设计库、模块化工具等特点，支持原理图、VHDL、VerilogHDL以及AHDL(Altera Hardware Description Language)等多种设计输入形式，内嵌自有的综合器及仿真器，可以完成从设计输入到硬件配置的完整PLD设计流程。Quartus Ⅱ可以在XP、Linux以及Unix上使用。除了使用TCL脚本完成设计流程外，它还提供完善的用户图形界面设计方式，具有运行速度快、界面统一、功能集中、易学易用等特点。

② Quartus Ⅱ支持的器件广泛，包括Altera公司的MAX 3000A系列、MAX 7000系列、MAX 9000系列、ACEX 1K系列、APEX 20K系列、APEX Ⅱ系列、FLEX 6000系列、FLEX 10K系列；支持MAX7000/MAX3000等乘积项器件；支持MAX Ⅱ CPLD系列、Cyclone系列、Cyclone Ⅱ、Stratix Ⅱ系列、Stratix GX系列等；支持IP核，包含LPM/MegaFunction宏功能模块库，用户可以充分利用成熟的模块，简化设计的复杂性，加快设计速度。此外，Quartus Ⅱ通过和DSP Builder工具与Matlab/Simulink相结合，可以方便地实现各种DSP应用系统；支持Altera公司的片上可编程系统(SOPC)开发，集系统级设计、嵌入式软件开发、可编程逻辑设计于一体，是一种综合性的开发平台。

③ Quartus Ⅱ与第三方EDA工具具有良好的兼容性。对第三方EDA工具的良好支持，使用户可以在设计流程的各个阶段使用熟悉的第三方EDA工具。Altera公司的Quartus Ⅱ软件属于第四代PLD开发平台。该平台支持一个工作组环境下的设计要求，其中包括支持基于Internet的协作设计。Quartus Ⅱ平台与Cadence、ExemplarLogic、MentorGraphics、Synopsys和Synplicity等EDA供应商的开发工具相兼容，改进了软件的LogicLock模块设计功能，增添了FastFit编译选项，推进了网络编辑性能，而且提升了调试能力。

因此，Quartus Ⅱ集系统级设计、嵌入式软件开发、可编程逻辑设计于一体，是一种综合性的开发平台，具有运行速度快，界面统一，功能集中，易学易用等特点。

2.1.2 PLD的设计开发流程

PLD的设计开发流程如图2-1所示。

1. 设计输入

首先是输入设计的源文件。Quartus Ⅱ所能接受的输入方式有：原理图(*.bdf文件)、波形图(*.vwf文件)、VHDL(*.vhd文件)、Verilog HDL(*.v文件)、Altera HDL(*.tdf文件)、符号图(*.sym文件)、EDIF网表(*.edf文件)、Verilog Quartus映射文件(*.vqf文件)等。EDIF是一种标准的网表格式文件，因此EDIF网表输入方式可以接受来自许多第三方EDA软件(Synopsys、Viewlogic、Mentor Graphics等)所生成的设计输入。在上述输入方式中，最常用的是原理图、HDL文本和混合输入法。

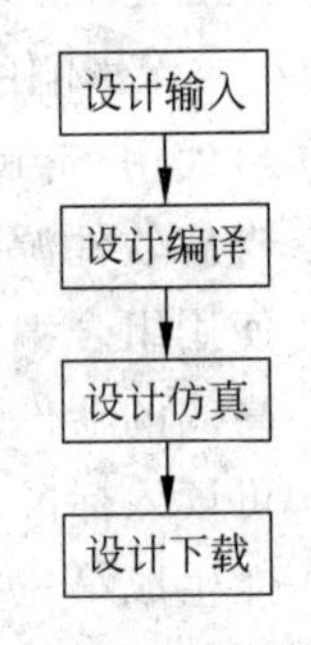

图2-1 PLD的设计开发流程

1）原理图设计输入法

选择菜单 File|New...或直接单击工具栏中的 按钮，打开 New 列表框。点开 Design Files，选中 Block Diagram/Schematic File 项，进入图形编辑窗口，输入原理图设计文件。原理图设计文件保存名称为 *.bdf。

2）硬件描述语言输入法

在 Quartus Ⅱ中可以输入 AHDL 语言、VHDL 语言、Verilog HDL 语言 3 种设计文件。选择 File|New...或直接单击工具栏中的 按钮，打开 New 列表框。点开 Design Files，然后根据需要输入 HDL 文件的类型，分别选择 AHDL File、Verilog HDL File 或 VHDL File。3 种 HDL 语言文件的扩展名不同，AHDL 语言设计文件保存名称为 *.tdf，VHDL 语言设计文件保存名为 *.vhd，Verilog 语言设计文件保存名为 *.v。

3）混合输入法

若设计项目较大，不便于用单个原理图设计或用硬件描述语言输入整个设计，则在 Quartus Ⅱ设计环境中，允许用原理图和 HDL 进行混合编辑。具体做法是：先将单个的小设计文件生成电路符号（Symbol），再在图形编辑器中调用，完成混合输入设计。

混合输入常用于层次电路的设计。

2. 设计编译

当设计输入完成后，需要用 Quartus Ⅱ的编译器对设计项目进行检查和逻辑综合，将工程最终设计结果生成器件的下载文件，并为仿真和编程产生输出文件。

Quartus Ⅱ的编译器含有分析和综合模块（Analysis & Synthesis）、适配器（Fitter）、时序分析器（Timing Analyzer）、编程数据汇编器（Assembler）等。分析和综合模块分析设计文件，建立工程数据库。适配器对设计进行布局布线，使用由分析和综合步骤建立的数据库，将工程的逻辑和时序要求与器件的可用资源相匹配。时序分析器计算给定设计在器件上的延时，并标注在网表文件中，进而完成对所设计逻辑电路的时序分析与性能评估。编程数据汇编器生成编程文件，通过 Quartus Ⅱ中的编程器（Programmer）对器件进行编程或配置。

设计编译如果有错误，需要改正，编译完全通过之后，才能继续下面的设计过程。

3. 设计仿真

用仿真器和波形编辑器对设计电路进行波形仿真，可以验证设计逻辑功能的正确性。Quartus Ⅱ软件可以仿真整个设计，也可以仿真设计的任何部分。可以指定工程中的任何设计实体为顶层设计实体，并仿真顶层实体及其所有附属设计实体。

4. 设计下载

设计仿真完成，若电路满足设计功能，就可以将形成的目标文件用编程器下载到指定的 PLD 芯片中，实际验证设计的正确性。一般将 CPLD 器件的下载称为编程，其目标文件是 *.pof；将 FPGA 器件的下载称为配置，其目标文件为 *.sof。

经编译后生成的编程数据，可以通过 Quartus Ⅱ中的编程器和下载电缆直接由 PC 写入 FPGA 或 CPLD。常用的下载电缆有 MasterBlaster、ByteBlaster MV、ByteBlaster Ⅱ、USB-Blaster 和 Ethernet Blaster。其中，MasterBlaster 电缆既可用于串口，也可用于

USB 口,ByteBlaster MV 仅用于并口,两者功能相同。ByteBlaster Ⅱ、USB-Blaster 和 Ethernet Blaster 电缆增加了对串行配置器件提供编程支持的功能。ByteBlaster Ⅱ使用并口,USB-Blaster 使用 USB 口,Ethernet Blaster 使用以太网口。

对 FPGA 而言,直接用 PC 进行配置,属于被动串行配置方式。实际上,在编译阶段,Quartus Ⅱ还产生了专门用于 FPGA 主动配置所需的数据文件,将这些数据写入与 FPGA 配套的配置用 PROM 中,就可以用于 FPGA 的主动配置。

任务实施

2.1.3 1 位全加器的图形设计输入

1. 1 位全加器原理图设计分析

全加器是实现带进位加法的运算电路。1 位全加器不仅要考虑对 2 个 1 位二进制数进行加法运算,还要加上低位的进位,运算结果为 1 位二进制和及向高位的进位,可确定其输入端为加数 A、B,低位的进位 Ci,输出端为和 S、向高位的进位 Co。

1 位全加器的真值表如表 2-1 所示。

表 2-1 1 位全加器的真值表

Ci	B	A	S	Co
0	0	0	0	0
0	0	1	1	0
0	1	0	1	0
0	1	1	0	1
1	0	0	1	0
1	0	1	0	1
1	1	0	0	1
1	1	1	1	1

由表 2-1,写出和 S 及高位的进位 Co 的逻辑表达式如下所示:

$$S = A\overline{B}\,\overline{Ci} + \overline{A}B\overline{Ci} + \overline{A}\,\overline{B}Ci + ABCi$$

$$Co = AB\overline{Ci} + A\overline{B}Ci + \overline{A}BCi + ABCi$$

经转换及化简,可得

$$S = A \oplus B \oplus Ci$$

$$Co = AB + BCi + ACi$$

2. 原理图的设计输入

原理图设计输入的一般步骤如下所述。

1) 新建设计工程

为便于管理设计工程的数据和文件,首先要为新的设计创建一个工程。

① 启动 Quartus Ⅱ,弹出如图 2-2 所示的主界面。

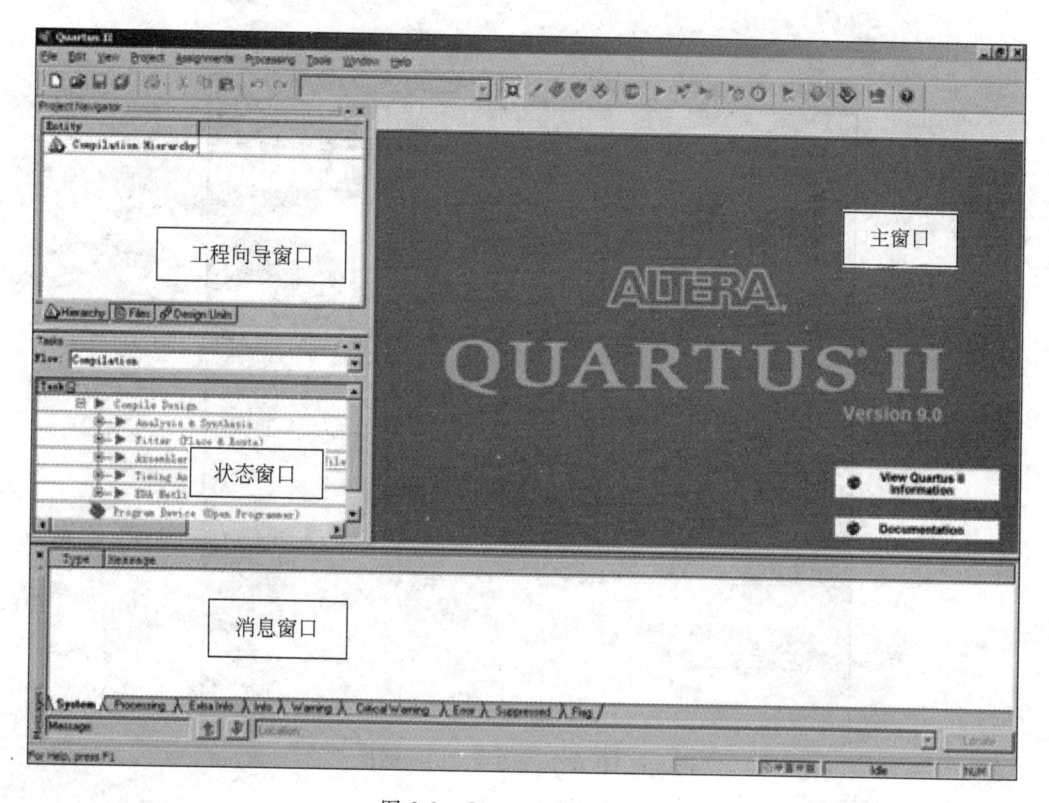

图 2-2　Quartus Ⅱ的主界面

② 选择菜单 File|New Project Wizard...，打开新建工程向导，如图 2-3 所示。

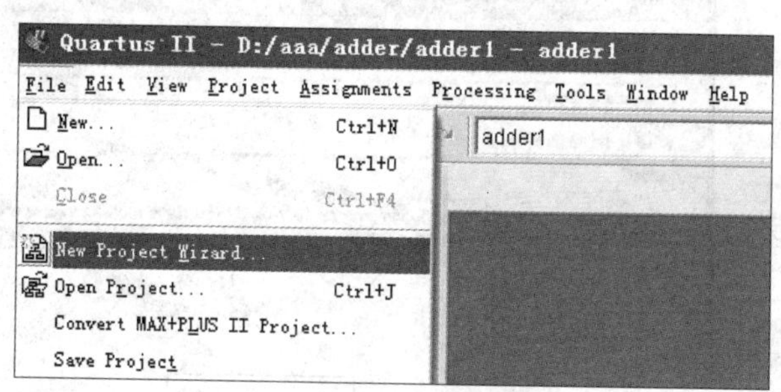

图 2-3　新建工程向导菜单

③ 弹出新建工程向导介绍对话框，如图 2-4 所示。

④ 单击 Next 按钮，弹出新建工程存放的目录、项目名称、顶层设计文件名称对话框，如图 2-5 所示。

在可编程逻辑器件设计中，第二栏的工程名与第三栏的顶层实体名是相同的。

注意：工程存放的路径、项目名称、顶层实体名等都不要含有中文字符。

⑤ 新建工程存放的目录、项目名称、顶层实体名设置完毕，单击 Next 按钮，弹出如图 2-6 所示的添加文件对话框。

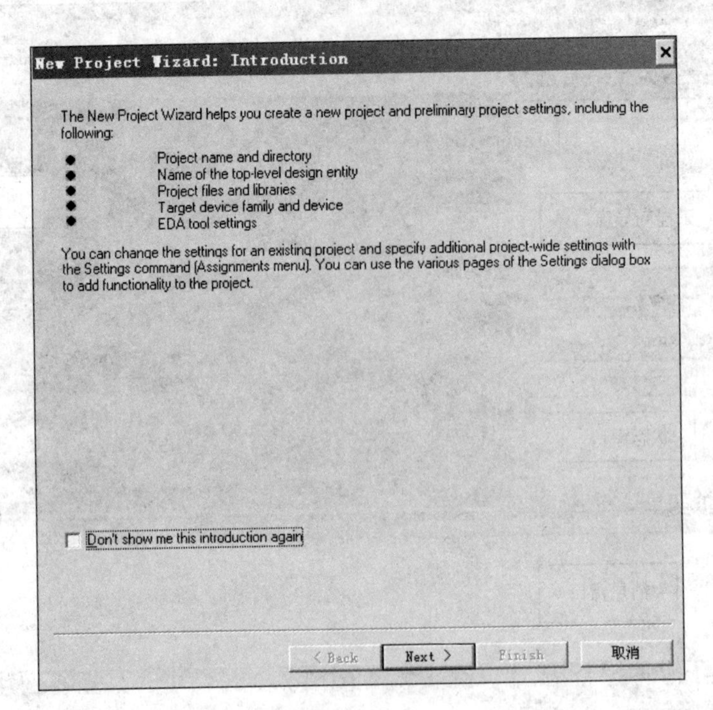

图 2-4 新建工程向导介绍对话框

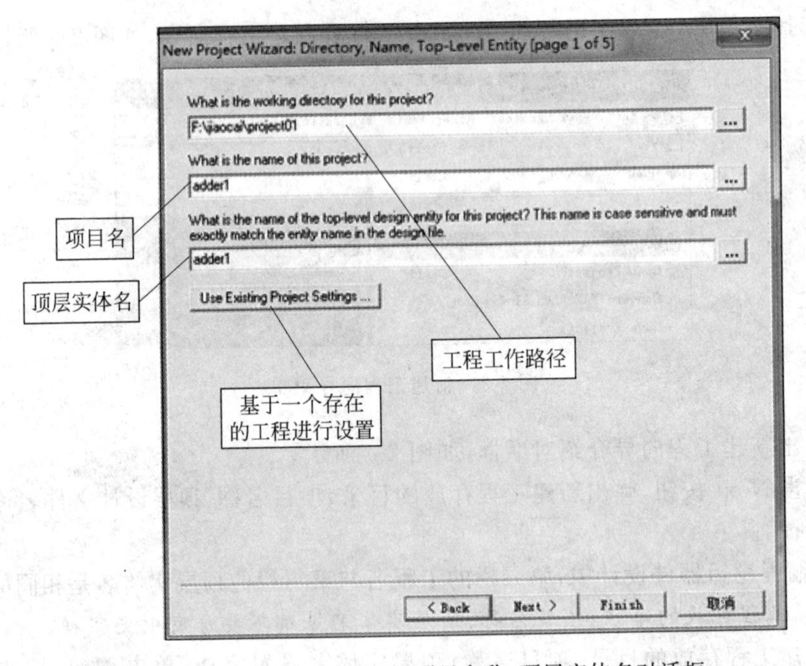

图 2-5 新建工程存放的目录、项目名称、顶层实体名对话框

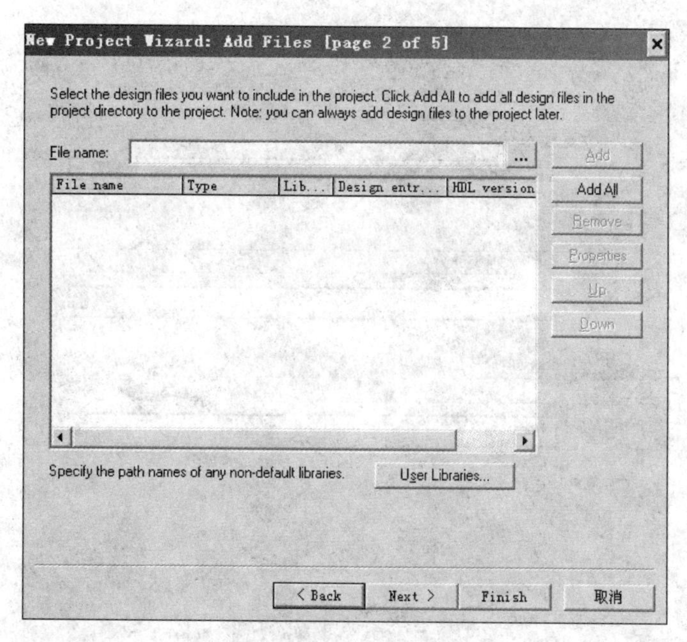

图 2-6 添加文件对话框

如果需要添加已有的设计文件，在 File Name 框中输入需要添加的设计文件名。注意，要输入文件的完整扩展名，如“*.bdf”、“*.vhd”等。这里不需要添加，继续单击 Next 按钮。

⑥ 单击 Next 按钮，弹出选择器件对话框，如图 2-7 所示。

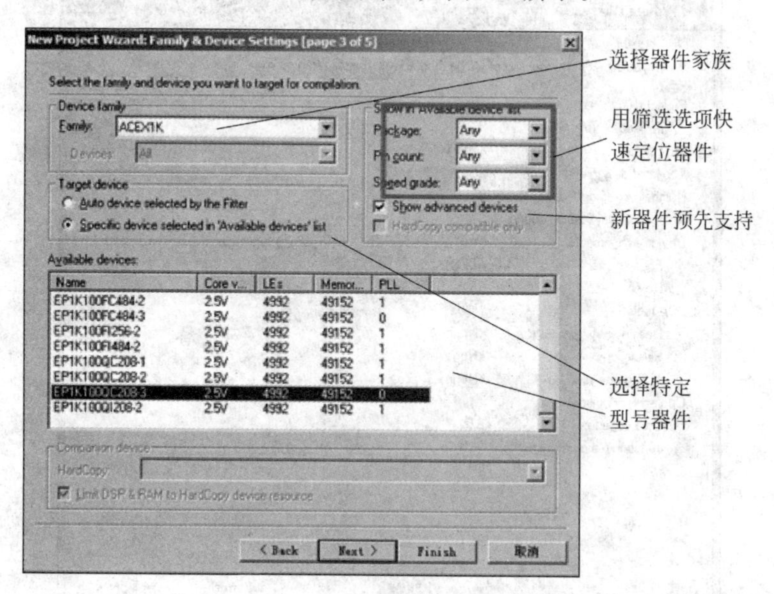

图 2-7 选择器件对话框

⑦ 器件选择完毕，单击 Next 按钮，弹出 EDA 工具设置对话框，如图 2-8 所示。

在图 2-8 所示的对话框中，可以根据需要设置引入第三方设计、仿真、调试工具。这里不设置，继续单击 Next 按钮。

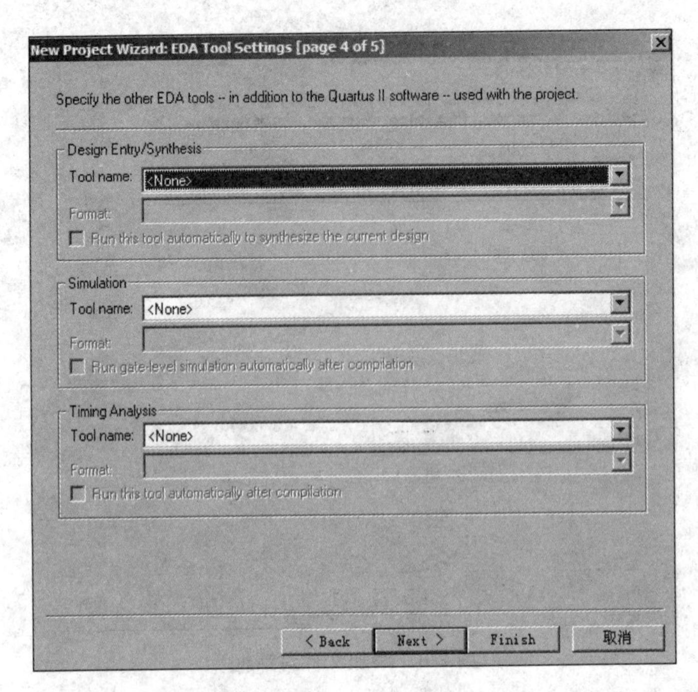

图 2-8 EDA 工具设置对话框

⑧ 弹出所建工程的总结概要,如图 2-9 所示。

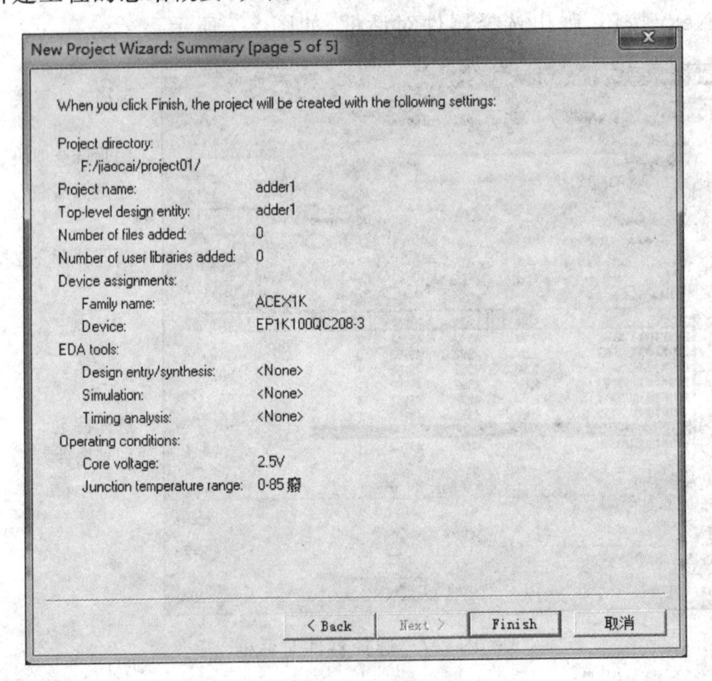

图 2-9 所建工程总结概要

对图 2-9 所列的项目情况进行检查、核对。正确无误后,单击 Finish 按钮,完成新建的工程。

2）启动图形编辑器

选择菜单 File|New...弹出新建文件对话框。选择 Design Files 项中的 Block Diagram/Schematic File 项，如图 2-10 所示。然后单击 OK 按钮，打开图形编辑器，如图 2-11 所示。

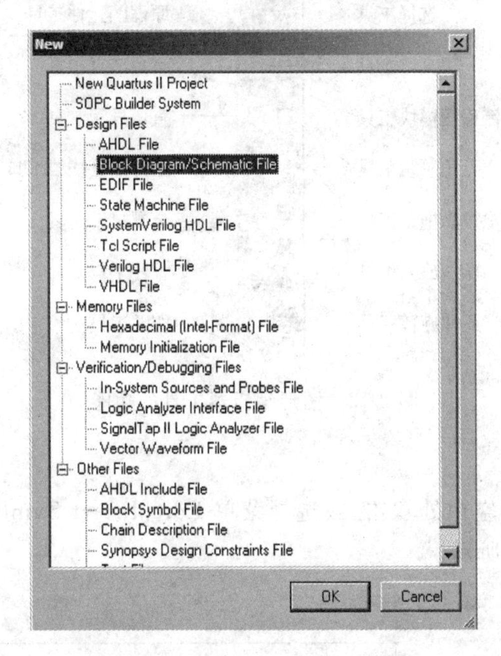

图 2-10　新建原理图文件对话框

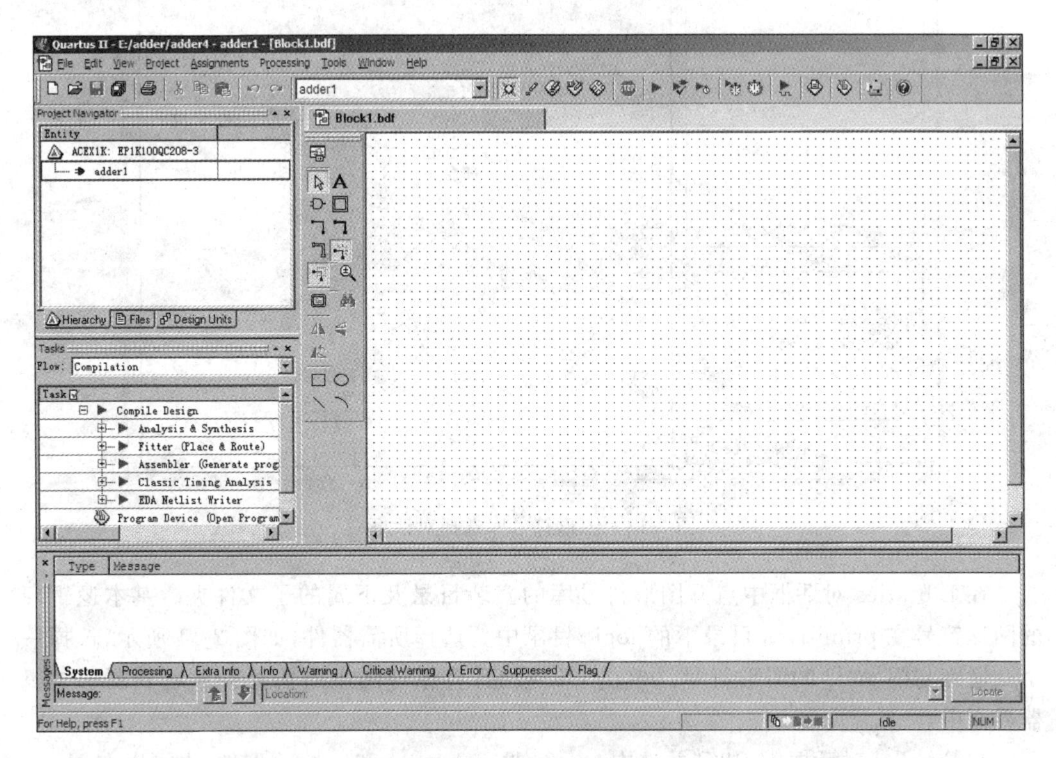

图 2-11　图形编辑器

在图 2-11 所示图形编辑窗口的左边，有供编辑输入时使用的工具箱，其中各工具的功能如图 2-12 所示。

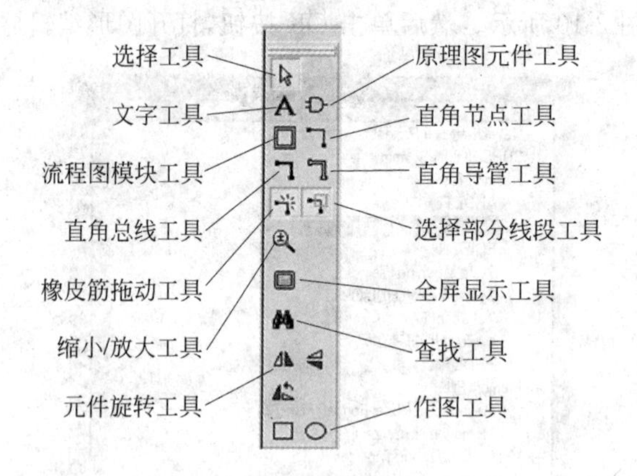

图 2-12　图形编辑器工具的功能

3）调入图形符号

在图形编辑器窗口空白处双击，或选择菜单 Edit|Insert Symbol...，打开图形符号库选择对话框，如图 2-13 所示。

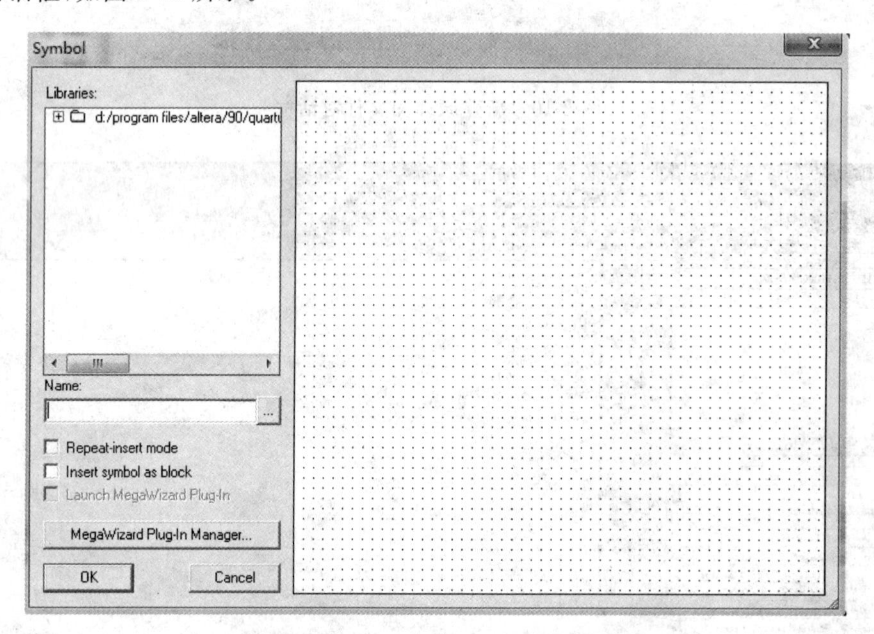

图 2-13　图形符号库选择对话框

在 Libraries 对话框中点开图形符号库的安装目录及下属的子文件夹。基本逻辑门的图形符号在 primitives 目录下的 logic 目录中。选择所需器件，如图 2-14 所示，选择一个二输入与门 and2 的图形符号。单击 OK 按钮，将原理图中所需元件放置到图形编辑器界面中。

在 Symbol 对话框中，找到并选中 xor、and2、or3、input 和 output 器件，也可以在 Name

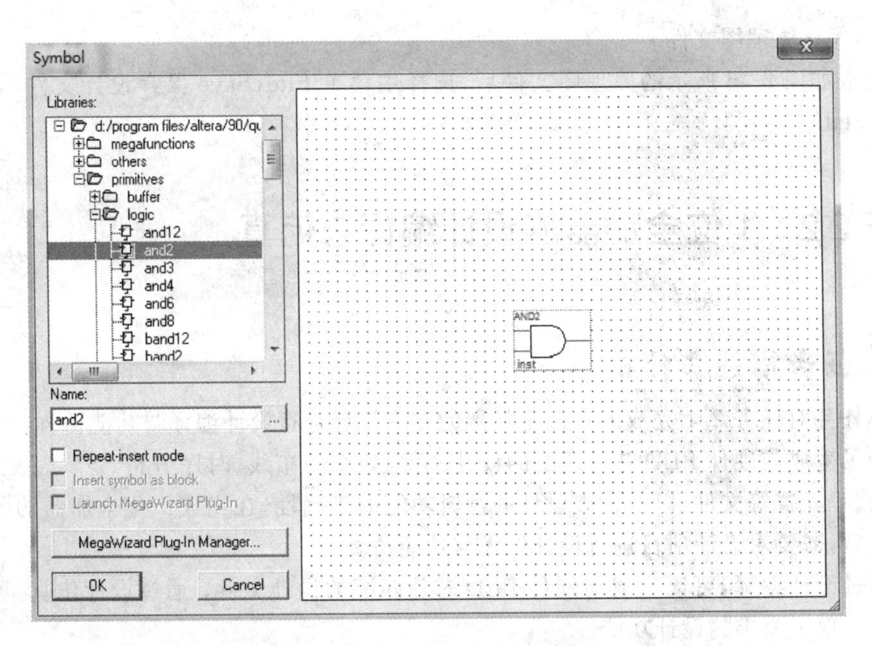

图 2-14　图形符号库选择对话框

栏中直接输入器件名称，然后调入图形编辑器窗口，再合理排布各器件的位置。

4）输入原理图

在图 2-14 所示的 Symbol 对话框中，找到并选中 xor、and2、or3 器件，也可以在 Name 栏中直接输入器件名称，然后调入图形编辑器窗口，再合理排布各器件的位置并连线。最后放置输入端口 input 和输出端口 output。1 位全加器的原理图如图 2-15 所示。注意，输入和输出端口的名称要正确定义，每一个输入、输出端口必须有唯一的命名，不能与其他输入、输出器件重名。

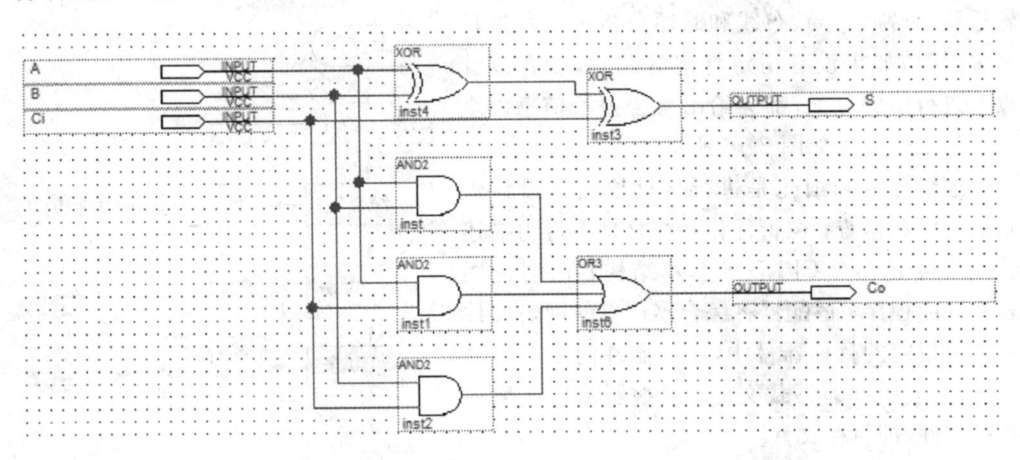

图 2-15　1 位全加器的原理图

Quartus Ⅱ中提供了很方便的连线功能，只要将光标移动到需要连线的引脚附近，箭头光标将变成“十”字形，此时拖动光标到连线的另一端即可。

5) 保存原理图文件

完成如图2-15所示的原理图文件后,选择主菜单File|Save保存设计文件,名称为adder1.bdf。

任务2.2 1位全加器的设计编译与仿真

任务描述与分析

本任务对任务2.1完成的1位全加器的图形设计进行设计编译与功能仿真。

为了生成与硬件PLD芯片匹配的设计文件,如布局布线、时序分析、逻辑适配、功能网表、编程配置等文件,以及检查设计的逻辑功能的正确性,在完成1位全加器的图形设计输入后,需要对设计项目进行设计编译与功能仿真。

通过设计编译,可以生成与硬件PLD芯片匹配的设计文件;通过设计仿真,可以检查是否实现了要求的设计功能。

相关知识

2.2.1 PLD的设计编译与设计仿真

1. 设计编译

编译分为分析综合和全编译两种。分析综合仅完成设计文件的检查及逻辑综合,产生用于功能仿真的功能网表文件信息。全编译包含分析综合、结合实际PLD芯片的逻辑适配、分割、布局、布线和时序分析等。在进行全编译时,如果没有指定特定的芯片,或者设计没有进行引脚分配,都会给出警告提示信息。全编译的工作流程如图2-16所示。

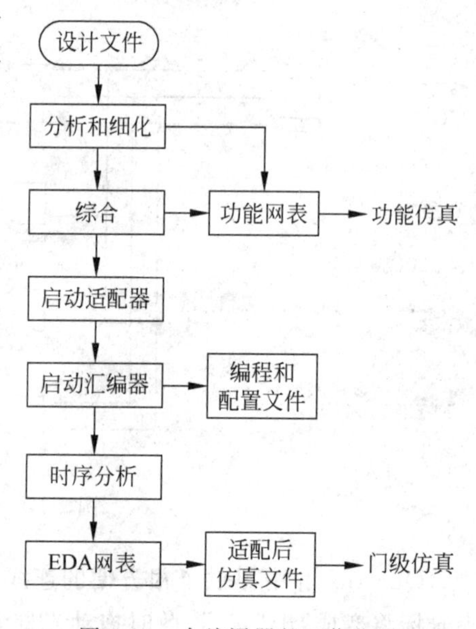

图2-16 全编译器的工作流程

逻辑分析和细化是进行设计语法和设计规则的编译和检查;逻辑优化和综合是将行为描述转换为与FPGA/CPLD的基本结构相映射的网表文件或程序;适配器将综合器产生的网表文件配置于指定的目标器件中,完成器件内部的布局布线,生成最终的下载文件;汇编器将生成编程数据文件,即目标文件。

一般情况下,完成设计文件输入后,可以先进行分析综合,检查设计文件是否存在设计规则错误,因此常称为前编译。当设计全部完成,并确定了设计功能的正确性后,在设计下载前,需要进行全编译，以得到包含实际使用的PLD芯片的硬件信息的下载文件。

2. 设计仿真

设计仿真是对适配器生成的结果进行模拟测试，以验证设计的逻辑功能的正确性，主要采用波形仿真。

波形仿真分为功能仿真模式（Functional Simulation Mode）和时序仿真模式（Timing Simulation Mode）两种。

功能仿真是直接对行为描述的逻辑功能进行测试模拟，不涉及硬件特性，不考虑器件内部各功能模块的延时，只仿真电路的逻辑功能，一般是设计的前期仿真。完成设计的分析和综合后，就可进行功能仿真。

时序仿真是接近真实器件运行特性的仿真，仿真文件包含硬件特性，将结合不同器件的具体性能，并考虑器件内部各功能模块之间的延时信息。这种仿真结果不仅能验证逻辑功能，而且验证用户所设计的电路在时间（或速度）上是否满足要求，是设计的后期仿真。时序仿真过程的仿真文件必须来自针对具体器件的综合与适配器。

任务实施

2.2.2　1位全加器的设计编译

1. 分析综合

执行菜单命令Processing|Start|Start Analysis & Synthesis，或直接单击工具栏中的按钮，对设计项目进行分析综合。

如果分析综合有错误，需要改正错误，直到通过。分析综合完成后，可进行功能仿真。

2. 全编译

执行菜单命令Processing|Start Compilation，或直接单击工具栏中的▶按钮，对设计项目进行全编译。全编译通过后，才能进行时序仿真。

分析综合与全编译结束，都将弹出如图2-17所示的界面。

中间的提示框提示编译是否成功，状态窗口指示编译每个阶段的进展情况，消息窗口显示编译通告、错误及报警信息。在编译报告项目栏可以查看各项编译结果。

如果在消息窗口有错误信息提示，仔细阅读错误信息的描述，可找到错误原因。用鼠标双击错误信息，界面将直接跳到图形编辑区的错误处。出错部分处于激活状态，查错、改错都比较方便。

注意，如果有编译错误，必须全部改正。查找和修改错误时，一般是选择第一行的错误提示，因为有时下面一系列的错误可能都是由第一行的错误引起的，修改了前面的错误，后面的多条错误提示可能随之消失。双击错误信息，界面将直接跳到图形编辑区，在有错误的地方出现光标。一般情况下，错误在光标出现行的前后行附近，仔细查找，可以

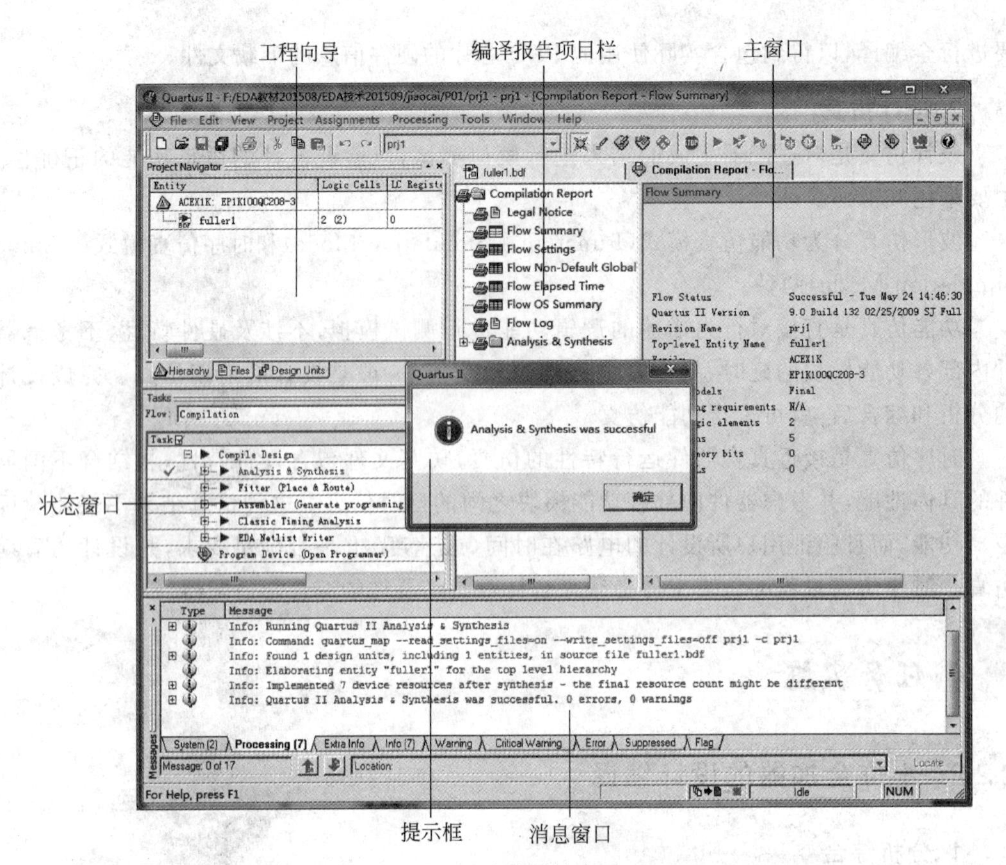

图 2-17 设计编译结束界面

方便地改正错误。检查、纠正第一个错误后可以再保存并编译。如果还有错误,重复以上操作,直至最后通过。编译完成后,应没有错误提示,但可有警告提示。

按照上述步骤完成 1 位全加器的设计编译。

2.2.3 1 位全加器的设计仿真

设计仿真分三步:首先,建立波形文件,确定需要仿真的信号节点,设置输入波形,设定一些时间和显示参数;其次,运行仿真器;最后,根据仿真结果(波形)分析电路的逻辑功能的正确性。

1. 建立仿真波形文件

1) 打开波形编辑器

在管理器窗口中选择菜单 File|New...,或直接在工具栏上单击□按钮,打开 New 列表框。执行菜单命令 Verification/Debugging Files,选中 Vector Waveform File,然后单击 OK 按钮,如图 2-18 所示。

此时弹出波形编辑窗口,如图 2-19 所示。

2) 设定时间参数

根据仿真的需要,在波形编辑器界面中设置时间参数。

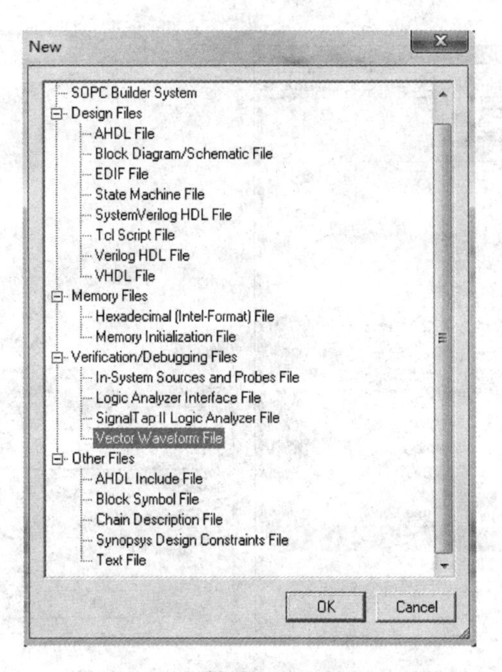

图 2-18　新建波形文件对话框

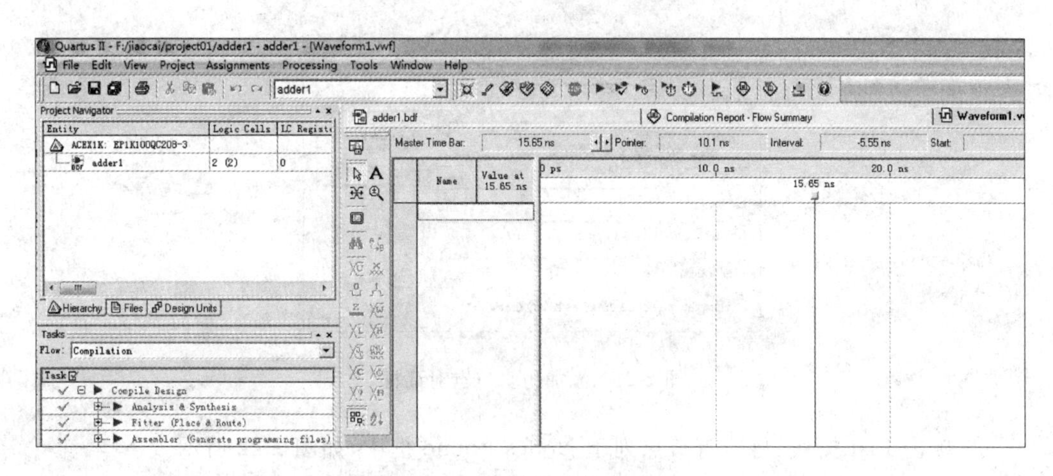

图 2-19　波形编辑窗口

选择菜单 Edit|End Time...，设置仿真结束时间；选择菜单 Edit|Grid Size...，设置仿真显示网格间距的时间，如图 2-20 所示。

这里不做修改，采用默认设置。

3）添加输入、输出节点

① 选择菜单 Edit|Insert|Insert Node or Bus...，或在波形编辑窗口左侧 Name 栏空白处右击，选择 Insert|Insert Node or Bus...，打开添加仿真节点对话框，如图 2-21 所示。

② 单击 Node Finder...按钮，打开节点查找对话框。在 Filter 下拉框中选择信号类别“Pins：all”，表示选择所有引脚。

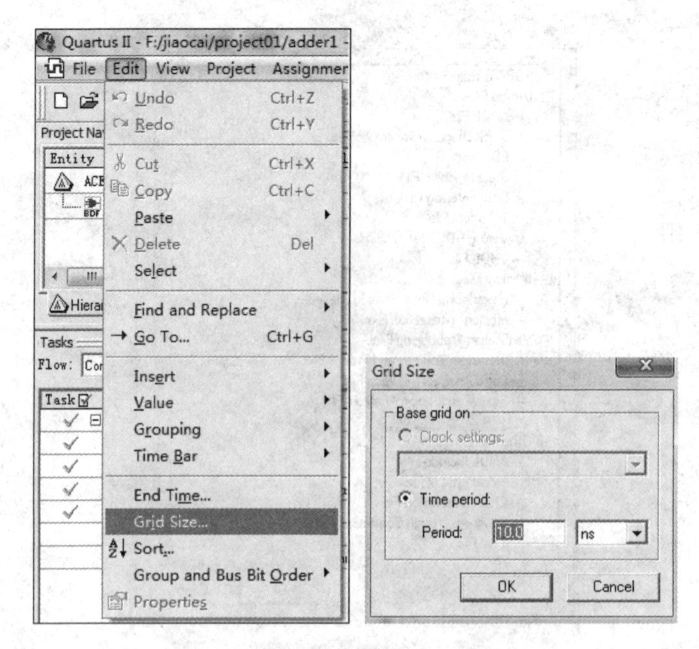

图 2-20　设置仿真显示网格间距时间

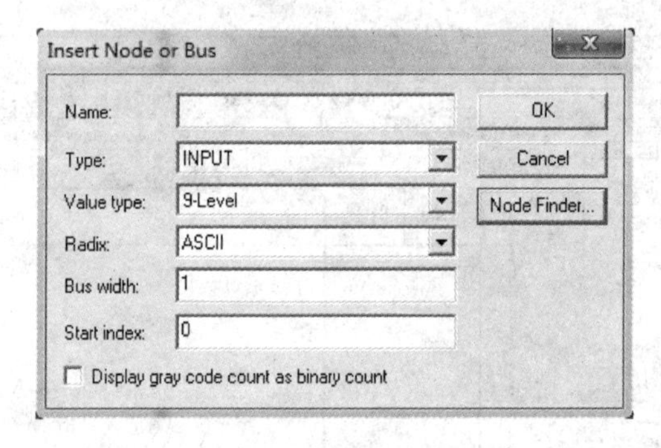

图 2-21　添加仿真节点对话框

③ 单击 List 按钮,将所有节点列于 Nodes Found 框中,如图 2-22 所示。

④ 从 Nodes Found 框中选择需要仿真的节点,然后单击>按钮,使所选节点进入 Selected Nodes 框。如单击>>按钮,则选中所有节点进入 Selected Nodes 框。

⑤ 单击 OK 按钮,返回 Insert Node or Bus...对话框,再单击该框中的 OK 按钮,所选节点将出现在波形编辑窗口中,如图 2-23 所示。

4) 设置输入节点的波形

利用波形编辑器左边的波形工具栏,进行波形设置的操作。各工具的作用如图 2-24 所示。

缩放工具的使用简述如下:在波形编辑窗口中,单击,放大;右击,缩小。单击选择工具按钮 ,退出缩放状态。

捕捉栅格工具用于设置电平变化的最小时间与一个显示栅格的时间相同。

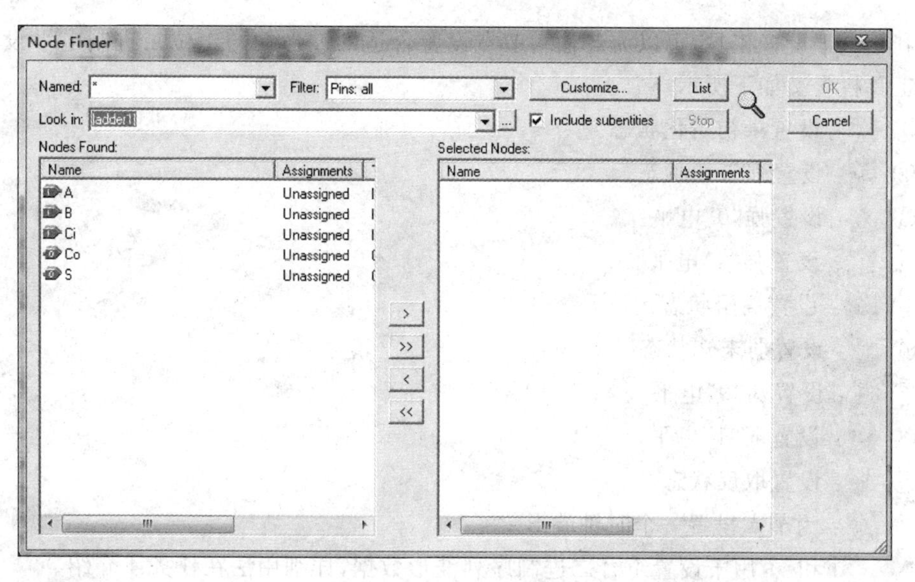

图 2-22　节点查找对话框

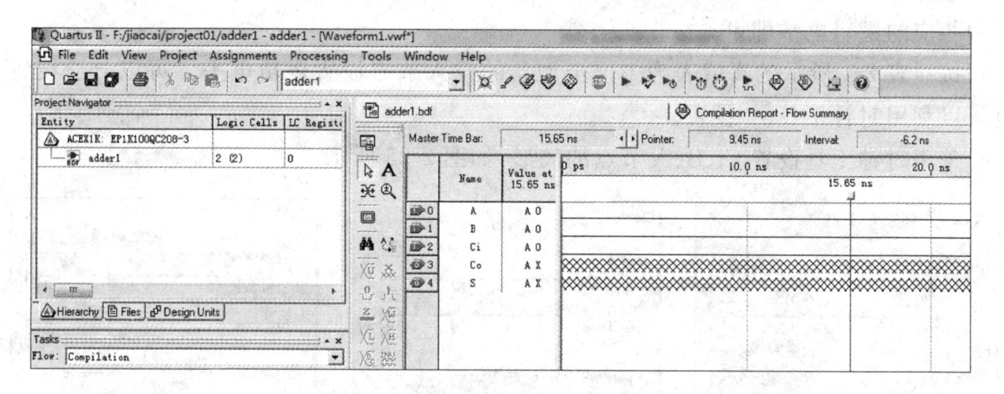

图 2-23　仿真节点添加到波形编辑窗口

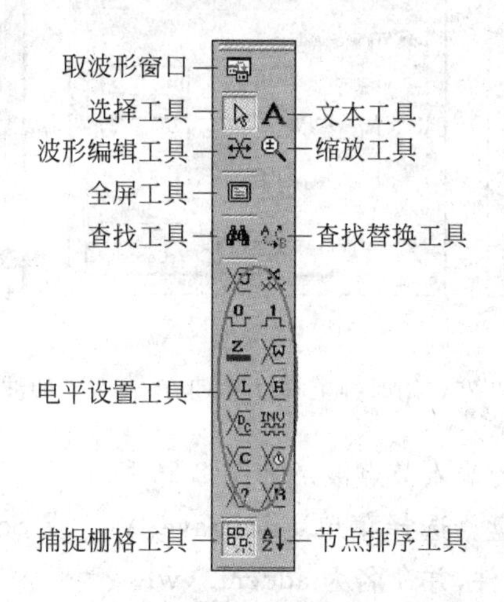

图 2-24　波形工具栏的功能

利用电平设置工具,可以为各输入节点设置合适的波形。与 1 位二进制电平设置有关的工具栏含义如下所示。

① ：设置未初始化状态。

② ：设置强未知状态。

③ ：设置强“0”电平。

④ ：设置强“1”电平。

⑤ ：设置高阻状态。

⑥ ：设置弱未知状态。

⑦ ：设置弱“0”电平。

⑧ ：设置弱“1”电平。

⑨ ：设置取反状态。

⑩ ：为节点设置一个时钟波形。

、和用于设置组合二进制序列波形数据,详细用法在任务 4 介绍。

选择需要设置波形的节点,然后拖动鼠标选中需要设置的波形段,再选择波形工具栏中相应的逻辑电平即可。

按照表 2-1 所示的真值表为 1 位全加器的输入节点设置逻辑电平。可以分段设置,也可以利用时钟工具设置。

采用时钟工具设置 Ci、B、A 节点的波形,如图 2-25 所示。

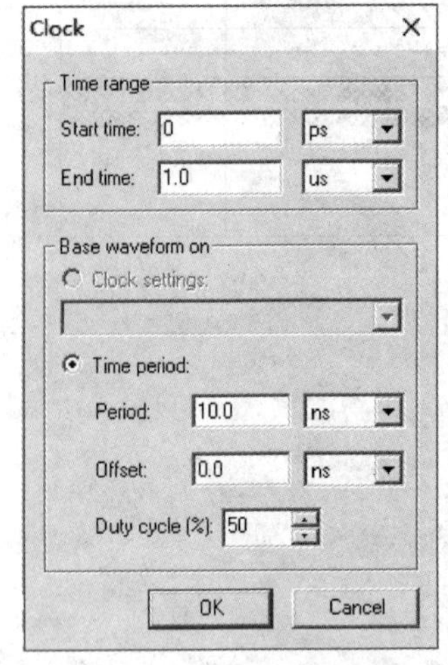

(a) Ci的波形设置

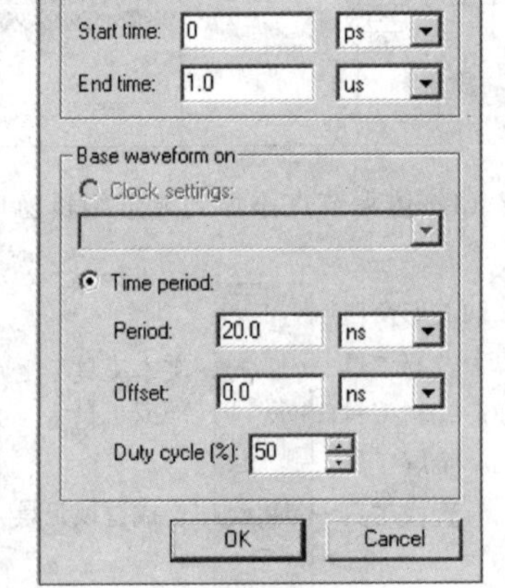

(b) B的波形设置

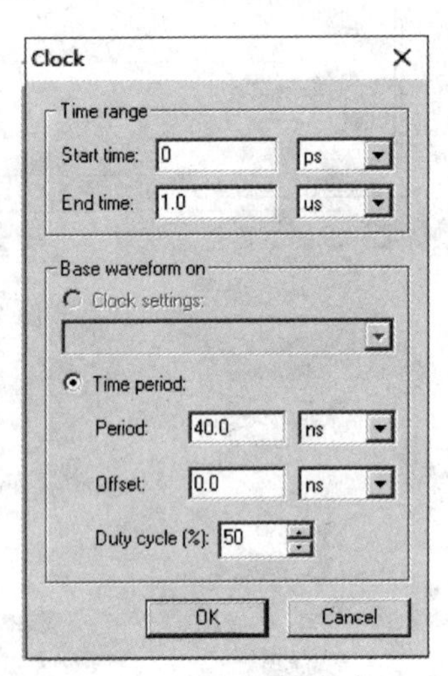

(c) A的波形设置

图 2-25 用时钟工具设置 Ci、B、A 节点的波形

设置好的 1 位全加器的输入节点波形如图 2-26 所示。

将输入节点的波形存盘。选择菜单 File|Save As...或 Save,或在工具栏单击按钮,保存输入节点的波形文件,并命名为 adder1.vwf。

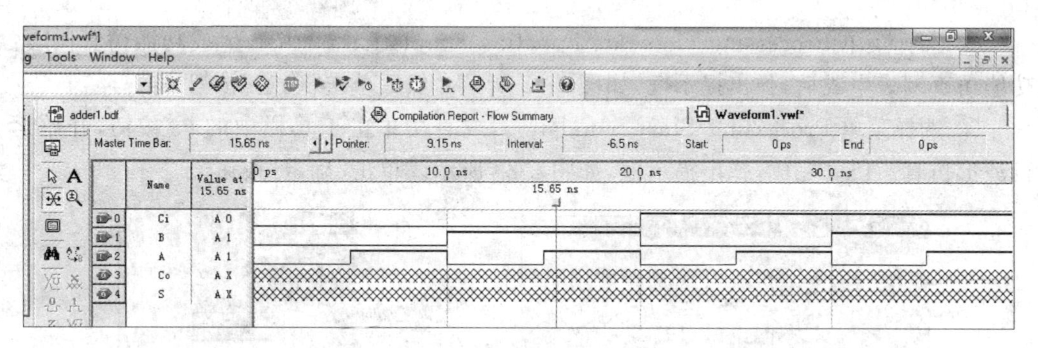

图 2-26　1 位全加器的输入节点波形

2. 运行波形仿真

波形仿真有功能仿真和时序仿真两种。

1）功能仿真

① 选择菜单 Assignments|Settings...，或直接在工具栏中单击 按钮，弹出 Settings 对话框。

② 在 Settings 对话框左侧 Category 栏内选择 Simulator Settings，弹出仿真设置对话框。设置仿真模式 Simulation Mode 为 Functional，设置仿真波形输入文件 Simulation input 为 adder1. vwf，如图 2-27 所示。然后单击 OK 按钮。

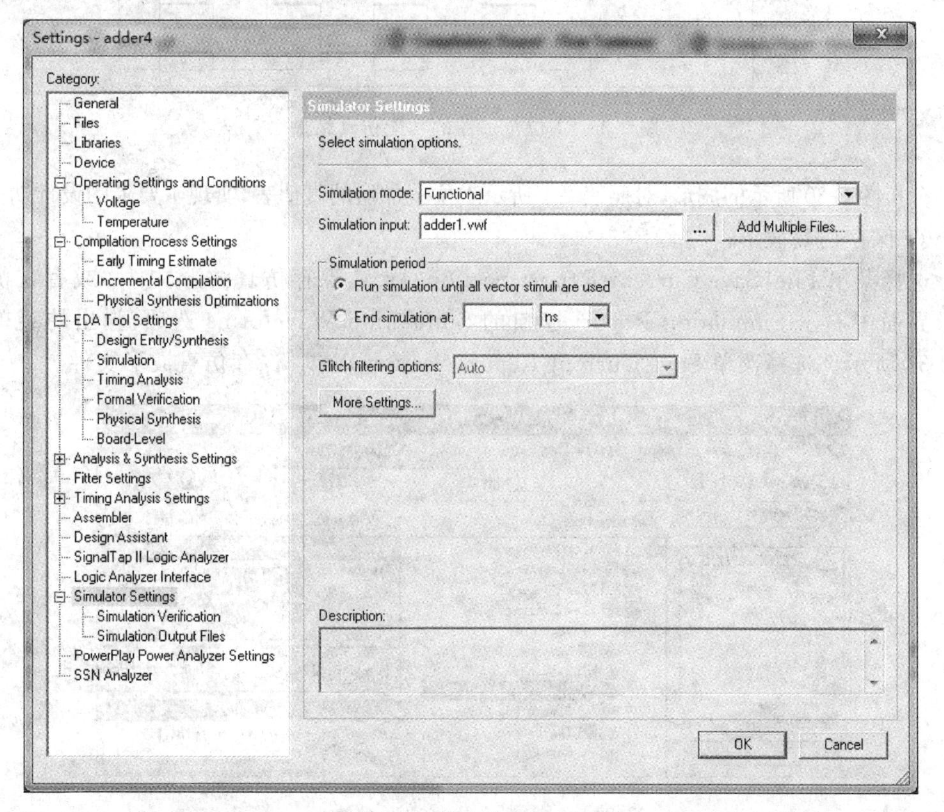

图 2-27　功能仿真设置对话框

③ 选择菜单 Processing|Generate Function Simulation Netlist，生成功能仿真网表。功能仿真网表生成后，弹出提示框，如图 2-28 所示。然后单击"确定"按钮。

④ 选择菜单 Processing|Start Simulation，或直接单击工具栏中的按钮，开始运行波形仿真。仿真完成，弹出提示框，如图 2-29 所示。单击"确定"按钮。

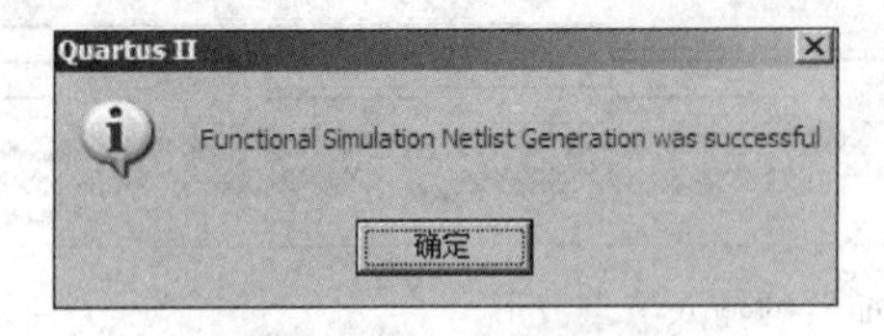

图 2-28 功能仿真网表生成提示框

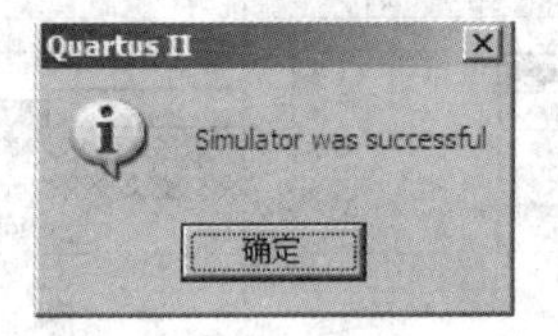

图 2-29 仿真完成提示框

⑤ 在仿真器报告窗口中，显示出 1 位全加器的功能仿真结果，如图 2-30 所示。

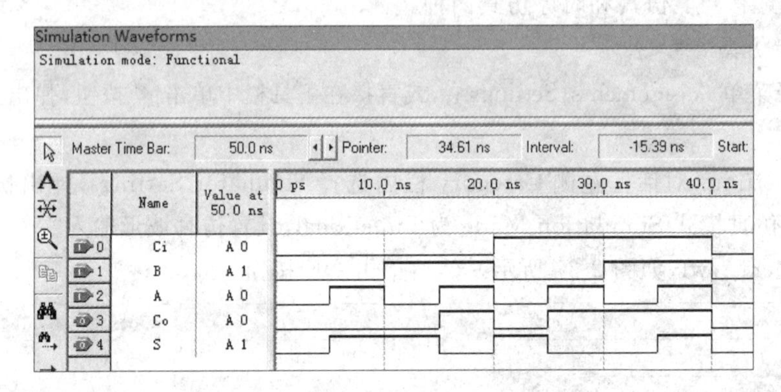

图 2-30 1 位全加器的功能仿真结果

分析图 2-30 所示的波形，对照表 2-1 所示 1 位全加器的真值表，实现了要求的设计功能。

⑥ 保存仿真波形。

选择菜单 File|Save Current Report Section As...，保存仿真波形文件；或者在仿真波形界面中右击 Simulation Report 窗口的 Simulation Waveforms 选项，弹出的菜单如图 2-31 所示。选择菜单 Save Current Report Section As...，保存仿真波形文件。

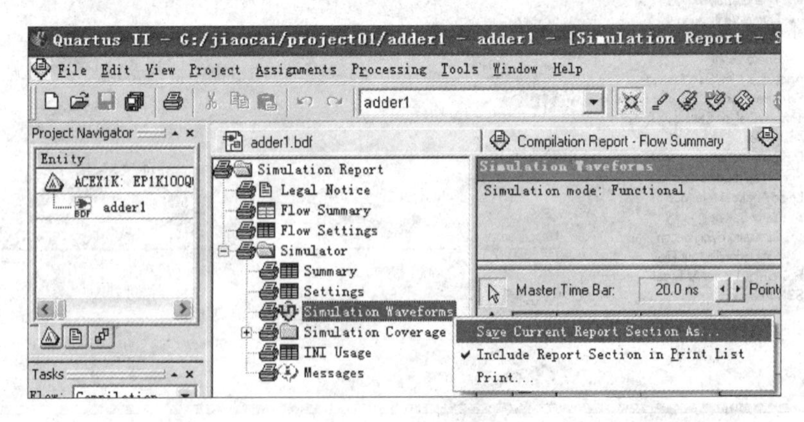

图 2-31 保存仿真波形文件

2）时序仿真

① 选择菜单 Assignments|Settings...，或直接在工具栏中单击 按钮，弹出 Settings 对话框。

② 在 Settings 对话框左侧 Category 栏内选择 Simulator Settings，弹出仿真设置对话框。设置 Simulation Mode 为 Timing，然后单击 OK 按钮。

③ 选择菜单 Processing|Start Simulation，或直接单击工具栏中的 按钮，开始运行波形仿真。

1 位全加器的时序仿真结果如图 2-32 所示。

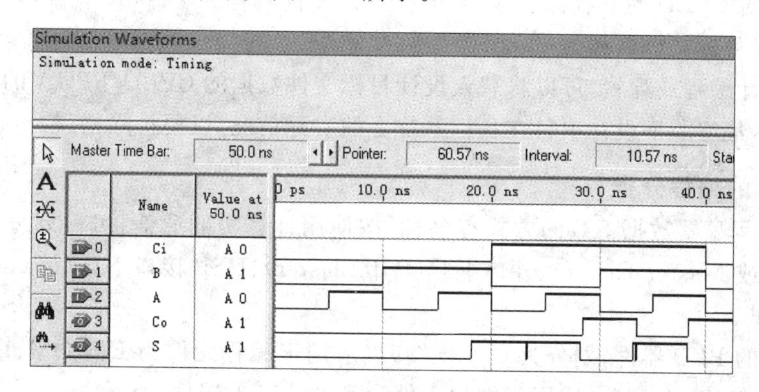

图 2-32　1 位全加器的时序仿真结果

3. 仿真结果分析

由图 2-30 所示功能仿真结果可以看出，在不考虑器件性能的情况下，实现了 1 位全加器的逻辑功能。由图 2-32 所示时序仿真结果可以看出，在结合器件具体性能的情况下，输出信号产生了延时，并产生了一些毛刺。可见，时序仿真结果在一定程度上能够反映实际器件的工作情况，可以验证具体的电路设计在某个 PLD 器件中真实的信号响应结果。

任务 2.3　1 位全加器的硬件设计

任务描述与分析

本任务学习将任务 2.1 和任务 2.2 中设计并经编译和仿真验证正确的 1 位全加器的设计目标文件，经设计编程，下载到 PLD 芯片中，完成 1 位全加器的硬件设计。

在 Quartus Ⅱ 中完成了 1 位全加器的设计输入、设计编译和设计仿真，只是从软件层面验证了设计的功能，最终需要编程下载到 PLD 器件中，并与外部电路连接，进行硬件验证与实现。

本教材使用的 PLD 是 Altera 公司的 FPGA 器件 EP1K100QC208-3。

2.3.1 PLD的设计编程与配置

设计编程是把适配器和汇编器生成的下载或配置目标文件通过编程器或编程电缆向FPGA或CPLD下载,以便进行硬件调试和验证。

通常将对CPLD的下载称为编程,编程目标文件名称为*.pof;对FPGA的下载称为配置,配置目标文件名称为*.sof。

通过设计编程或配置,可以将载入设计目标文件数据的CPLD/FPGA的硬件系统进行统一测试,最终验证设计项目在目标系统上的实际情况,以便排除错误,改进设计。

1. PLD的编程分类

PLD编程配置数据下载的方式有多种,按使用计算机的通信接口,划分为串口下载(BitBlaster或MasterBlaster)、并口下载(ByteBlaster)、USB接口下载(MasterBlaster或APU)等方式。

按使用的PLD器件,划分为CPLD编程(适用于编程元件为EPROM、EEPROM和闪存的器件)、FPGA配置(适用于编程元件为SDRAM的器件)。

按PLD器件在编程下载过程中的状态,划分为主动配置方式(在这种配置方式下,由CPLD器件引导配置操作的过程,并控制外部存储器和初始化过程)、被动配置方式(在这种配置方式下,由外部计算机或单片机等微处理器控制配置的过程)。

2. PLD的工作状态

按照正常使用和下载的不同过程,将PLD器件的工作状态分为以下3种:

① 用户状态(User mode),即电路中CPLD器件正常工作时的状态。

② 配置状态(Configuration),指将编程数据装入CPLD/FPGA器件的过程,也称为下载状态。

③ 初始化状态(Initialization),此时CPLD/FPGA器件内部的各类寄存器复位,让I/O引脚为器件正常工作做好准备。

对于使用Altera公司的CPLD器件的用户来说,若使用的是该公司编程元件为EEPROM或闪存的CPLD器件(如MAX5000、MAX7000、MAX9000系列等),由于这类器件是非易失性的,只需简单地利用专门的下载电缆将编程配置数据下载到芯片即可。Altera公司提供名为ByteBlaster或BitBlaster的编程下载电缆。该电缆可以很容易地由用户自行制作获得。

对于编程元件为SRAM的FPGA器件(如FLEX6000、FLEX8000、FLEX10K、ACEX1K、APEX20K系列等),由于这类器件具有编程数据易失性的特性,所以存在芯片外部配置的问题,以将编程配置数据永久性地存储在外部EEPROM或闪存中,供FPGA器件每次在系统通电时调入这些编程配置数据;否则,用户需要在每次系统通电时利用PC执行对FPGA器件的编程写入操作。

2.3.2 1位全加器的电路结构

上述任务中设计的1位全加器下载编程到PLC芯片后，其外在表现如图2-33所示图形符号。图2-33中，A、B为2个加数，Ci为低位的进位信号，S为和，Co为向高位的进位。

图2-33所示图形符号的虚线框内部逻辑功能在PLC芯片内部实现。外围加上可设定加数及低位进位的器件作为输入，可显示运算结果的高、低电平的器件作为输出。构成的1位全加器的硬件电路结构如图2-34所示。

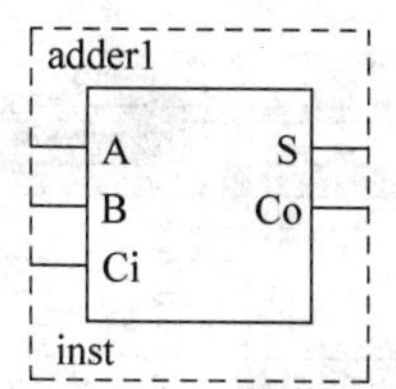

图2-33 1位全加器的图形符号

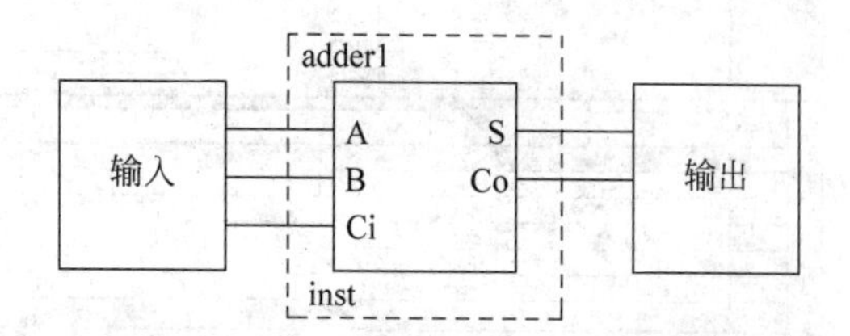

图2-34 1位全加器的电路结构

实现1位全加器的硬件电路设计，需要指定将各输入、输出端口配置到可编程逻辑器件的相应引脚，并将图2-15所示的原理图经逻辑分析综合后生成的配置文件下载到芯片。将外围的输入、输出电路连接到芯片的相应引脚，即实现了要求的设计功能。

2.3.3 1位全加器的设计下载

1. 引脚分配

引脚分配是将设计中的端口A、B、Ci、S和Co映射到目标器件的具体引脚上，实现器件与外部电路的连接，以完成硬件验证与实现。

1）打开引脚平面图

选择菜单Assignments|Pin Planner，弹出如图2-35所示的引脚分配界面。

在图2-35中，右上部的主界面是所选用器件的引脚平面排布图，用左边的缩放工具栏放大，可以看到清晰的引脚信息，如图2-36所示。窗口的下方是设计的端口表。

2）引脚分配

分别选中图2-36下方的各端口，将其拖移到上面引脚平面图可编程的引脚上（白色圆圈），完成引脚分配。将端口A、B、Ci、S和Co分配到7、8、9、11和12脚，分配后的引脚将由白色圆圈变为棕色，端口与引脚的对应信息出现在下方的端口表中，如图2-37所示。

引脚分配后，引脚号将显示在图形界面的相应端口上，如图2-38所示。

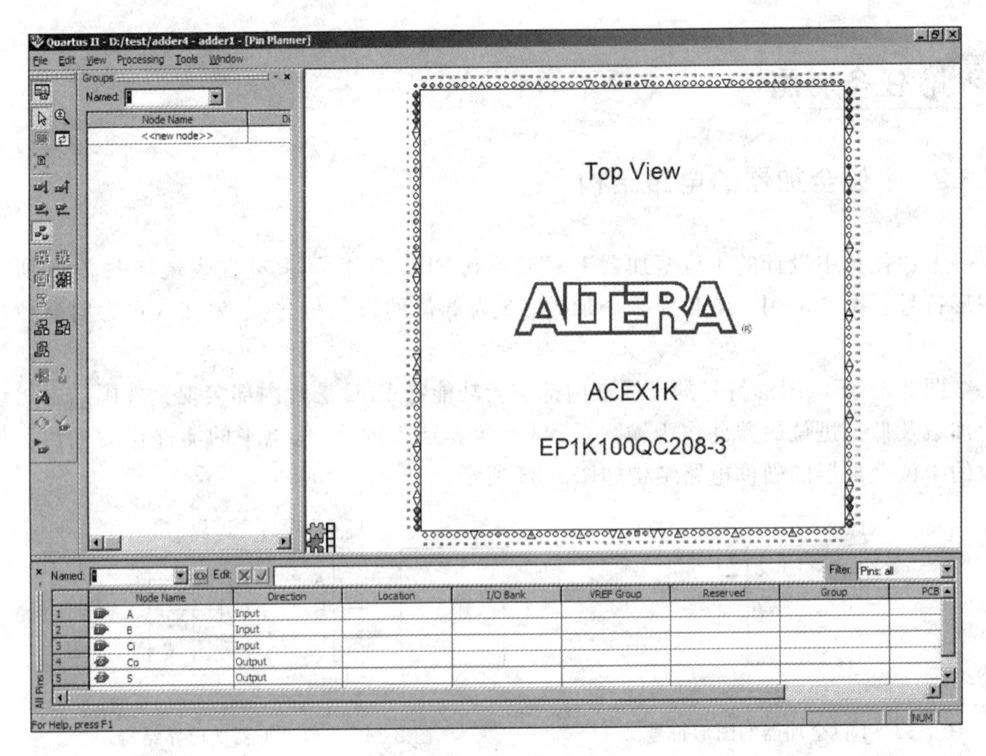

图 2-35　引脚分配界面

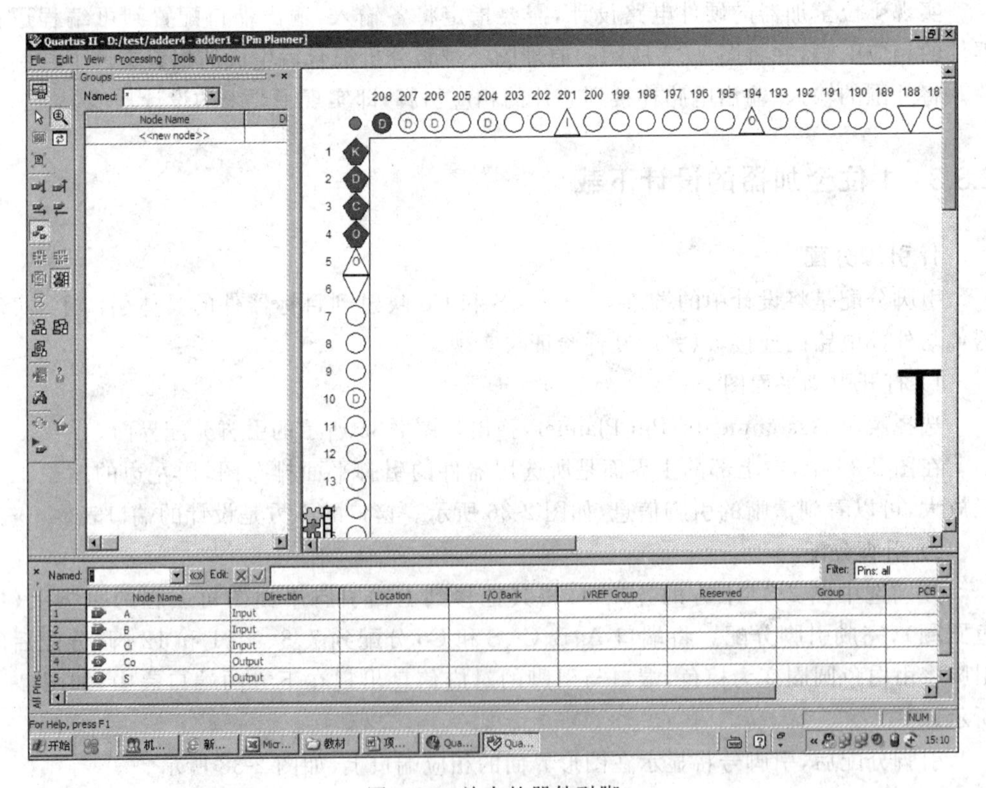

图 2-36　放大的器件引脚

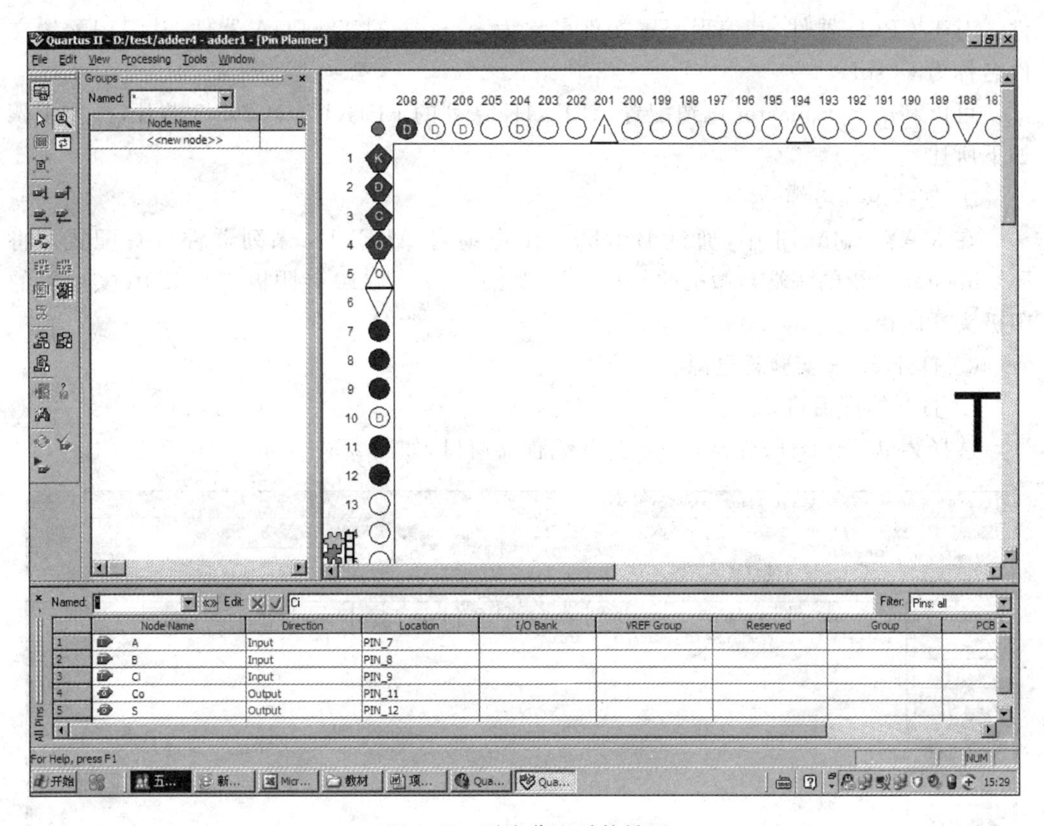

图 2-37　引脚分配后的界面

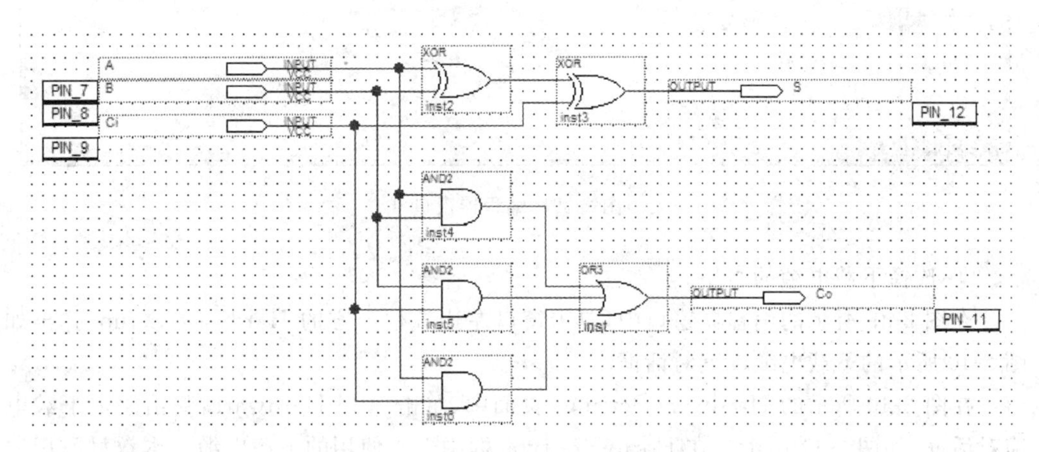

图 2-38　引脚分配后的 1 位全加器原理

2. 器件编程

器件编程就是将编程配置文件的数据下载到 PLD 目标芯片中，以便获得所设计的硬件电路或系统，再结合用户的设计需求进行电路功能的硬件调试和应用。

引脚分配后，需要再次对设计文件进行全编译，生成器件编程所需要的编程配置文件。对于 CPLD 器件,其编程配置文件名称为 *.pof;对于 FPGA 器件,其编程配置文件名称为 *.sof。

可以利用 Byteblaster 电缆配置 ALEX1K 系列的 EP1K100QC208-3 芯片,操作步骤如下所述。

① 连接编程电缆。

在 MAX+plus Ⅱ 中,通过 Byteblaster 电缆对 ALEX1K 系列器件进行配置。将 Byteblaster 电缆的一端与微机的并行打印口相连,另一端 10 针阴极头与 EDA 实验箱的阳极头插座相连。

② 打开 EDA 实验箱电源。

③ 打开编程窗口。

选择菜单 Tools|Programmer,打开编程器窗口,如图 2-39 所示。

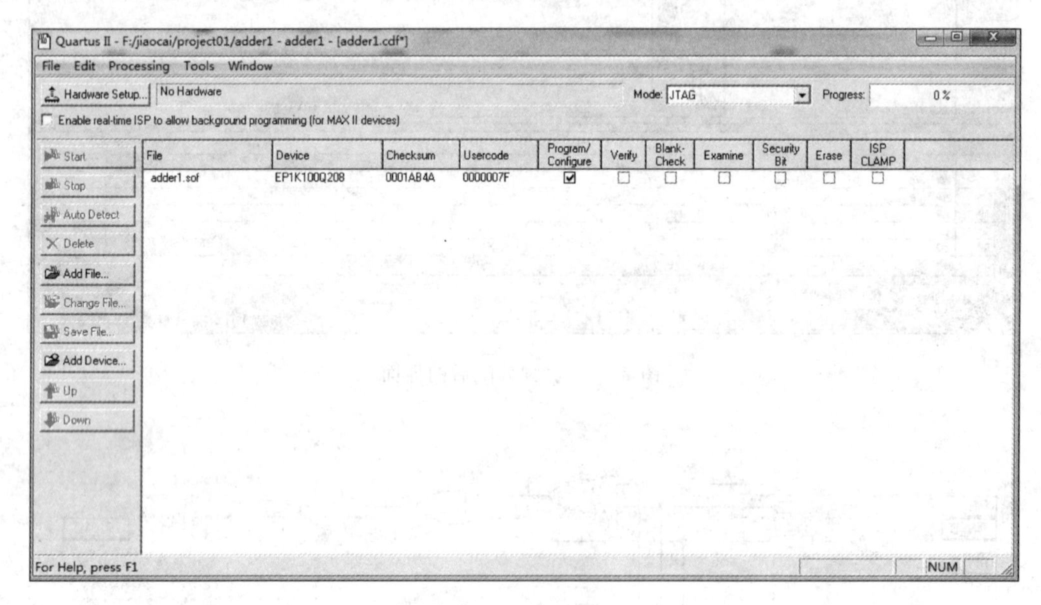

图 2-39 编程器窗口

④ 选择下载电缆的类型。

在图 2-39 所示的编程器窗口中,单击窗口左边选框上方的 Hardware Setup,弹出如图 2-40 所示的下载电缆设置对话框。

在图 2-40 所示的 Hardware Settings 页面中,单击 Add Hardware,弹出添加下载电缆对话框,如图 2-41 所示。在 Hardware type 框中选中使用的下载电缆。本教材所用实验设备选用 ByteBlasterMV or ByteBlaster Ⅱ 电缆。最后,单击 OK 按钮。

⑤ 回到编程器窗口,检查所选择的编程文件和器件是否正确。ALEX1K 系列器件是 FPGA 器件,使用的是扩展名为.sof 的文件。如果选择的编程文件不正确,可在编程器窗口左边的 Add File 选框添加正确的编程文件。

⑥ 在编程器窗口单击 Start 按钮,进行下载配置。当 Progress 框中的下载进度为 100%时,表示下载完成。

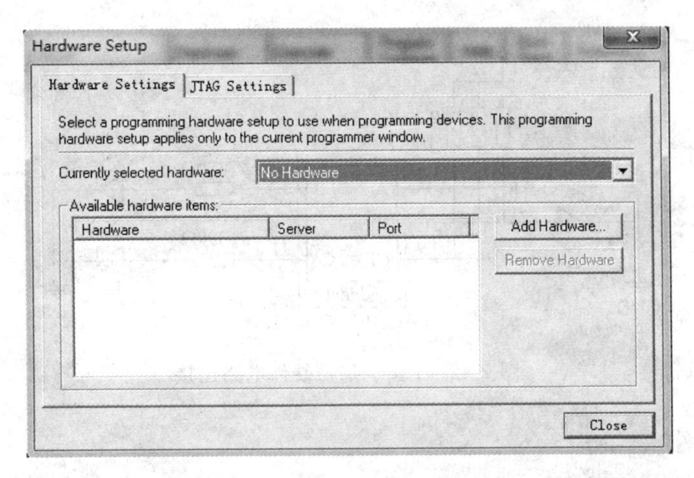

图 2-40　下载电缆设置对话框

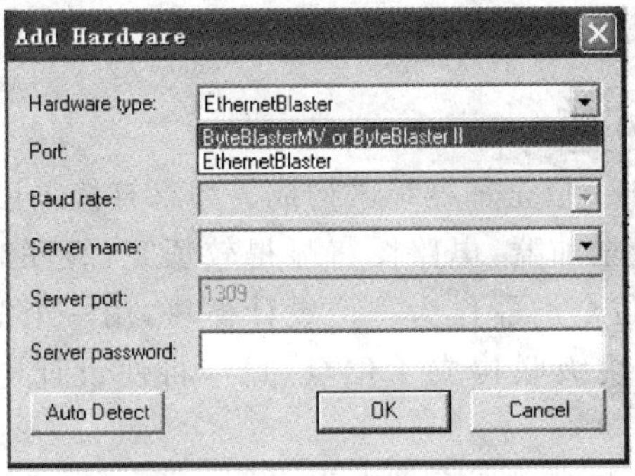

图 2-41　添加下载电缆对话框

2.3.4　1位全加器的硬件设计与验证

器件编程完成后，可以按照各I/O口的引脚分配，将PLD的各引脚与外部电路连接，从硬件上验证设计的正确性。输入口一般连接在实验箱的开关上，可以方便地设置输入的高、低电平状态；输出口连在发光二极管上，通过发光二极管的亮、灭，显示验证输出的高、低电平状态。

将3个开关K_1～K_3的接线端接到EP1K100QC208-3芯片的7、8、9引脚，将发光二极管的接线端连接到芯片的11、12引脚，即可用开关设置加数和低位的进位信号输入状态；用发光二极管的亮、灭，显示全加器的和及向高位的进位信号输出状态。1位全加器的硬件电路连接如图2-42所示。

按照表2-1所示1位全加器真值表，用开关K_1～K_3设置输入端口A、B、Ci的电平状态，观察全加器的和S及进位Co连接的LED灯D_1和D_2的亮、灭，就可以从硬件上验证设计的正确性。

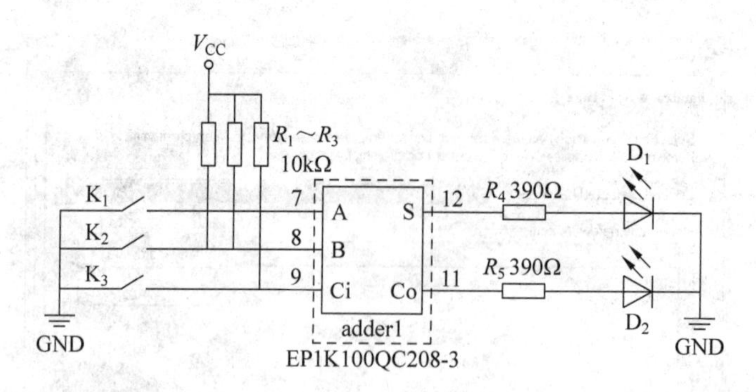

图 2-42　1 位全加器硬件电路连接

任务 2.4　4 位全加器的层次化图形设计

任务描述与分析

4 位全加器可由 4 个 1 位全加器级联构成。如果直接采用 4 个如图 2-15 所示的 1 位全加器,级联构成 4 位全加器,电路图将显得较烦冗,级联时也容易造成连接错误,使设计出错。如果将 1 位全加器作为一个设计模块,用一个简单的图形符号来表示,再用 4 个 1 位全加器模块级联构成 4 位全加器,将使设计电路结构简单,容易正确级联。

本任务将用 1 位全加器的模块图形符号,完成 4 位全加器的设计。这种用底层电路(1 位全加器)构成顶层电路(4 位全加器)的设计方法,称为层次电路的设计。

相关知识

2.4.1　底层电路图形符号的创建与调用

1. 底层电路图形符号的创建

以 1 位全加器电路为例。在 1 位全加器电路的图形编辑窗口中,选择菜单 File|Create/Update|Create Symbol Files for Current File,如图 2-43 所示,将创建一个 1 位全加器的图形符号文件。

2. 底层电路图形符号的调用

新建一个图形编辑文件,双击空白处,打开图形符号库选择对话框。单击对话框左边 Libraries 栏中的 Project 选项,选择 adder1,如图 2-44 所示。双击 adder1 或单击 OK 按钮,1 位全加器的图形符号被调入图形编辑文件。

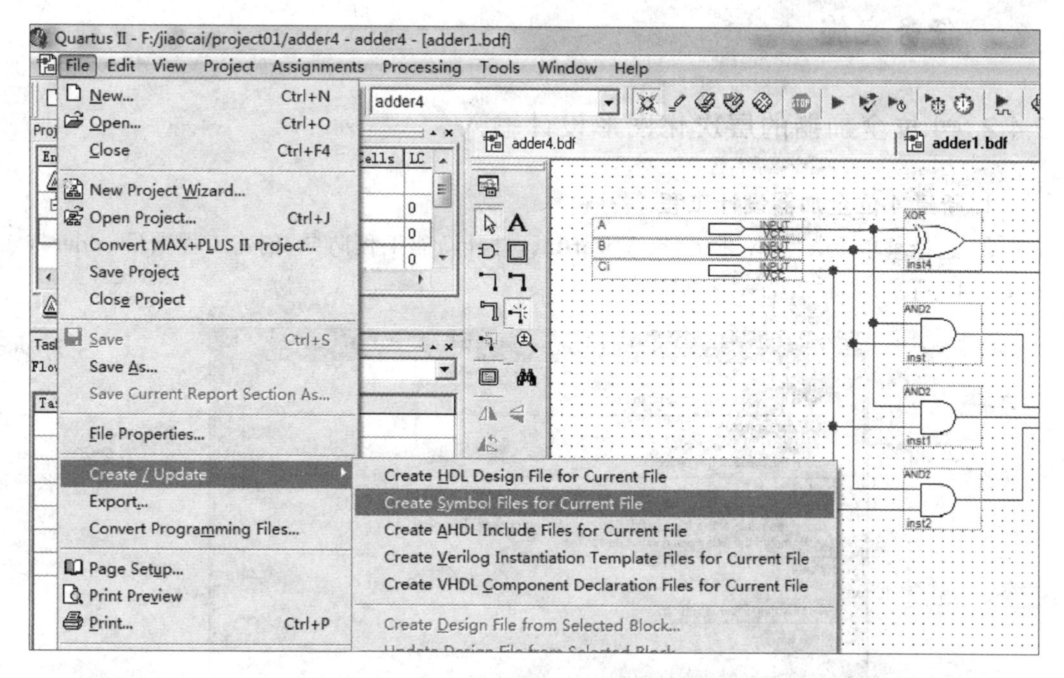

图 2-43　创建 1 位全加器的图形符号文件的菜单

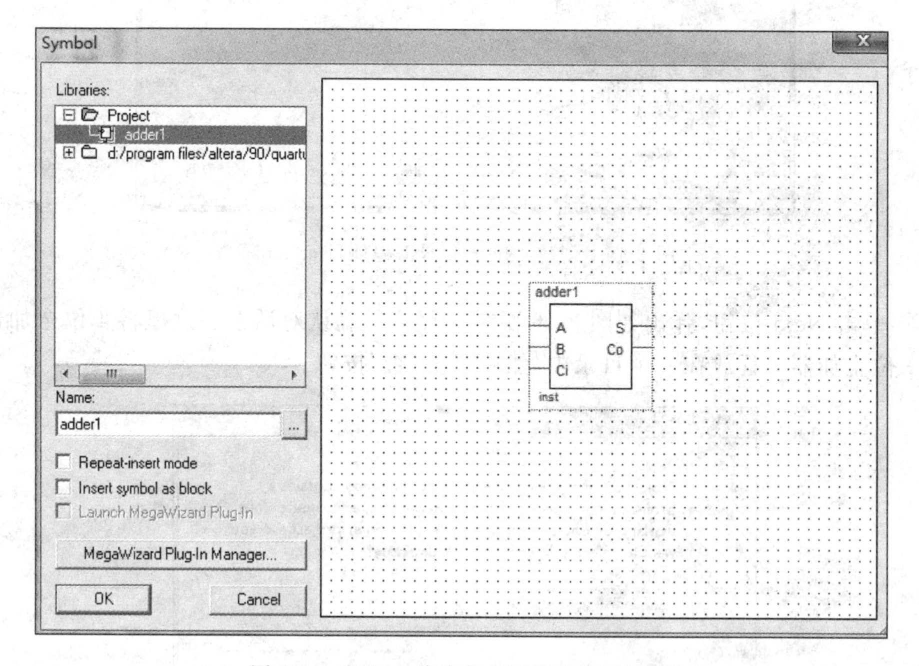

图 2-44　调用 1 位全加器图形符号对话框

2.4.2　4 位全加器的层次化图形设计输入

1. 新建 4 位全加器设计工程

① 选择菜单 File|New Project Wizard...,打开新建工程向导,创建工程项目 adder4,如图 2-45 所示。

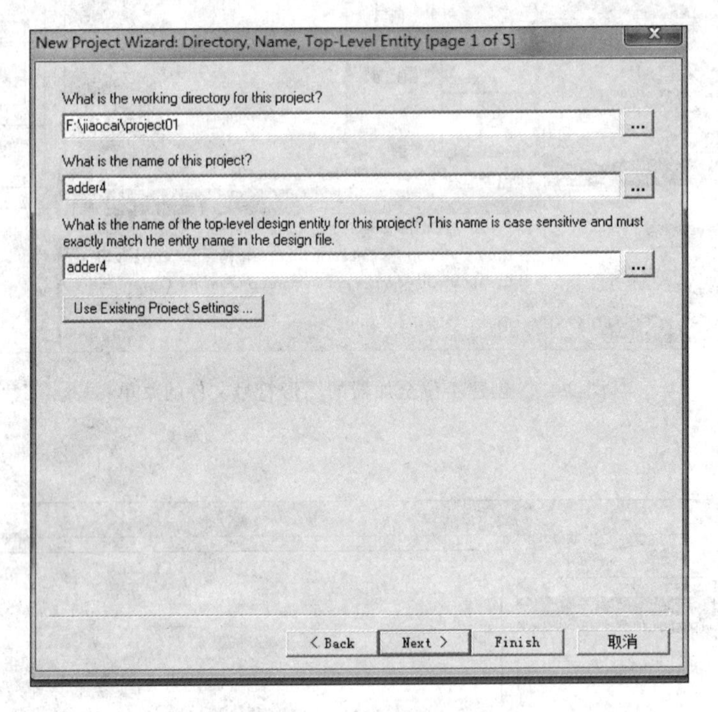

图 2-45　创建 4 位全加器工程项目 adder4

② 单击 Next 按钮,弹出如图 2-46 所示工程路径确认对话框。这里将 4 位全加器工程与 1 位全加器工程放在一个目录中,然后单击"否"按钮。

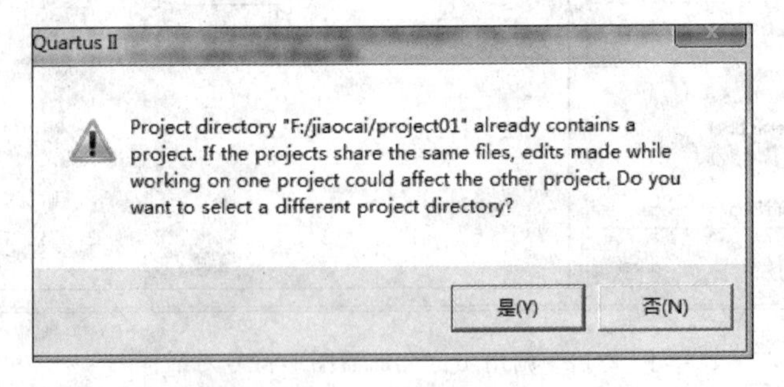

图 2-46　工程路径确认对话框

③ 弹出添加文件对话框。这里需要用到1位全加器作为底层文件，因此单击 File name 后面的按钮 ...，选择需要添加的文件，再单击右边的 Add，完成文件添加，如图 2-47 所示，添加了 adder1. bdf 文件。

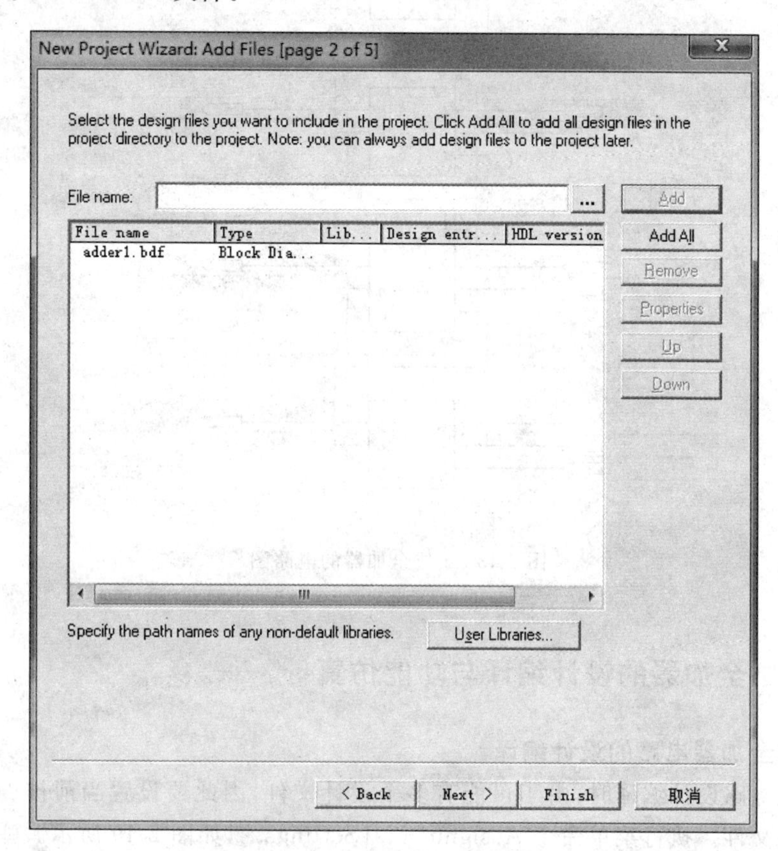

图 2-47　添加底层文件 adder1. bdf

继续单击 Next 按钮，完成4位全加器的项目创建。

2. 创建1位全加器电路图形符号

打开1位全加器的图形文件 adder1. bdf，选择菜单 File | Create/Update | Create Symbol Files for Current File，创建1位全加器的图形符号。

3. 4位全加器电路的设计输入

① 新建设计图形文件。

② 调用4个1位全加器的图形符号。

③ 调入输入(input)和输出端口(output)图形符号。

④ 级联，并正确设置输入和输出端口的名称。完成的4位全加器的电路图如图 2-48 所示。

⑤ 将4位全加器的电路图文件保存在与1位全加器电路相同的路径中，命名为 adder4. bdf。

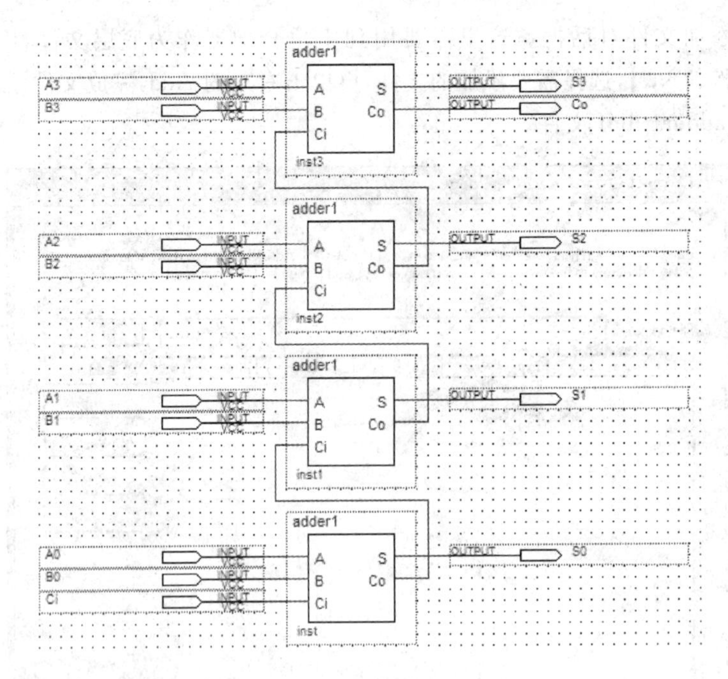

图 2-48　4位全加器的电路图

2.4.3　4位全加器的设计编译与功能仿真

1. 4位全加器电路的设计编译

在层次电路设计编译时，由于可能有多个设计文件，因此要设置当前被编译的顶层实体和设计文件。执行菜单命令 Assignments|Settings...，如图 2-49 所示。弹出设置对话框，如图 2-50 所示。在 General 项对话框的 Top-level entities 选项框中输入需要被编译的顶层实体 adder4；在 Files 项对话框的 File name 选项框的右边单击 ... 图标，然后选择需要添加的编译文件。分别单击 Add 图标，添加 adder1. bdf 和 adder4. bdf 文件，如图 2-51 所示。

执行菜单命令 Processing|Start|Start Analysis & Synthesis，或直接单击工具栏中的按钮，对设计项目进行分析综合。没有错误，说明编译通过。

2. 4位全加器电路的设计功能仿真

1）建立仿真波形文件

在管理器窗口中选择菜单 File|New...，或直接在工具栏上单击按钮，打开 New 列表框；打开 Verification/Debugging Files 项，选中 Vector Waveform File，建立仿真波形文件。

2）设定时间参数

根据仿真的需要，在波形编辑器界面中，利用菜单 Edit|End Time...，设置仿真结束时间；利用菜单 Edit|Grid Size...，设置显示网格间距的时间。

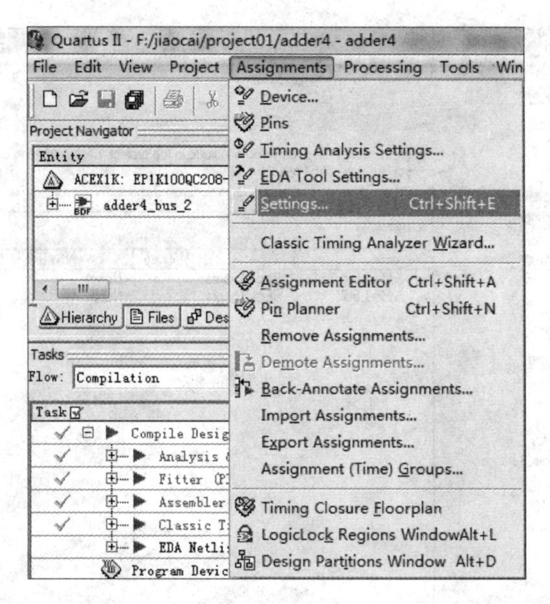

图 2-49　设置菜单

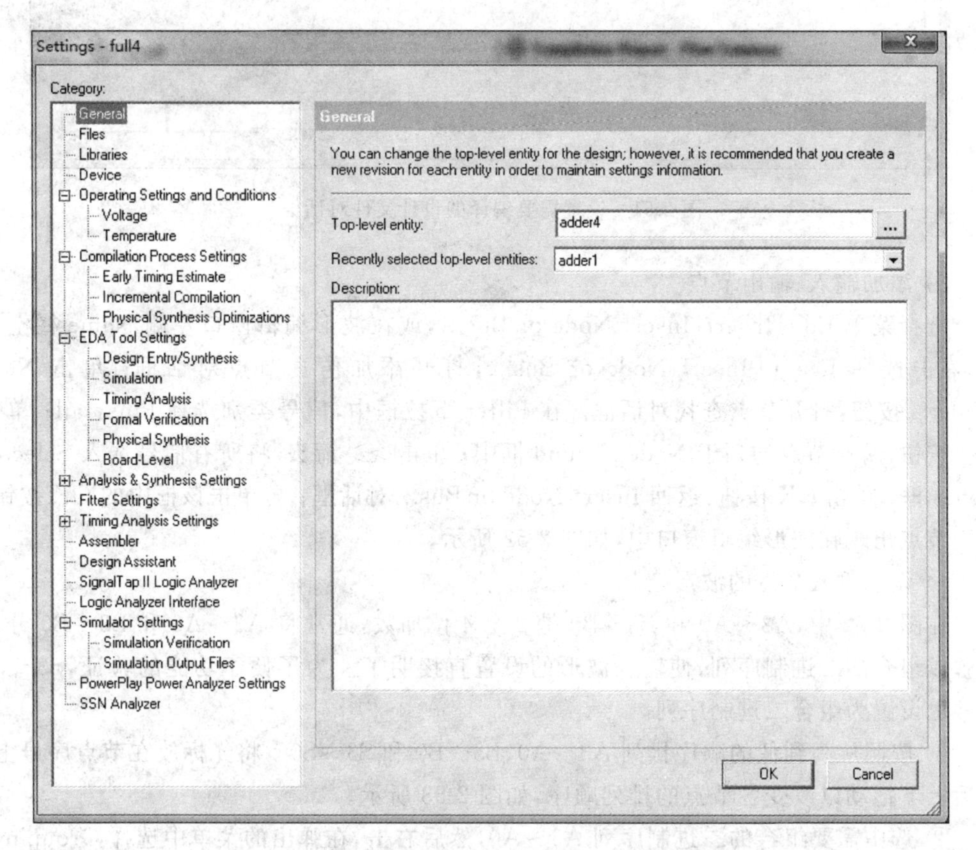

图 2-50　设置需要编译的顶层实体对话框

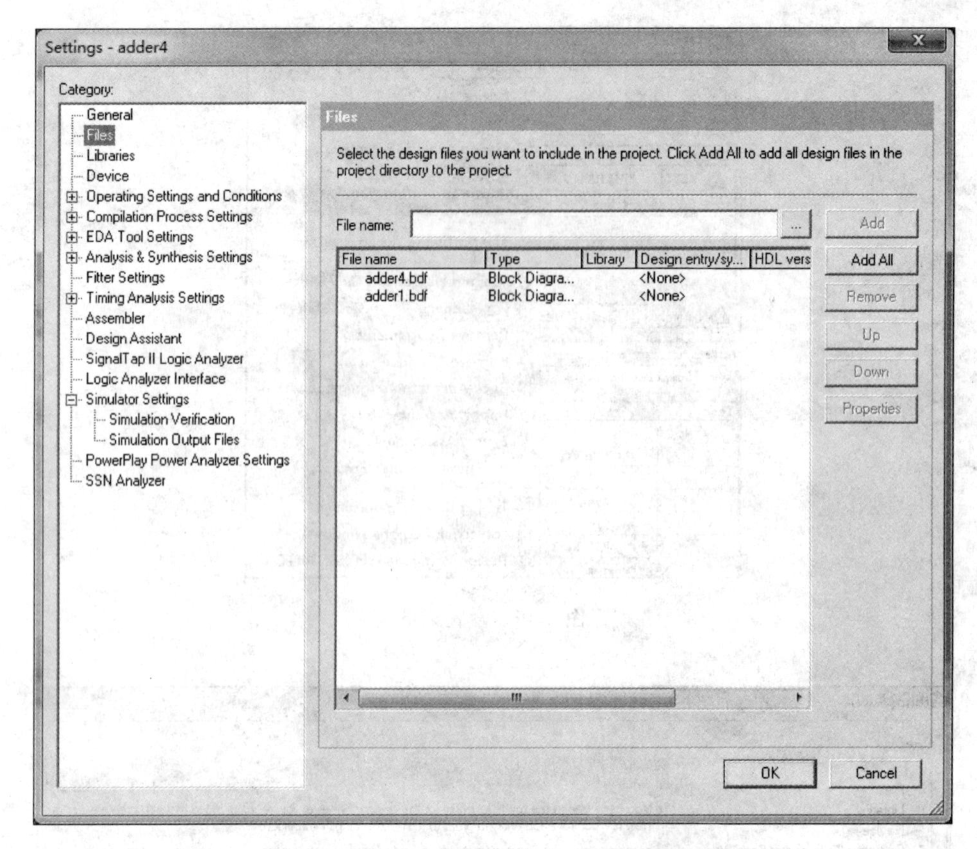

图 2-51 设置需要编译的设计文件对话框

3）添加输入、输出节点

选择菜单 Edit|Insert|Insert Node or Bus...，或在波形编辑窗口左侧 Name 栏空白处，右击选择 Insert|Insert Node or Bus...，打开添加仿真节点对话框；单击 Node Finder...按钮，打开节点查找对话框。在 Filter 下拉框中，信号类别选择 Pins：all；单击 List 按钮，所有节点均列于 Nodes Found 框中；单击＞＞箭头，将所有信号选入 Selected Nodes 框；单击 OK 按钮，返回 Insert Node or Bus...对话框；再单击该框中的 OK 按钮，所选节点出现在波形编辑窗口中，如图 2-52 所示。

4）设置输入节点的波形

在图 2-52 中，A3～A0 和 B3～B0 是 2 个 4 位加数，通常将 A3～A0 和 B3～B0 分别设置成组合的二进制序列，使输入波形的设置直接明了。为了便于功能的验证，S3～S0 通常也设置为组合二进制序列。

① 按照从高到低的顺序排列 A3～A0、B3～B0 和 S3～S0。将光标放在节点序号上，然后上下拖动以改变各节点的排列顺序，如图 2-53 所示。

② 选中需要组合的二进制序列 A3～A0，然后右击，在弹出的菜单中选择 Grouping|Group...，弹出组合的二进制序列设置对话框，在 Group Name 栏中输入组合二进制序列的名称，这里输入名称 A，如图 2-54(a)、(b)所示。

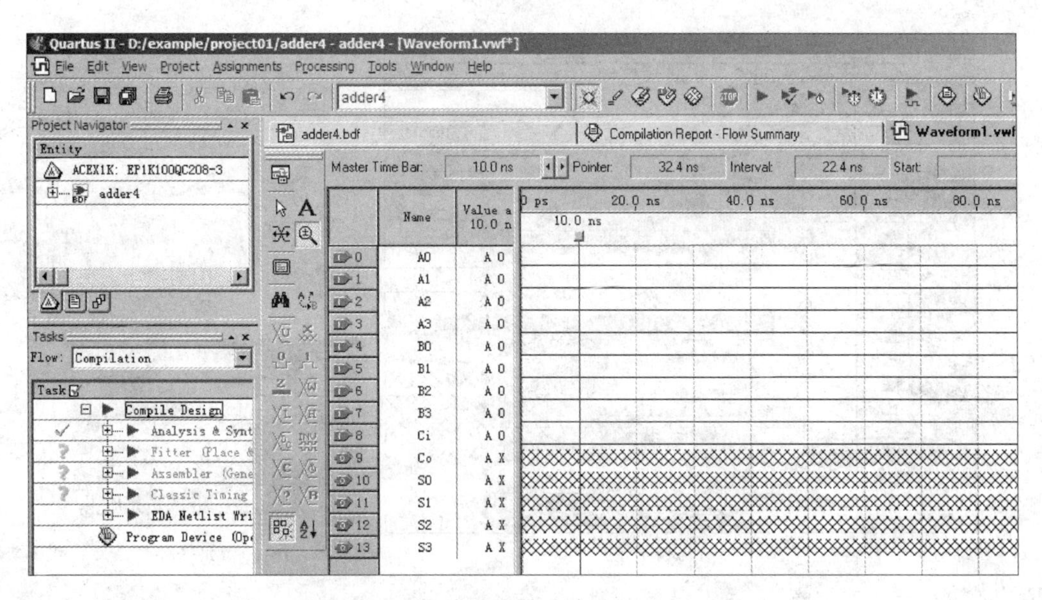

图 2-52　仿真节点添加到波形编辑窗口

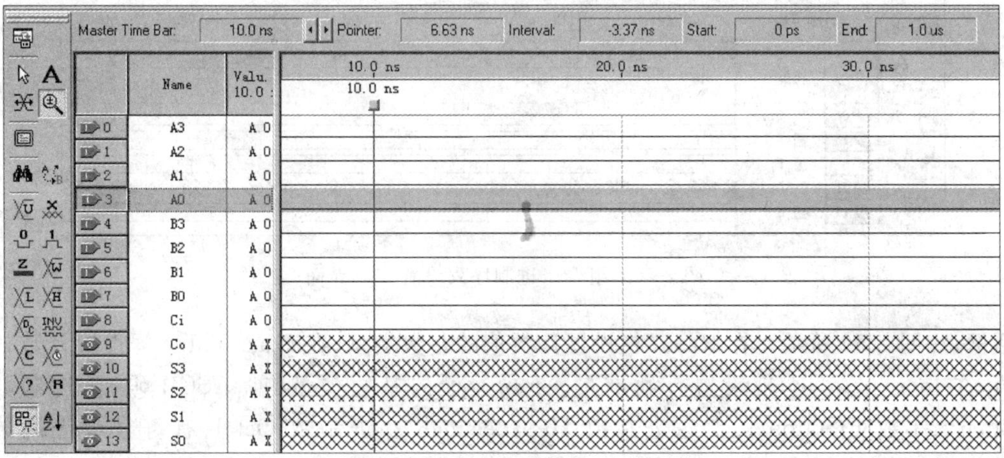

图 2-53　按照从高到低的顺序排列成组的二进制序列

执行同样的操作，设置 B3～B0 的组合二进制序列名称为 B，S3～S0 的名称为 S。设置好的波形编辑界面如图 2-55 所示。

③ 设置输入波形。

A 和 B 是 2 个 4 位二进制加数，可以用波形设置工具中的 XC、X? 和 XR 图标设置波形数据。

XC：为节点设置计数变化的周期波形。

X?：为节点设置任意数据。

XR：为节点设置一个随机数序列。

为 A 设置计数变化的波形：选择节点 A，然后单击选择 XC 工具，弹出计数值设置对

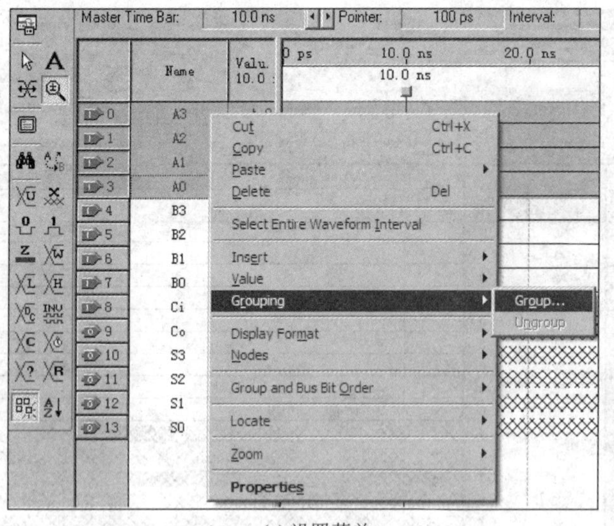

(a) 设置菜单

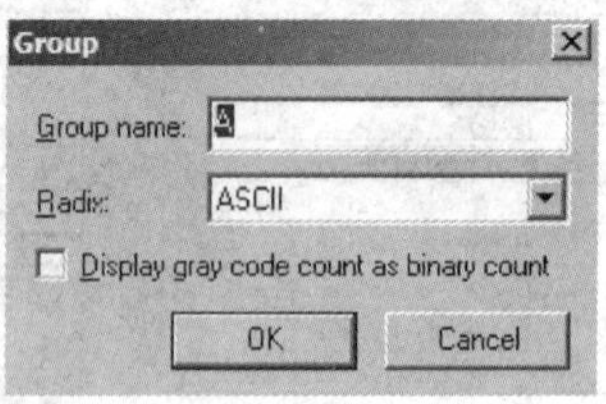

(b) 设置对话框

图 2-54 组合二进制序列设置菜单及对话框

图 2-55 组合二进制序列设置完成界面

话框,如图 2-56 所示。在 Radix 栏设置计数值的基数类型,在 Start Value 框设置计数初值,在 Increment by 框设置计数增量。Radix 栏的基数类型有: ASCII 码、二进制数 Binary、小数 Fractional、十六进制数 Hexadecimal、八进制数 Octal、有符号十进制数 Signed Decimal、无符号十进制数 Unsigned Decimal 等。一般采用默认项。

为 B 设置一个任意数据: 选择节点 B,然后单击选择 X? 工具,弹出设置数据的对话框,如图 2-57 所示。在 Numeric or named value 框中输入需要设置的数据。

设置 A 的计数初值为 1,计数增量为 1; 设置 B 的数据为 7; 设置好 Ci 的电平。4 位全加器的输入节点波形如图 2-58 所示。

保存输入节点的波形,命名为 adder4. vwf。

5) 4 位全加器的功能仿真

选择菜单 Processing|Simulator Tools,弹出仿真设置对话框,如图 2-59 所示。选择 Simulation Mode 为功能仿真模式 Functional。在 Simulation Input 框中选择正确的仿真输入波形,然后单击 Generate Functional Simulation Netlist 按钮,产生 4 位全加器的功能仿真网表文件。

Count Value
Counting　Timing
Radix: ASCII
Start value: 1
End value: [4]
Increment by: 1
Count type
Binary
Gray code
确定　取消

图 2-56　计数值设置对话框

Arbitrary Value
Time range
Start time: 0 ps
End time: 1.0 us
Arbitrary value
Radix: ASCII
Numeric or named value: 7
OK　Cancel

图 2-57　任意数据设置对话框

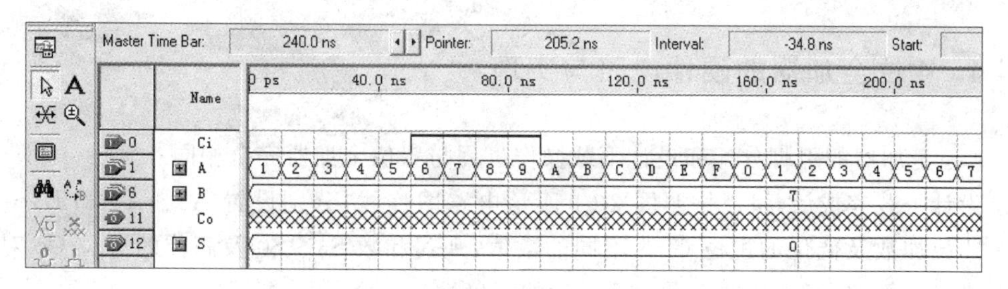

图 2-58　4位全加器的输入节点波形

Simulator Tool
Simulation mode: Functional　Generate Functional Simulation Netlist
Simulation input: adder4.vwf　...　Add Multiple Files...
Simulation period
Run simulation until all vector stimuli are used
End simulation at: 100 ns
Simulation options
Automatically add pins to simulation output waveforms
Check outputs　Waveform Comparison Settings...
Setup and hold time violation detection
Glitch detection: 1.0 ns
Overwrite simulation input file with simulation results
Generate Signal Activity File:
Generate VCD File:
0 %
00:00:00
Start　Stop　Open　Report

图 2-59　功能仿真设置及网表文件生成对话框

网表文件生成之后,单击图 2-59 所示对话框左下角的 Start 按钮,开始进行功能仿真。仿真成功后,单击 Report 按钮,可以在仿真器报告窗口中查看 4 位全加器的仿真波形,如图 2-60 所示。

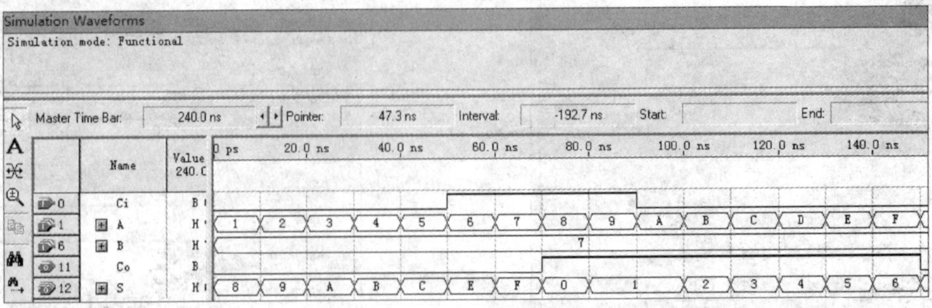

图 2-60 4 位全加器的功能仿真结果

检查图 2-60 所示的仿真结果,可以验证 4 位全加器设计逻辑功能的正确性。

2.4.4 4 位全加器的硬件电路与实现

4 位全加器的引脚分配和设计下载操作过程与 1 位全加器完全相同。

设计下载完成后,可以按照图 2-61 所示电路图连线,分别设置 A3～A0 和 B3～B0 两个 4 位加数及低位的进位 Ci 为不同的数值,观察和数 S3～S0 及高位的进位 Co 对应的发光二极管的亮灭,从硬件上验证设计的正确性。

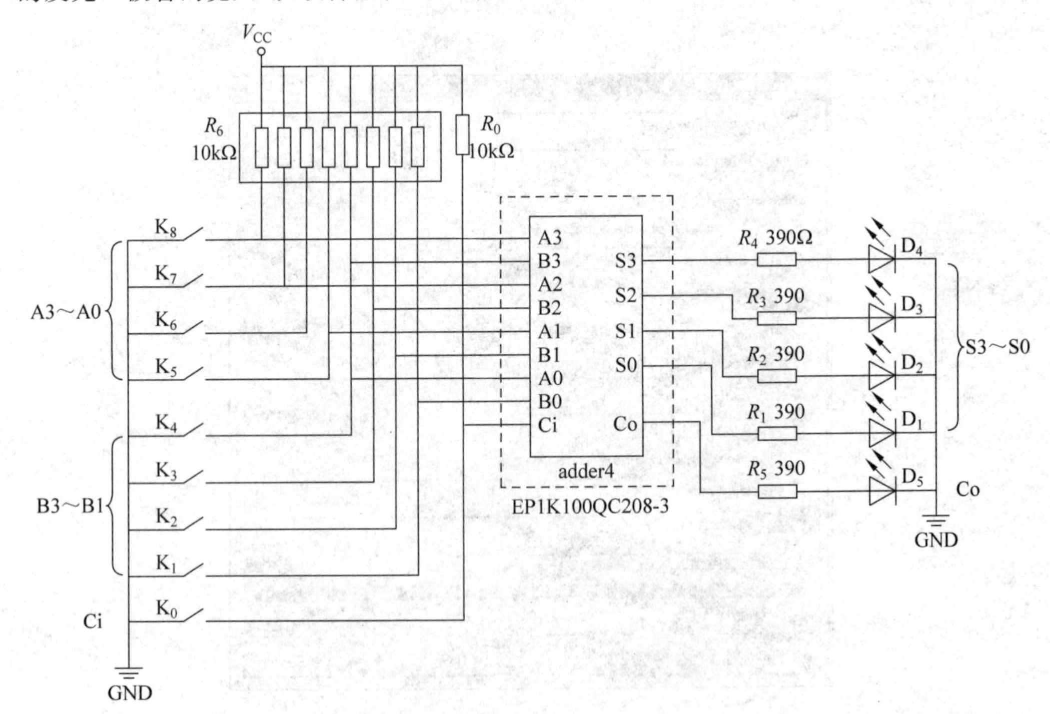

图 2-61 4 位全加器硬件电路

例如，检查8+9的结果是否正确：二进制码为1000+1001=1,0001，即进位为1，4位和为0001。将连接在A3～A0上的4个开关设置成二进制序列1000，连在B3～B0上的4个开关设置成1001，观察连在S3～S0上的4个发光二极管是“灭灭灭亮”，进位Co是“亮”，说明设计功能是正确的。

2.4.5　4位全加器电路设计中总线的应用

在图2-47所示4位全加器电路图中，输入/输出端口较多，分析各端口的功能可知：A3～A0和B3～B0是2个4位加数，S3～S0是4位的和，因此可以用总线来表示各端口及名称。总线端口名称改为A[3..0]、B[3..0]和S[3..0]。

1. 绘制总线

总线需绘制为粗线。选择左侧绘图工具栏中的▜图标，可将需要的连线绘制为总线，如图2-62所示。

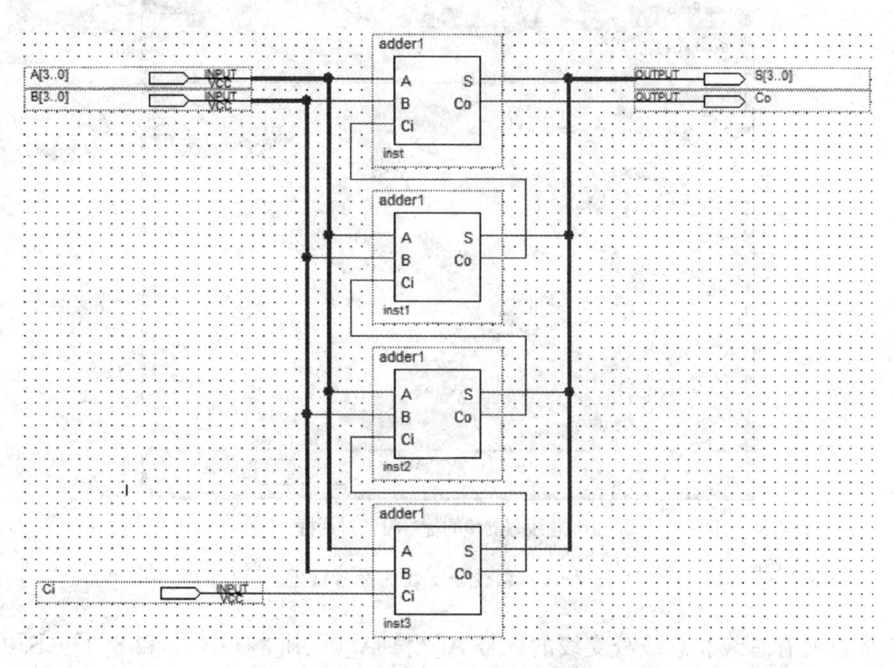

图2-62　总线的画法

2. 标注网络标号

在图2-62中，总线的各分支线必须标注网络标号，才能表明分支线与总线的正确连接关系。分支线的网络标号标注方法为：在需要标注网络标号A[3]的分支线上右击，弹出如图2-63(a)所示菜单。选择Properties选项，弹出如图2-63(b)所示节点属性设置对话框。在Name框中设置该分支线的网络标号A[3]。

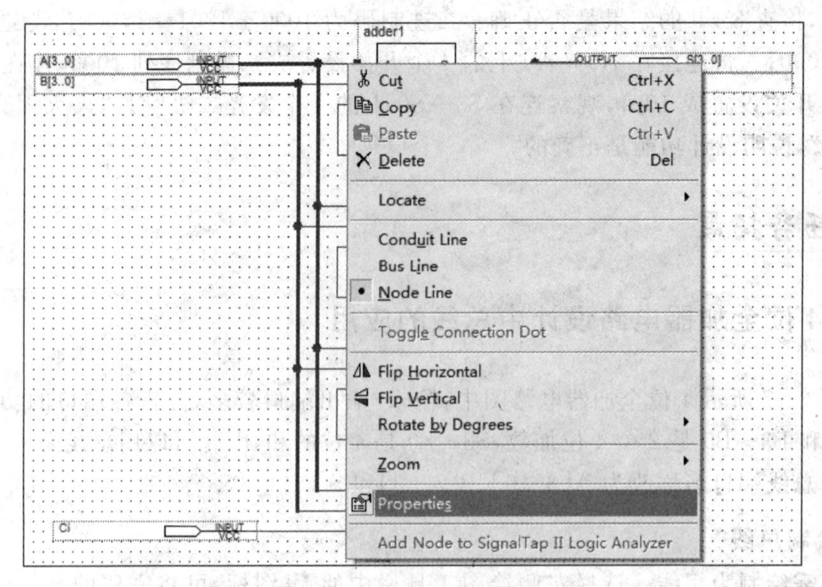

(a) 总线分支线的标号设置菜单

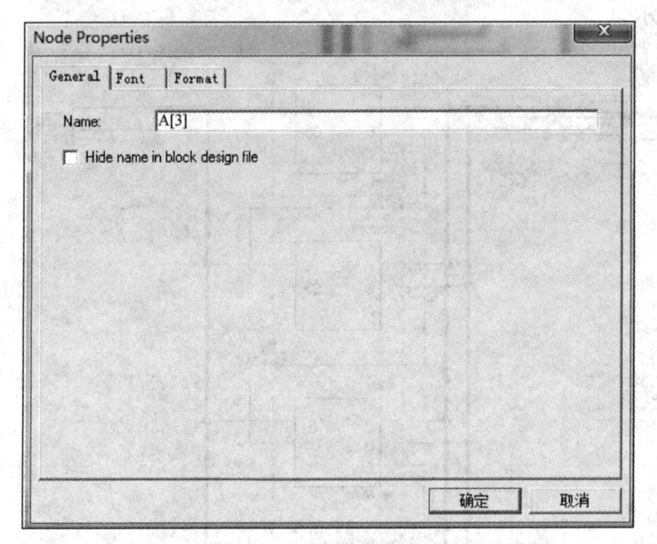

(b) 总线分支线的标号设置对话框

图 2-63　总线分支线的标号设置

依次将所有总线和总线分支线的标号 A[3]～A[0]、B[3]～B[0]和 S[3]～S[0]设置完成，得到如图 2-64 所示的 4 位全加器总线形式的电路图。

将图 2-64 所示电路图中的连线去掉，简化为如图 2-65 所示网络标号形式的 4 位全加器电路。

用总线实现的 4 位全加器电路的图形符号如图 2-66 所示。

对图 2-64 和图 2-65 所示电路进行设计编译和设计仿真，得到与图 2-60 所示相同的仿真波形，验证设计电路的逻辑功能正确性。

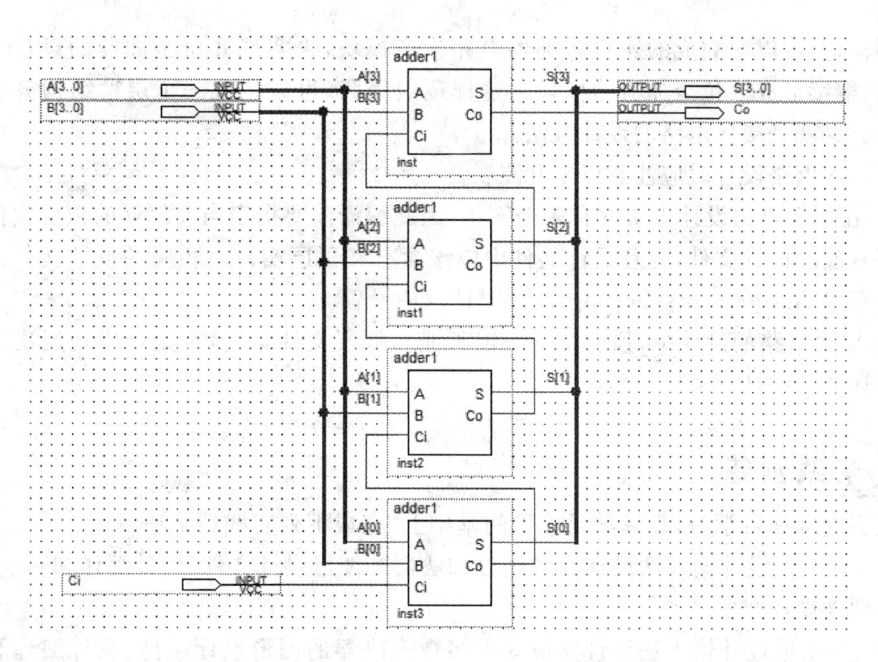

图 2-64　总线形式的 4 位全加器电路

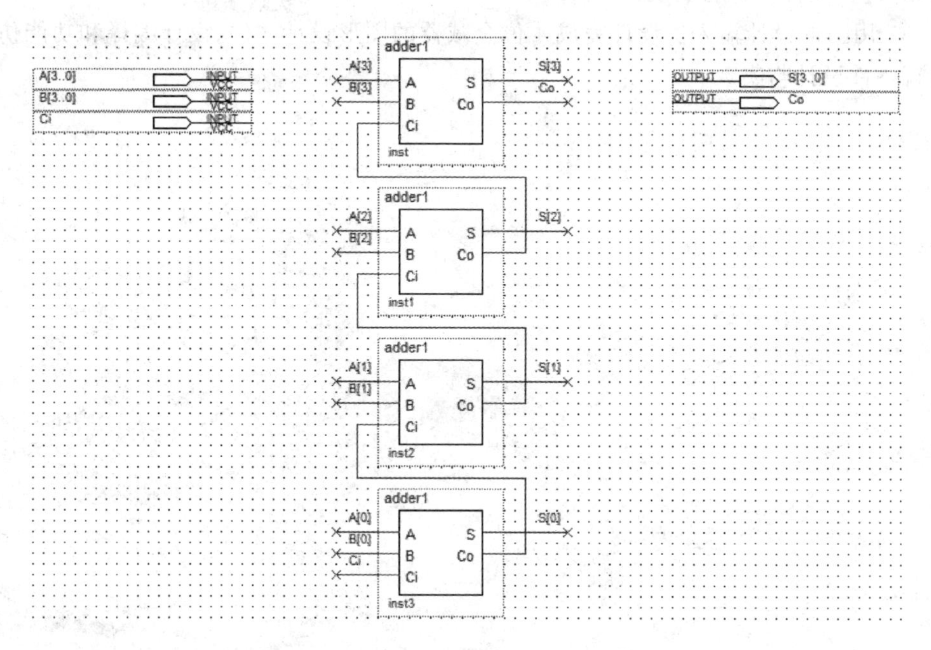

图 2-65　网络标号形式的 4 位全加器电路

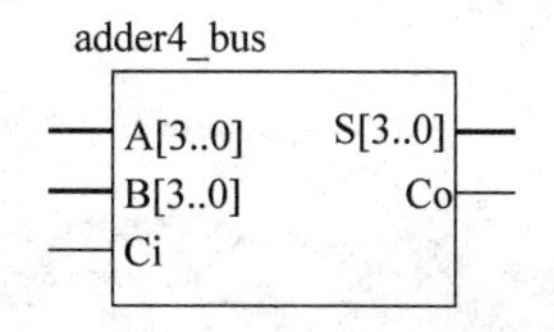

图 2-66　4 位全加器电路的图形符号

同样地,可以对完成的 4 位全加器电路生产模块,再实现 8 位全加器的设计。编译通过后,继续形成 8 位全加器的模块。这样逐级级联,可以构成一个层次结构分明的复杂电路。这就是层次电路的设计方法。

在层次电路设计时应注意以下几点:

① 在层次电路设计中常常有多个文件,因此编译前要指定当前编译的顶层实体和相关的所有底层设计文件,并且设计文件中应该含有和顶层实体名相同的设计文件。具体内容在菜单 Assignments|Settings...的对话框中设置。

② 层次电路的设计中,顶层文件一定不能与低层文件重名,否则会出现层次调用循环而破坏整个设计。

实践训练

在完成本项目学习,掌握项目知识的基础上,完成下列实践训练项目:

(1) 用图形设计输入法设计完成 1 位加法器的图形设计文件、设计编译和功能仿真,并进行硬件设计与实现。

(2) 用图形设计输入法设计完成 3 人多数表决器的图形设计文件、设计编译和功能仿真,并进行硬件设计与实现。

(3) 用图形设计输入法设计完成 4 位全减器的图形设计文件、设计编译和功能仿真,并进行硬件设计与实现。

Project 3

项目3

3人多数表决器电路的VHDL设计

知识目标与能力目标

本项目以3人多数表决器为项目载体，学习VHDL的基本结构，以及运用VHDL的信号赋值语句设计描述基本门电路，并用层次电路及VHDL语言两种方法设计3人多数表决器。

通过学习，熟悉VHDL的基本结构及基本的VHDL结构体描述方式——行为描述和数据流描述方式，掌握用信号赋值语句描述基本门电路的方法，掌握组合逻辑电路的基本设计方法。

项目描述与分析

3人多数表决器是由基本逻辑门电路构成的简单组合逻辑电路。

表决器是一种代表投票或举手表决的表决装置，广泛应用于电视娱乐节目、人员工作成绩评定、投标评标、项目最终成果评定、干部考核评定选拔、招聘人员评定、知识竞赛等。3人多数表决器是一种最简单的表决装置。

本项目以3人多数表决器为项目载体，学习用VHDL语音描述基本门电路，以及简单组合逻辑电路的设计方法。

任务3.1 认识VHDL语言

任务描述与分析

本任务通过学习VHDL的程序结构和VHDL的基本数据结构，为使用VHDL语言进行电子产品及系统设计奠定语言基础。

相关知识

随着高密度现场可编程逻辑器件（CPLD/FPGA）和专用集成电路技术飞速发展，传统的设计技术，如列真值表，化简卡诺图，最终用逻辑图表达的方式已经不适合大规模及超大规模集成电路的设计。20世纪80年代，随着计算机行业的发展，电子设计自动化

(EDA)软件迅速发展起来,主要内容是逻辑图的综合与仿真,语言描述电路的综合与仿真。这种用于电路描述的语言称为硬件描述语言。

硬件描述语言的设计,是指由设计者编写代码,然后用模拟器验证其功能,再把这些代码综合成一个与工艺无关的网络表,即翻译成由门和触发器等基本逻辑元件组成的原理图(门级电路),最后完成硬件设计。

硬件描述语言对电路的综合与仿真是EDA软件中最具特色的部分,因为它彻底改变了传统的设计方式,在语言描述中已不需要设计者手工化简卡诺图,所有的化简过程都可以由EDA软件完成。同时,由于语言描述格式统一,便于交流和存档,加上其强大的描述能力,逐渐在电子设计中成为主要的设计方式。针对语言描述电路的综合与仿真的EDA软件形成了一个颇具影响力的行业。

目前用于CPLD/FPGA、ASIC设计的硬件描述语言(HDL,Hardware Description Language)种类很多,如ABEL、AHDL、Confluence、CUPL、HDCal、JHDL、Lava、Lola、MyHDL、PALASM、RHDL等,目前最知名、使用最普遍的是VHDL与Verilog。

VHDL(Very-High-Speed Integrated Circuit Hardware Description Language)诞生于1982年。1987年年底,VHDL被IEEE和美国国防部确认为标准硬件描述语言。VHDL主要用于描述从抽象到具体级别的(数字)硬件,大多数应用集中在可编程逻辑器件(PLD)的开发上,它的作用是使用软件编程语言进行硬件设计。行为级描述、门级描述分别是VHDL能描述的最高、最低层次。VHDL主要用于描述数字系统的结构、行为、功能和接口,其语法结构严谨、数据类型丰富,是描述能力很强的一种硬件描述语言,非常适用于可编程逻辑器件的应用设计。

由于VHDL语言是一种利用语言描述进行电路设计的方法,它完全不同于传统的原理图设计方法,也不同于计算机的软件设计。它既具有软件设计的语法规则和软件结构,又不同于软件程序中语句顺序运行的特点。VHDL语言从形式上看与计算机软件没有什么区别,但实际上由于VHDL语言描述的内容是硬件电路,因此VHDL语言所描述的内容从整体上看都是并发执行的,也就是说,程序的运行不依赖VHDL语言本身的书写顺序。同时,VHDL语言支持自顶向下的设计方法,可能使设计者自始至终地站在系统的角度进行设计。具体来说,就是从系统总体要求出发,自上至下地逐步将设计内容细化,最后完成系统硬件的完整设计。

整体设计按照VHDL语言的描述特点,在描述的过程中一般分成3种类型:行为描述、寄存器传输级描述、门级描述。这3种描述风格各有特点,适合不同层次和不同风格的描述。

3.1.1 VHDL语言的程序结构

一个VHDL语言描述的程序如下所示:

```
ENTITY aorb IS
   PORT ( a, b : IN BIT ;          } 实体说明部分
          Q: OUT BIT);
END aorb;
```

```
ARCHITECTURE connect OF aorb IS ┐
    BEGIN                       ├ 结构体部分
    Q<=a OR b;                  │
END connect;                    ┘
```

由上述程序实例可以看出，VHDL语言基本构成主要有两个部分：实体说明(Entity Declaration)和结构体(Architecture Body)。

在实体中还可以含有被动进程，结构体中还可以含有块子结构、进程、函数、过程等子结构。为了扩充VHDL语言的功能，可以调用各种库(library)和程序包等。另外，一个实体可以有一个或多个结构体，可以通过配置电路部分实现实体与结构体的匹配。而就VHDL语言本身来看，只有实体和结构体是VHDL语言的两个基本要素。

1. 实体说明部分

实体说明部分定义了设计单元的输入、输出端口或引脚的名称、信号走向及数据类型，可以看作是设计电路的输入/输出引脚信息。

1) 实体的结构

任何一个基本设计单元的实体说明都具有如下结构：

```
ENTITY  实体名  IS
[类属参数说明;]
PORT(端口说明);
[被动进程描述;]
END [ENTITY] [实体名];
```

实体说明部分以“ENTITY 实体名 IS”开始，以“END [ENTITY] [实体名];”结束。其中，方括号内的部分是可选项，根据设计的需要取舍。

在VHDL语言中是不区分大小写的，因此关键字ENTITY写成ENTITY或entity都可以，但为了使程序清晰、整洁、可读性强，一般将关键字和VHDL语言保留的标识符大写，而用户定义的标识符以小写的形式书写。

“实体名”是设计描述的具体名称，该名称作为VHDL语言的标识符，可以由字母、数字和下划线构成。

存储VHDL的设计文件时应注意：文件名与实体名一致，扩展名为.vhd。

2) 端口说明

端口说明是指对设计实体外部接口的描述，包括对外部引脚信号名称的定义，数据类型的说明及对输入、输出方向的描述。其格式如下所示：

```
PORT(端口名[,端口名]: 方向 数据类型[: =初值];
        端口名[,端口名]: 方向 数据类型[: =初值];
        ……);
```

(1) 端口名

端口名是赋予每个外部引脚的名称，通常用一个或几个英文字母，或者用英文字母加数字命名。

(2) 端口方向

端口方向用来描述对外部接口的信号方向。具体的方向定义如表3-1所示。

表3-1 端口方向说明

端口方向定义	含 义
IN	输入
OUT	输出
INOUT	双向
BUFFER	输出(但可以同时反馈至器件内部)

在4个端口方向中,INOUT是双向I/O口,既可以作为输入,又可以作为输出,但同一时刻只能一个方向。在具体使用时还应注意,当双向口做输入时,其输出部分一定处在高阻状态。

BUFFER为缓冲模式,其方向主要是输出,不可以作为输入口使用。但BUFFER模式的I/O输出到端口的信号可以反馈至器件内部。

(3) 端口的数据类型

在VHDL语言中有10种数据类型,但是在逻辑电路设计中常用的有BIT、BIT_VECTOR、STD_LOGIC、STD_LOGIC_VECTOR、INTEGER等数据类型。

BIT、BIT_VECTOR和INTEGER等类型是VHDL语言的标准类型,不需要调用函数或其他库的支持即可使用。其他数据类型的使用,需调用各种库或程序包来支持。

BIT表示的数据类型为1位二进制,其数据取值为逻辑1和逻辑0。在VHDL的表达中,逻辑1和逻辑0必须加上单引号,如'1'和'0'。

BIT_VECTOR表示多位二进制序列,其数据取值为一组二进制的值,而且这组二进制值必须加上双引号表示。例如,某一数据总线输入端口bus具有8位总线宽度,其初值为10110011,则用BIT_VECTOR表示如下:

```
PORT (bus: IN BIT_VECTOR(7 DOWNTO 0) :="10110011");
```

STD_LOGIC类型与BIT类似,也表示1位二进制,其数据取值有9种:'U''X''0''1''Z''W''L''H'和'-'。'U'表示未初始化的状态;'X'表示强未知状态;'0'表示强逻辑0状态;'1'表示强逻辑1状态;'Z'表示高阻态;'W'表示弱未知状态;'L'表示弱逻辑0;'H'表示弱逻辑1;'-'表示忽略。

STD_LOGIC_VECTOR类型与BIT_VECTOR类似,表示多位二进制序列,数值也要加双引号。

STD_LOGIC和STD_LOGIC_VECTOR类型是目前应用最广泛的工业标准类型,已收入IEEE库中,但它们不是VHDL语言标准类型,因此在使用时必须用LIBRARY保留字引用该库,还要使用USE语句打开该库中的程序包,称为库和程序包的说明。例如:

```
LIBRARY IEEE;
```

```
USE IEEE.STD_LOGIC_1164.ALL;
USE IEEE.STD_LOGIC_UNSIGNED.ALL;
```

因此，当使用STD_LOGIC和STD_LOGIC_VECTOR类型时，常在实体说明的前面加上库和程序包说明部分。

（4）初值

端口在定义时可以设定初值。例如：

```
C: OUT STD_LOGIC_VECTOR(a 3 DOWNTO 0) :="1101";
```

"1101"为端口C的初值，该初值仅能用来作为VHDL语言的行为仿真，因为真正的硬件系统在加电期间的初始值是不定的，有的系统做清零处理，有的设为高电平等。事实上，VHDL语言综合器在综合时，忽略端口的初值。

注意：每一个完整的语句都以分号"；"结束；相同功能多个端口或信号定义时，它们之间用逗号隔开。因此，标点符号也是VHDL语言的重要组成部分，使用时应注意不同组成部分之间标点符号的区别。

最后以"END [ENTITY] [实体名]；"结束实体说明。其中，"[ENTITY] [实体名]"是可选部分。习惯上在编辑VHDL语言程序时，以"END 实体名"结束。

2. 结构体的结构

结构体常称为构造体，紧跟在实体之后。结构体用来说明实体内部的具体结构，是对元件内部逻辑功能的描述，是程序设计的核心部分，即结构体部分定义了设计电路的内部逻辑功能。

结构体的结构如下所示：

```
ARCHITECTURE 结构体名 OF 实体名 IS
   [定义语句]        --内部信号、常数、数据类型、函数等的定义；
BEGIN
   并行处理语句；
END  [结构体名]；
```

结构体由关键字ARCHITECTURE引导，结构体中具体的行为描述语句以BEGIN开始，以"END [ARCHITECTURE] [结构体名]；"结束。[ARCHITECTURE] [结构体名]可省略，习惯写为"END 结构体名；"。

例如，某电路的VHDL设计描述的完整结构如下。

① 采用BIT数据类型时，含有实体和结构体两个基本结构。

```
ENTITY mux2_1 is                          ┐
  PORT (u0, u1, sel : IN BIT;             │
                  Q : OUT BIT);           ├ 实体说明部分
END mux2_1;                               ┘
```

```
ARCHITECTURE connect OF mux2_1 is
    SIGNAL tmp : BIT;
  BEGIN
    PROCESS (u0, u1, sel)
       VARIABLE tmp1, tmp2,tmp3 : BIT;
    BEGIN
       Tmp1:= u0 AND sel;
       Tmp2:= u1 and (NOT sel);
       Tmp3:= tmp1 OR tmp2;
       Tmp<= tmp3;
       Q<= tmp;
    END PROCESS;
END  connect;
```

结构体部分

② 采用 STD_LOGIC 数据类型时,在实体前加上库和程序包的定义部分。

```
LIBRARY IEEE;
USE IEEE.STD_LOGIC_1164.ALL;
ENTITY mux2_1 is
  PORT(u0, u1, sel : IN STD_LOGIC;
                 Q : OUT STD_LOGIC);
END mux2_1;
ARCHITECTURE connect OF mux2_1 is
    SIGNAL tmp : STD_LOGIC;
  BEGIN
    PROCESS (u0,u1,sel)
       VARIABLE tmp1,tmp2,tmp3 : STD_LOGIC;
    BEGIN
       Tmp1:= u0 AND sel;
       Tmp2:= u1 and (NOT sel);
       Tmp3:= tmp1 OR tmp2;
       Tmp<= tmp3;
       Q<= tmp;
    END PROCESS;
END connect;
```

库和程序包定义部分(LIBRARY … ALL;);实体说明部分(ENTITY … STD_LOGIC););结构体部分(END mux2_1; … END connect;)

结构体有3种基本的描述方式:行为描述、寄存器传输描述(又称为数据流描述)和结构描述。不同的描述方式,只体现在描述语句风格上的不同,结构体的基本结构是一样的。

3.1.2 VHDL 的数据结构

VHDL定义了常量、变量和信号三种数据对象,每种数据对象都有确定的物理含义。在VHDL语言中,数据对象与数据类型是紧密相关的。标准的VHDL数据类型有10种,用户可以根据需要定义自己的数据类型。

数据对象是VHDL语言中各种运算的载体,而VHDL语言是强数据类型语言,不同数据类型之间的数据对象不能直接参加运算。并且VHDL语言中的数据类型很丰富,因此能否掌握数据类型及其使用方法,对设计和调试程序至关重要。

1. 标识符

标识符是书写程序时允许使用的一些符号(字符串),主要由26个英文字母、数字0~9及下划线"_"的组合构成,允许包含图形符号(如回车符、换行符等),用来定义常量、变量、信号、端口、子程序或参数的名字。

标识符的命名规则为:第一个字符必须以字母开头;下划线不能连用;最后一个字符不能是下划线;对大、小写字母不敏感(英文字母不区分大、小写);标识符中不能有空格;标识符不能与VHDL的关键字重名;长度不能超过32个字符。

2. 数据的特殊表示方式

数据除习惯的表示方法外,还有一些特殊的表示方式。

1)整数的表示

整数都是指十进制数,有下列表示形式:10,32,34E2($34\times10^2=3400$)或234_287(234287)。在234_287中,数字间的下划线仅仅是为了提高文字的可读性,不影响整数本身的值。

2)以数制基数表示的方式

用这种方式表示的数字由5个部分组成:

① 十进制数标明数制进位的基数。

② 数制隔离符号"#"。

③ 有效数字。

④ 指数隔离符号"#"。

⑤ 用"E"加十进制数字表示的指数部分。如果十进制数字为0,可以略去这部分。

例如:

10#170#——表示十进制数 170×10^0(=170)

10#170#E2——表示十进制数 170×10^2(=17000)

16#FE#——表示十进制数 $FE\times16^0$(=254)

2#1111_1110#——表示二进制数 11111110×2^0(=254)

8#376#——表示八进制数 376×8^0(=254)

16#E#E1——表示十六进制数 $E\times16^1$(=224)

3)数字序列的表示方式

这种表示方式由两部分组成:

① 字母表示的进制;"B"表示二进制;"O"表示八进制;"X"表示十六进制。

② 加双引号的数字序列,例如:

B"1_1101_1110"——表示二进制序列,9位宽

O"15"——表示八进制序列,6位宽

X"AB0"——表示十六进制序列,12位宽

在这种表示方式中,二进制作为默认的方式,一般情况下,"B"可以省略。但在赋值语句中使用十六进制和八进制时,注意赋值语句两边的信号"位"宽必须相等。

3. 数据对象

VHDL中凡是可以赋予一个值的对象都可称为数据对象。

1) 常量

常量是在设计实体中保持某一特定值不变的量。常量的格式如下所示：

```
CONSTANT 常量名：数据类型[：=表达式];
```

注意：*有初值时,初值的数值和单位之间要留空格。*

常量一旦赋值之后,在程序中就不能改变了。常量的使用范围取决于被定义的位置。常量所赋的值应该与定义的表达式数据类型一致,否则将出现错误。

2) 变量

变量属于局部量,主要用来暂存数据。变量只能在进程和子程序中定义和使用,可以在变量定义语句中赋初值,但约束条件和变量初值不是必需的。格式如下所示：

```
VARIABLE 变量名：数据类型[约束条件][：=表达式];
```

3) 信号

信号是描述硬件系统的基本数据对象,是设计实体中并行语句模块间的信息交流通道。通常可认为信号是电路中的一根连接线,因此信号具有硬件属性。信号有外部端口信号和内部信号之分。外部端口信号就是设计单元电路的引脚,或称端口,在程序的实体说明中定义,有IN、OUT、INOUT、BUFFER 4种信号流动方向,其作用是在设计的单元电路之间实现互联。外部端口信号供给整个设计单元使用,属于全局量。信号描述格式如下所示：

```
SIGNAL 信号名：数据类型[约束条件][：=初始值];
```

在程序中,信号赋值使用符号"<=",变量赋值使用符号"：=",信号与变量都能被连续地赋值,其主要区别如下：

① 信号赋值有附加延时,变量赋值则没有。

② 信号可看成硬件的一根连线,变量在硬件中没有类似的对应关系。

③ 对于进程语句,进程只对信号敏感,不对变量敏感。

④ 信号除了具有当前值外,还具有一定的历史信息(保存在预定义属性中),变量只有当前值。

⑤ 在进程中,信号和变量的赋值是不同的,信号的赋值在进程结束时起作用,而变量赋值立即起作用。

4. 数据类型

对于常量、变量和信号这三种数据对象,在为每一种数据对象赋值时,都要确定其数据类型。VHDL对数据类型有很强的约束性,不同的数据类型不能直接运算；相同的类型如果位长不同,也不能运算。

根据数据产生的来源,将数据类型分为预定义类型和用户自定义类型两大类,这两类都在VHDL的标准程序包中定义,设计时可随时调用。

1）预定义数据类型

该类型是最常用、最基本的一种数据类型，又分为标准数据类型和STD_LOGIC及STD_LOGIC_VECTOR类型。

（1）标准数据类型

标准数据类型在标准程序包中定义，已自动包含在VHDL源文件中，不必通过USE语句进行显示调用。

① 整数类型（INTEGER）：在VHDL语言中，整数的表达范围为－2147483648～2147483647，即$-2^{31}\sim(2^{31}-1)$。

② 自然数（NATURAL）和正整数（POSITIVE）类型：自然数（natural）：大于或等于零的整数；正整数（positive）：大于零的整数。

③ 实数（REAL）类型：目前对于实数，EDA软件只能仿真，不能综合。

④ 位（BIT）类型：即1位二进制数，数值为'0'或'1'。

⑤ 位矢量（BIT_VECTOR）类型：位矢量是用双引号括起来的一组"位"数据，如"0000"、X"00BB"、O"123"等。

⑥ 布尔量（BOOLEAN）类型：有"TRUE"或"FALSE"两种取值。

⑦ 字符（CHARACTER）类型：VHDL语言在IEEE.STD_LOGIC_1164程序包体中有预定义的128个字符。字符的表示是用单引号括起来的，如'a'、'b'等。

⑧ 字符串（STRING）类型：是用双引号括起来的一串字符。

⑨ 时间（TIME）类型：属于物理类型，不能参与综合。

⑩ 错误等级（SEVERITY LEVEL）类型。该类型数据共有4种，分别为NOTE（注意）、WARNING（警告）、ERROR（错误）和FAILUARE（失败）。

这10种数据类型是VHDL语言的标准数据类型，可以直接引用。

（2）STD_LOGIC及STD_LOGIC_VECTOR类型

这两种类型虽然不是VHDL语言的标准类型，但在IEEE库中的STD_LOGIC_1164程序包中对该类型进行了定义，并对该类型的各种运算提供了函数。STD_LOGIC比BIT类型明显有较强的描述能力，因此目前在VHDL语言的描述中，STD_LOGIC和STD_LOGIC_VECTOR成为主要使用的数据类型。

由于STD_LOGIC和STD_LOGIC_VECTOR在IEEE库中是以程序包的方式提供，因此使用前应先打开IEEE库，并调用库中的程序包。即在实体说明的前面加上库和程序包的定义语句。

2）用户自定义数据类型

用户定义的数据类型格式如下所示：

```
TYPE 数据类型名 IS 数据类型定义 OF 基本数据类型;
```

或写成下面的格式：

```
TYPE 数据类型名 IS 数据类型定义;
```

VHDL允许用户定义的数据类型主要有枚举类型、数组类型和记录类型等。

(1) 枚举类型(Enumerated)

枚举类型是将用到的数据一个个列举出来,其定义格式为

```
TYPE 数据类型名 IS(元素1,元素2,…);
```

例如:

```
TYPE week IS(sun,mon,tue,wed,thu,fri,sat);
```

定义 week 这个数据类型含有 sun、mon、tue、wed、thu、fri、sat 这些数据元素。

(2) 数组类型(ARRAY)

在 VHDL 语言中,数组的定义和使用总体上分为简单型一维数组和复杂型多维数组两种。一维数组的使用比较简单,几乎所有的 EDA 综合器都可以支持。而多维数组大多用来模拟,只有部分 EDA 综合器支持。例如,MAX+plus Ⅱ中的综合器不支持多维数组,但 Quartus Ⅱ中的综合器对多维数组能够很好地支持。

① 一维数组:一维数组的定义格式为

```
TYPE 数据类型名 IS  ARRAY 范围 OF  原数据类型名;
```

例如:

```
TYPE word IS ARRAY (1 to 8) OF STD_LOGIC;
```

定义 word 是由 8 个 STD_LOGIC 类型的数据组成的一维数组。

② 多维数组:多维数组的定义格式为

```
TYPE 数组名 IS  ARRAY(范围1,范围2,…,范围n)OF 基本数据类型名;
```

例如:

```
TYPE abc IS ARRAY (1 DOWNTO 0,1 DOWNTO 0) OF STD_LOGIC_VECTOR(3 DOWNTO 0);
```

定义 abc 是由 4 位二进制序列的数据组成的 2×2 数组。

(3) 记录类型(RECORD)

数组是同一数据类型的集合,记录则是不同类型的数据和数据名组织在一起形成的新的数据集合。其定义格式为

```
TYPE 数据类型名 IS RECORD
元素名1:数据类型名;
元素名2:数据类型名;
…
END RECORD;
```

5. 数据类型的转换

在 VHDL 语言中,不同数据类型之间不能进行运算和赋值。为了实现正确的操作,需要进行数据类型转换。

1) 直接类型转换

所谓直接类型转换,就是将欲转换的目的类型直接标出,后面紧跟用括号括起来的源数据。例如,a 为 UNSIGNED 类型,用 STD_LOGIC_VECTOR(a)的方式将 a 由无符

号类型转换为STD_LOGIC_VECTOR类型。一般情况下,在VHDL语言中,直接类型转换仅用于关系比较密切的数据类型之间的数据转换。如UNSIGNED、SIGNED与BIT_VECTOR、STD_LOGIC_VECTOR之间的数据转换,因为它们之间的关系相近。

在直接类型转换时,要打开程序包STD_LOGIC_ARITH。

2) 转换函数转换

VHDL语言的程序包提供用于数据类型转换的函数,它们分散在几个程序包中。基本类型转换函数如表3-2所示。

表3-2　基本类型转换函数表

程　序　包	函　数　名	功　　能
STD_LOGIC_1164程序包	TO_STD_LOGIC_VECTOR(A) TO_BIT_VECTOR(A) TO_STD_LOGIC(A) TO_BIT(A)	由BIT_VECTOR转换为STD_LOGIC_VECTOR 由STD_LOGIC_VECTOR转换为BIT_VECTOR 由BIT转换为STD_LOGIC 由STD_LOGIC转换为BIT
STD_LOGIC_ARITH程序包	CONV_STD_LOGIC_VECTOR(A,位长) CONV_INTEGER(A)	由INTEGER、UNSIGNED、SIGNED转换成STD_LOGIC_VECTOR 由UNSIGNED、SIGNED转换为INTEGER
STD_LOGIC_UNSIGNED程序包	CONV_INTEGER(A)	由STD_LOGIC_VECTOR转换为INTEGER

6. VHDL的表达式

VHDL的表达式是将操作数用不同类型的运算符连接而成,其基本元素包括运算符和操作数。

1) 运算符

VHDL与其他高级语言相似,有丰富的运算符,以满足描述不同功能的需要。主要有4类常用的运算符,分别是逻辑运算符、算术运算符、关系运算符和连接(并置)运算符。

(1) 逻辑运算符

VHDL有7种逻辑运算符:AND(与)、OR(或)、NAND(与非)、NOR(或非)、XOR(异或)、XNOR(同或)、NOT(非)。

(2) 关系运算符

VHDL有6种关系运算符,用于将两个相同类型的操作数进行数值相等比较或大小比较,要求关系运算符两边的数据类型必须相同,其运算结果为BOOLEAN类型。即表达式成立,结果为TURE;不成立,结果为FALSE。

(3) 移位运算符

移位运算符是VHDL_94新增的运算符。其中,SLL(逻辑左移)和SRL(逻辑右移)是逻辑移位,SLA(算术左移)和SRA(算术右移)是算术移位,ROL(循环左移)和ROR(循环右移)是循环移位。

(4) 符号运算符

+(正号)、-(负号)与日常数值运算符相同,主要用于浮点和物理类型运算。

(5) 连接运算符

连接运算符也称为并置运算符,只有一种符号,用&表示。

(6) 算术运算符

在算术运算符中,单目运算(ABS、**)的操作数可以是任何数据类型,+(加)、-(减)的操作数为整数类型,*(乘)、/(除)的操作数可以是整数或实数。

2) 操作数

操作数是运算符进行运算时所需的数据。操作数将其数值传递给运算符进行运算。操作数的种类较多,最简单的操作数可以是一个数字,或者是一个标识符,如一个变量或信号的名称。操作数的类型有常量、变量、信号、表达式、函数、文件等。

3.1.3 全加器的VHDL实体描述

通过项目2的学习,我们知道,1位全加器的输入端口为加数A、B及低位的进位Ci,输出端口为和数S及向高位的进位Co,符号如图3-1(a)所示;4位全加器的输入端口为2个4位的加数A[3..0]、B[3..0]及低位的进位Ci,输出端口为4位和数S[3..0]及向高位的进位Co,符号如图3-2(b)所示。

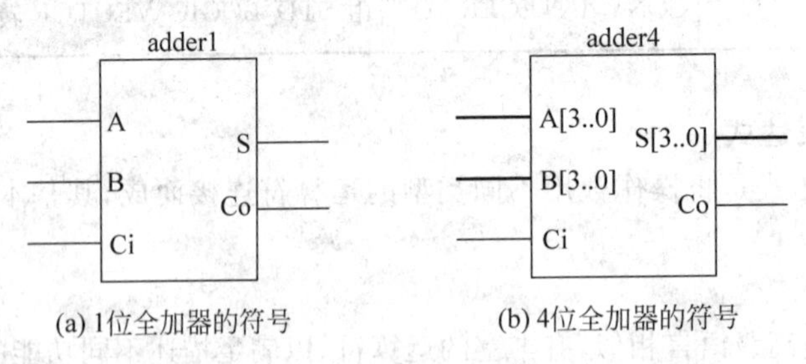

图3-1 全加器的符号

1. 1位全加器的VHDL实体描述

对图3-1(a)所示1位全加器进行实体描述。

① 设计符号图的名称adder1为设计实体的名称。

② 端口信息:A:输入,1位二进制;B:输入,1位二进制;Ci:输入,1位二进制;S:输出,1位二进制;Co:输出,1位二进制。

用数据类型BIT表示的1位全加器的VHDL实体描述为

```
ENTITY adder1 IS
    PORT(A: IN BIT;
         B: IN BIT;
         Ci: IN BIT;
         S: OUT BIT;
         Co: OUT BIT);
END  adder1;
```

因为A、B和Ci都是输入信号,并且数据类型相同;S和Co都是输出信号,且数据类型相同,因此,实体可描述为

```
ENTITY adder1 IS
    PORT(A , B , Ci : IN BIT;
           S , Co : OUT BIT);
END  adder1;
```

用数据类型 STD_LOGIC 表示的 1 位全加器的 VHDL 实体描述为

```
LIBRARY IEEE;
USE IEEE.STD_LOGIC_1164.ALL;
ENTITY adder1 IS
    PORT(A , B , Ci: IN STD_LOGIC;
           S , Co: OUT STD_LOGIC);
END  adder1;
```

当使用 STD_LOGIC 数据类型时,必须在实体描述前加上库和程序包说明语句,即

```
LIBRARY IEEE;
USE IEEE.STD_LOGIC_1164.ALL;
ENTITY adder1 IS
    PORT(A , B , Ci: IN STD_LOGIC;
           S , Co: OUT STD_LOGIC);
END  adder1;
```

2. 4位全加器的 VHDL 实体描述

对图 3-1(b)所示 4 位全加器进行实体描述。

① 设计符号图的名称 adder4 为设计实体的名称。

② 端口信息：A：输入,4 位二进制；B：输入,4 位二进制；Ci：输入,1 位二进制；S：输出,4 位二进制；Co：输出,1 位二进制。

用数据类型 BIT 表示的 4 位全加器的 VHDL 实体描述为

```
ENTITY adder4 IS
    PORT(A , B : IN BIT_VECTOR (3 DOWNTO 0);
          Ci: IN BIT;
          S: OUT BIT_VECTOR (3 DOWNTO 0);
          Co: OUT BIT);
END  adder4;
```

用数据类型 STD_LOGIC 表示的 4 位全加器的 VHDL 实体描述为

```
LIBRARY IEEE;
USE IEEE.STD_LOGIC_1164.ALL;
ENTITY adder4 IS
    PORT(A , B: IN STD_LOGIC_VECTOR (3 DOWNTO 0);
          Ci: IN STD_LOGIC;
          S : OUT STD_LOGIC_VECTOR (3 DOWNTO 0);
          Co: OUT BIT);
END  adder4;
```

任务3.2 基本门电路的VHDL设计

任务描述与分析

门电路是数字系统最基本的电路结构。基本门电路可以用VHDL的信号赋值语句进行设计描述。

本任务使用VHDL结构体设计描述的两种基本方法：行为描述和数据流描述，运用VHDL的信号赋值语句，设计描述基本门电路。

相关知识

3.2.1 VHDL的结构体描述方式

VHDL的结构体可以有以下3种描述方式。

1. 行为描述

行为描述(Behavioral Descriptions)，也称为算法级描述，是对系统的数学模型的描述。行为描述是高层次描述方式，它只描述电路的功能或行为，不直接涉及这些行为的硬件结构，即无须关注实体的电路结构和门级实现。

2. 数据流描述

数据流描述(Dataflow Descriptions)也叫寄存器传输描述(Register Transfer Language，RTL)，是与寄存器硬件一一对应的直接描述，或者是描述寄存器之间的逻辑功能。数据流描述类似于逻辑表达式，能比较直观地表示底层逻辑行为。

3. 结构描述

结构描述方式用在多层次的设计中，高层次的设计模块可以调用低层次的设计模块，或者直接用门电路设计单元来构成一个复杂的逻辑电路。利用结构描述方式，可将已有的设计单元方便地用于新的设计中，大大提高设计效率。

结构描述一般用元件例化语句和生成语句实现。

简单逻辑电路的设计主要采用行为描述和数据流描述两种描述方式；在复杂逻辑电路中，采用结构描述来实现多层次电路的设计。

3.2.2 信号赋值语句

信号赋值语句包括简单信号赋值语句、条件信号赋值语句和选择信号赋值语句。

赋值就是将一个值或一个表达式的结果传递给某一个数据对象，是语言中最基本的语句。数据在实体内部的传递以及对端口外的传递都必须通过赋值语句实现。将需要赋值的数据对象分为变量和信号(含端口)两大类,这两类对象的赋值语句有不同的形式。信号赋值语句的赋值对象是信号及端口。

1. 信号说明语句

信号是电子电路内部硬件连接的抽象。它除了没有数据流动的方向说明以外,其他性质和"端口"概念一致。信号通常在结构体、程序包和实体中说明。信号赋值语句具有全局特征,不但可以使数据在设计实体内传递,还可以通过信号的赋值操作与其他实体进行数据交流。

信号说明语句格式如下所示:

```
SIGNAL 信号名: 数据类型 [约束条件] [:=初值表达式];
```

例如:

```
SIGNAL clk : BIT;
```

定义 clk 是个信号名,数据类型为 BIT 类型。

信号可以在实体、结构体、包集合中说明。

2. 信号赋值语句

信号赋值符号为"<="。该赋值符号可以在顺序语句中使用,也可以在并行语句中使用。

1) 简单信号赋值语句

简单信号赋值语句的格式为

```
目的信号名<= 信号表达式(赋值源);
```

例如:

```
clk<='0';                 --将二进制数"0"赋值给 clk
a <= b AFTER 5ns;         --当 b 发生变化 5ns 后,赋值给 a
```

简单信号赋值语句既可以作为顺序语句在进程中使用,也可作为并行语句使用。

2) 条件信号赋值语句

条件信号赋值语句可以根据不同的条件将不同的表达式值赋给目标端口或信号,其格式如下所示:

```
输出端口(或信号)<=  表达式 1   WHEN   赋值条件 1   ELSE
                    表达式 2   WHEN   赋值条件 2   ELSE
                    …
                    表达式 n;
```

使用条件信号赋值语句时,应该注意以下几点:

① 只有最后一个表达式有分号,其他表达式后面没有标点符号。

② 只有当条件满足时,才能将该条件前面的表达式的值赋给目标信号。

③ 条件信号赋值语句可以只列出部分条件。最后一个表达式后面可以含有 WHEN

子句加";"结束,但不能有ELSE。

④ 条件信号赋值语句是并行语句,不能在进程中使用。

3) 选择信号赋值语句

选择信号赋值语句是一种条件分支的并行语句,格式如下所示:

```
WITH 选择表达式 SELECT
    目标信号 <= 表达式1   WHEN   选择条件1,
               表达式2   WHEN   选择条件2,
               …
               表达式n   WHEN   选择条件n;
```

使用选择信号赋值语句时,应该注意以下几点:

① 只有最后一个表达式有分号,其他表达式后面的标点符号为逗号。

② 只有当选择条件表达式的值符合某一个选择条件时,才将该选择条件前面的信号表达式赋给目标信号。

③ 对选择条件的测试是同时进行的,语句将判断所有的选择条件,而没有优先级之分。这时如果选择条件重叠,可能出现两个或两个以上的信号表达式赋给同一个目标信号,引起信号冲突,因此不允许有选择条件重叠的情况。

④ 为了涵盖选择条件表达式的所有值,一般情况下,最后一条语句可以是:"表达式n+1 When Others;"。

⑤ 由于选择信号赋值语句是并发执行的,所以不能够在进程中使用。

任务实施

3.2.3 基本门电路的VHDL设计

下面以二输入与门的设计为例,学习基本门电路的VHDL描述方法。

二输入与门的逻辑表达式为

$$Y = A \cdot B$$

二输入与门的逻辑符号如图3-2所示。

二输入与门的真值表如表3-3所示。

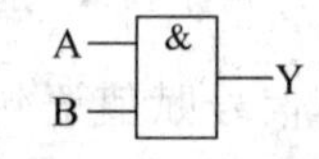

图3-2 二输入与门的逻辑符号

表3-3 二输入与门的真值表

A	B	Y
0	0	0
0	1	0
1	0	0
1	1	1

1. 二输入与门的数据流描述设计

数据流描述可直观地表示底层逻辑行为,常基于逻辑表达式来描述。

1）设计输入

① 用新建工程向导新建设计工程。设置合适的工程存放路径，设置项目名称和顶层实体名为voter3，选择ACEX1K系列的EP1K100QC208-3器件。

② 新建VHDL文件。选择菜单File|New，弹出新建文件对话框。选择Design Files项中的VHDL File项，如图3-3所示，然后单击OK按钮，打开VHDL文件编辑器。

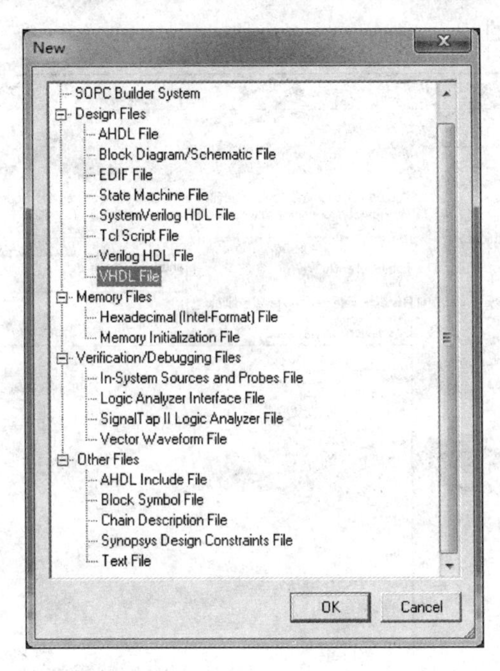

图3-3　新建VHDL文件

③ 在VHDL文件编辑界面中输入如下用VHDL语言的数据流描述方式设计的二输入与门：

```
ENTITY and2_1 IS                       ⎫
    PORT(A , B: IN BIT;                ⎬ 实体说明部分
          Y: OUT BIT);                 ⎪
END and2_1;                            ⎭
ARCHITECTURE behave OF and2_1 IS       ⎫
  BEGIN                                ⎬ 结构体部分
   Y <= A  AND  B;                     ⎪
END behave;                            ⎭
```

④ 保存设计文件为and2_1.vhd。

保存文件时应注意：

- 设计文件不能直接保存在某个存储盘的根目录下，必须保存在某个文件夹中，且该文件夹的名称为VHDL的合法标识符，如不能含中文信息、不能含空格等。
- 文件名称必须与实体名一致，扩展名为.vhd。

如上述设计输入文件保存路径为c:\design\，文件名为and21.vhd。

2）设计编译

执行菜单 Assignments|Settings...，弹出设置对话框。在 General 项对话框的 Top-level entities 选项框中输入当前需要被编译的顶层实体名称 and2_1，如图 3-4 所示。在 Files 项中查看需要被编译的文件是否正确。若不正确，需要用 Add 或 Remove 图标添加需要的文件或删除不需要的文件。如图 3-5 所示，被编译的设计文件 and2_1. vhd 与顶层实体名相同，是正确的。

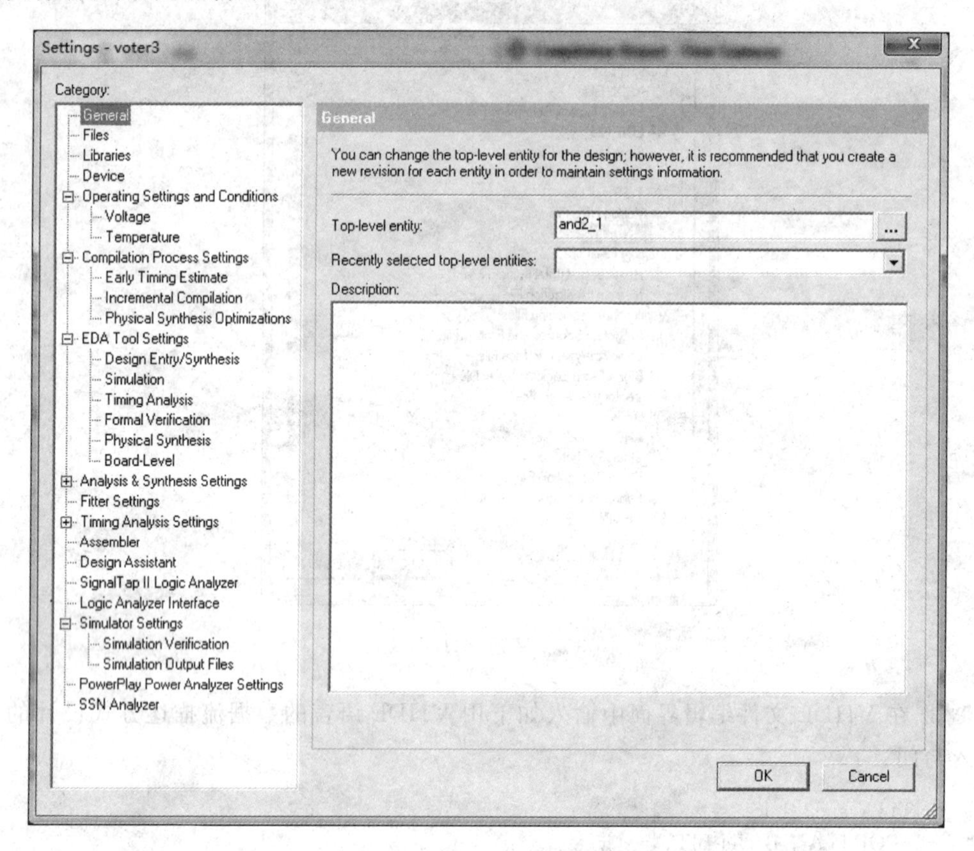

图 3-4 设置编译的顶层实体

执行菜单命令 Processing|Start|Start Analysis & Synthesis，或直接单击工具栏中的按钮，对设计项目进行分析综合。若有语法错误，需要认真检查、改正，直到编译通过。

修改错误时，一般先修改排列在前面的错误，认真阅读错误提示，并双击错误处，光标会自动跳转到有错误的语句处。在光标所在位置的前、后检查，一般都能找到问题。

改正所有红色提示的编译错误(Errors)后，才能继续设计。对于蓝色提示的警告信息(Warnings)，可根据设计需要决定修改与否，不影响继续设计。

3）设计功能仿真

① 选择菜单 Assignments|Settings...，在 Settings 对话框左侧 Category 栏内选 Simulator Settings，弹出仿真设置对话框。设置仿真模式 Simulation Mode 为 Functional，设置仿真波形输入文件 Simulation input 为 and2_1. vwf，如图 3-6 所示，然后单击 OK 按钮。

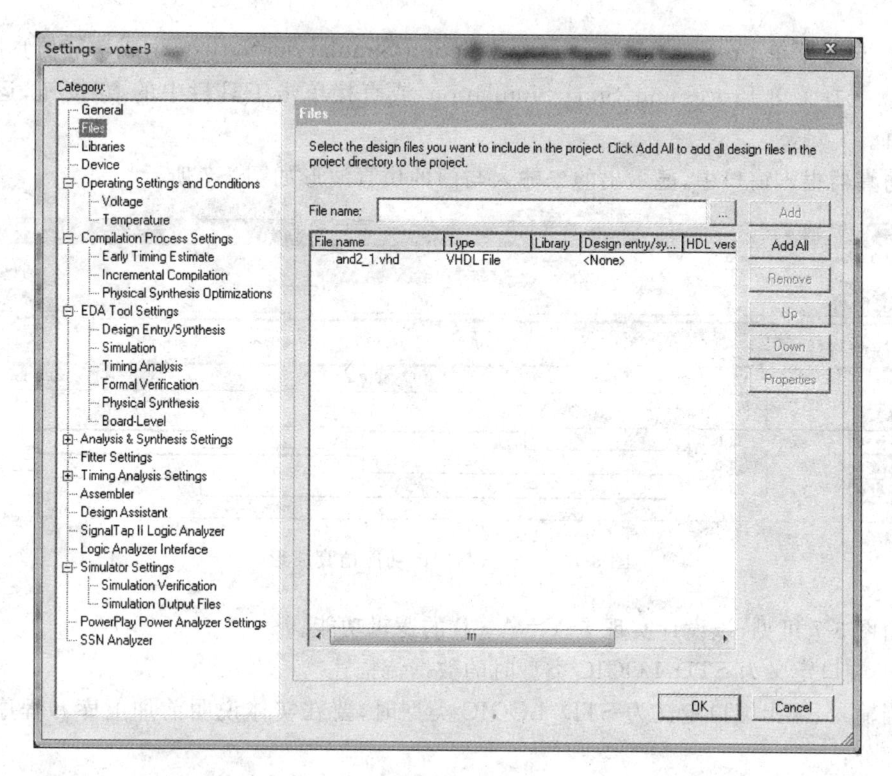

图 3-5　设置编译的设计文件

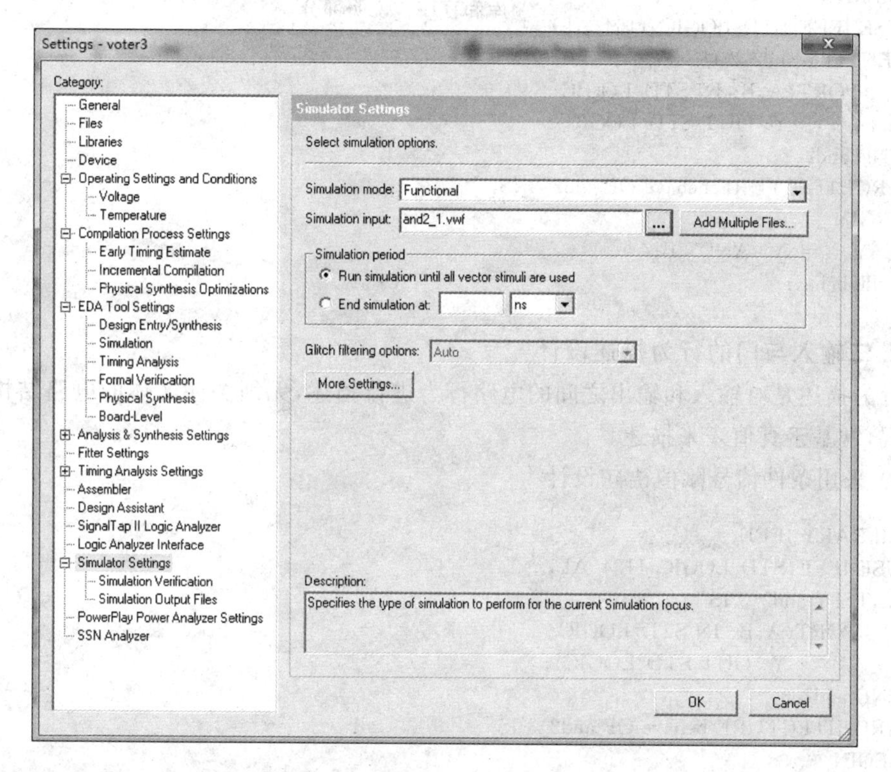

图 3-6　功能仿真设置对话框

② 选择菜单 Processing|Generate Function Simulation Netlist,生成功能仿真网表。

③ 选择菜单 Processing|Start Simulation,或直接单击工具栏中的 按钮,运行波形仿真。

仿真器报告窗口中,显示出的二输入与门的仿真波形如图 3-7 所示。

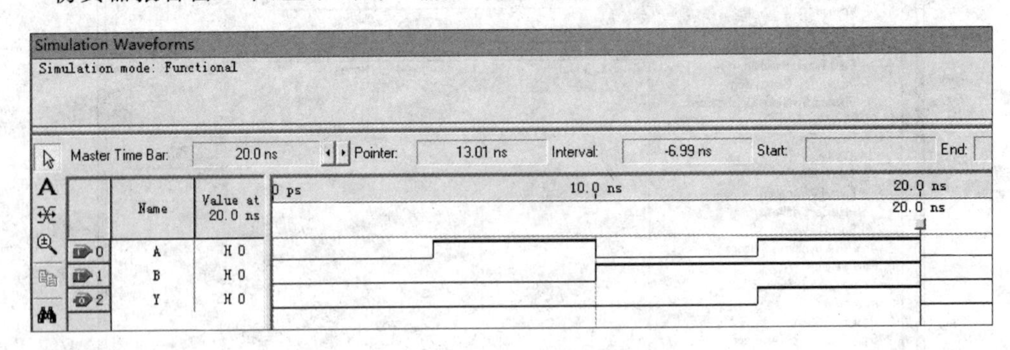

图 3-7　二输入与门的功能仿真波形

由图 3-7 可见,该设计实现了 Y=A·B 的逻辑功能。

4) 端口定义为 STD_LOGIC 类型时的数据流描述

当输入、输出端口定义为 STD_LOGIC 类型时,要在实体说明前加上库和程序包的说明部分:

```
LIBRARY IEEE;                       } 库和程序包说明部分
USE IEEE.STD_LOGIC_1164.ALL;
 ENTITY and2_2 IS
    PORT(A,B: IN STD_LOGIC;
          Y: OUT STD_LOGIC);
END and2_2;
ARCHITECTURE behave OF and2_2 IS
BEGIN
   Y <= A  AND  B;
END behave;
```

2. 二输入与门的行为描述设计

行为描述是对输入和输出之间的电路行为进行描述,无须关注实体的电路结构和门级实现,常基于真值表来描述。

1) 采用条件信号赋值语句设计

```
LIBRARY IEEE;
USE IEEE.STD_LOGIC_1164.ALL;
ENTITY and2_3 IS
    PORT(A,B: IN STD_LOGIC;
          Y: OUT STD_LOGIC);
END and2_3;
ARCHITECTURE behave OF and2_3 IS
BEGIN
   Y <= '0' WHEN (A='0' and B='0') ELSE
```

```
        '0' WHEN (A='0' and B='1') ELSE
        '0' WHEN (A='1' and B='0') ELSE
        '1' WHEN (A='1' and B='1') ;
END behave;
```

虽然描述中采用的STD_LOGIC类型还有其他数值，但条件信号赋值语句不需要将所有条件都列出。

2）采用选择信号赋值语句设计

本设计中用连接运算符&将A、B两个输入端口连接为2位二进制序列，用信号s表示。

```
LIBRARY IEEE;
USE IEEE.STD_LOGIC_1164.ALL;
ENTITY and2_4 IS
      PORT(A,B: IN STD_LOGIC;
             y: OUT STD_LOGIC);
END and2_4;
ARCHITECTURE behave OF and2_4 IS
 SIGNAL s: STD_LOGIC_VECTOR(1 DOWNTO 0);
BEGIN
     s<= A&B;
      WITH s SELECT
           y <= '0' WHEN "00",
                '0' WHEN "01",
                '0' WHEN "10",
                '1' WHEN "11";
END behave;
```

上述描述中，将两个输入端口用2位二进制序列a表示，即两个输入为A(1)和A(0)，实现的逻辑功能为$Y=A(1)\cdot A(0)$。

任务3.3　3人多数表决器电路设计

任务描述与分析

本任务是设计一个3人多数表决器。表决器是由基本门电路构成的组合逻辑电路。3人多数表决器的逻辑表达式中涉及的基本门电路有：二输入与门和三输入或门。可以用层次电路设计和VHDL描述两种方法来实现3人多数表决器的设计。

层次电路设计方法：先设计3人多数表决器电路逻辑表达式中用到的底层基本门电路，再用层次电路方法完成3人多数表决器顶层电路设计。

VHDL描述方法：用逻辑运算符连接3人多数表决器的逻辑表达式，用信号赋值语句实现3人多数表决器的设计。

3.3.1 3 人多数表决器的逻辑行为

3 人多数表决器的输入信号为 A、B、C,表示 3 个人的表决信号;输出信号为 F,表示表决是否有效。输入信号为"1"时,表示赞成;为"0"时,表示反对。当输入信号为多数赞成时,表示表决通过,输出信号为"1",否则为"0"。3 人多数表决器的真值表如表 3-4 所示。

表 3-4 3 人多数表决器的真值表

C	B	A	F
0	0	0	0
0	0	1	0
0	1	0	0
0	1	1	1
1	0	0	0
1	0	1	1
1	1	0	1
1	1	1	1

根据真值表,写出 F 的逻辑表达式:

$$F = AB\overline{C} + A\overline{B}C + \overline{A}BC + ABC$$

经转换及化简,得

$$F = AB + BC + AC$$

3.3.2 3 人多数表决器的设计

1. 层次电路设计方法

由输出 F 的逻辑表达式可以看出,F 的逻辑关系是用 3 个二输入与门和 1 个三输入或门组成的。用项目 1 中学习的原理图输入法完成设计。本节学习用 VHDL 设计描述二输入与门和三输入或门,再用图形设计实现 3 人多数表决器。

1) 二输入与门的 VHDL 设计

用 VHDL 设计描述二输入与门 and_2,源程序如下所示:

```
ENTITY and_2 IS
    PORT(m , n: IN BIT;
```

```
            y: OUT BIT);
END and_2;
ARCHITECTURE behave OF and_2 IS
  BEGIN
    y<= m   AND   n;
END behave;
```

2）三输入或门的VHDL设计

用VHDL设计描述二输入或门or_3，源程序如下所示：

```
ENTITY or_3 IS
     PORT(m , n , k: IN BIT;
            y: OUT BIT);
END or_3;
ARCHITECTURE behave OF or_3 IS
     BEGIN
        y<= m   OR   n   OR   k;
END behave;
```

三输入或门的设计仿真波形如图3-8所示。

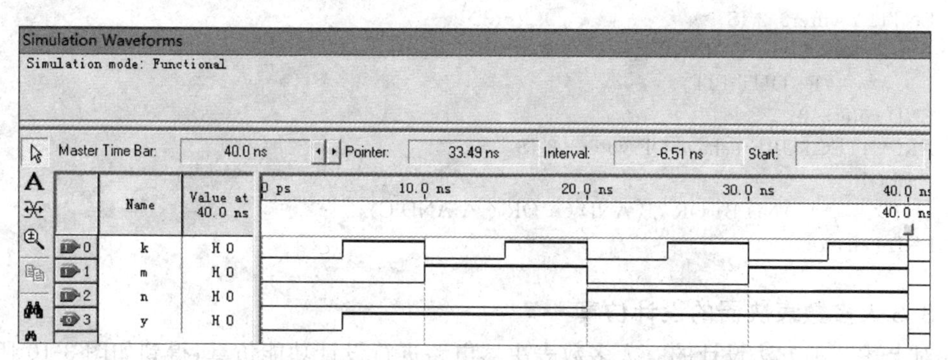

图3-8　三输入或门的仿真波形

3）3人多数表决器的设计

采用上述VHDL设计描述的二输入与门和三输入或门，设计实现3人多数表决器，具体步骤如下所述：

① 将用VHDL设计的二输入与门和三输入或门生成符号图and_2和or_3。

② 新建一个图形文件，保存并命名为voter3_1。

③ 将3个二输入与门、1个三输入或门及3个输入端口、1个输出端口调入图形编辑界面，排布好布局后，连接各器件及端口，完成3人多数表决器的电路设计，如图3-9所示。

2. VHDL数据流描述设计方法

由3人多数表决器的真值表，得到化简的逻辑表达式为 $F=AB+BC+AC$。用VHDL行为描述法，在结构体中用逻辑运算符连接成逻辑表达式，完成要求的设计功能。

用VHDL设计描述3人多数表决器voter3_2，源程序如下所示：

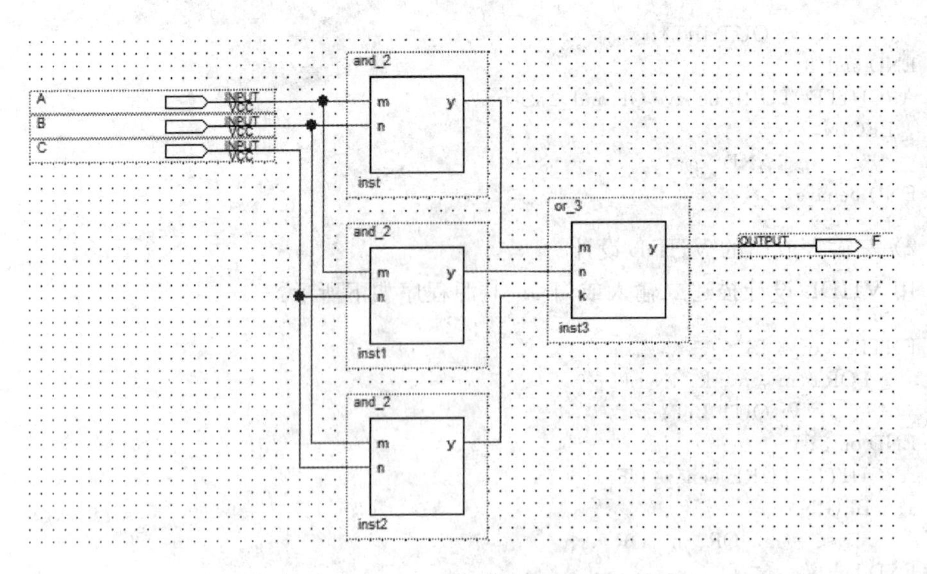

图 3-9 3 人多数表决器电路

```
ENTITY voter3_2 IS
    PORT(A, B, C: IN BIT;
          F: OUT BIT);
END voter3_2;
ARCHITECTURE behave OF voter3_2 IS
  BEGIN
   F<=( A AND B) OR (B AND C) OR ( A AND C);
END behave;
```

3.3 人多数表决器的设计仿真

对上述 2 种方法设计的 3 人多数表决器电路进行设计功能仿真，得到如图 3-10 所示的仿真波形。

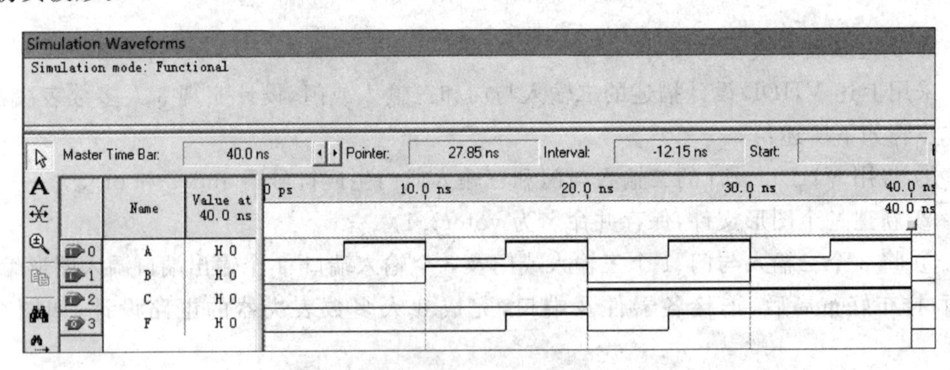

图 3-10 3 人多数表决器电路的仿真波形

由图 3-10 看出，当 A、B、C 3 个输入有 2 个或 2 个以上为高电平时，输出 F 为高电平，否则 F 为低电平。与表 3-4 所示 3 人多数表决器的真值表一致，验证了设计功能的正确性。

3.3.3　3 人多数表决器的硬件电路设计与实现

3 人多数表决器的硬件电路如图 3-11 所示。

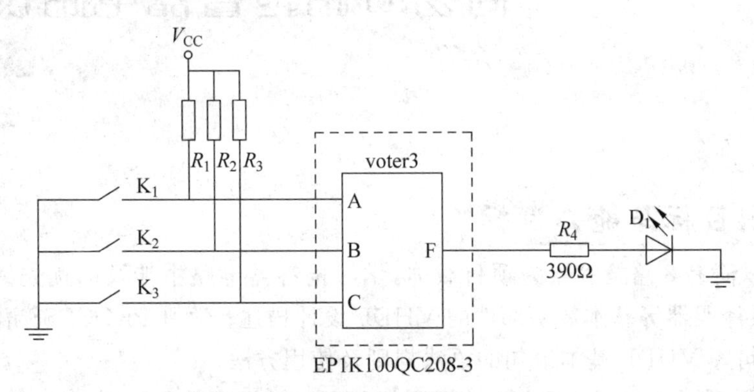

图 3-11　3 人多数表决器的硬件电路

分别配置 3 个输入端和 1 个输出端到相应的引脚上，按照图 3-11 所示电路连线。表决时，设置 $K_1 \sim K_3$ 开关的状态，合上表示不同意，断开表示同意，观察发光二极管的亮、灭。当 2 个开关或 3 个开关断开时，表示多数人同意，发光二极管点亮，从硬件上验证设计的正确性。

实践训练

在完成本项目学习，掌握项目知识的基础上，完成下列实践训练项目：

（1）用层次电路设计和 VHDL 语言设计两种方法，设计完成 1 位加法器的设计文件、设计编译和功能仿真，并进行硬件设计与实现。

（2）用层次电路设计和 VHDL 语言设计两种方法，设计完成 1 位全加器的设计文件、设计编译和功能仿真，并进行硬件设计与实现。

（3）用层次电路设计和 VHDL 语言设计两种方法，设计完成 1 位全减器的设计文件、设计编译和功能仿真，并进行硬件设计与实现。

Project 4

项目4

简易8路抢答器电路设计

知识目标与能力目标

本项目以简易8路抢答器为项目载体，学习抢答器电路中涉及的优先编码器、锁存器、BCD七段译码器等基本数字部件的VHDL设计描述；学习PROCESS语句、IF语句和CASE语句等VHDL基本语句的语法规则及使用方法。

通过学习，熟悉PROCESS语句、IF语句和CASE语句等VHDL基本语句的语法规则及使用方法，掌握编码器、译码器等组合部件及锁存器、触发器等时序部件的VHDL设计描述。

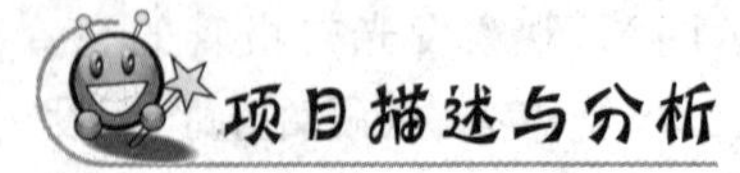

项目描述与分析

抢答器广泛应用于各类知识竞赛、电视综艺节目等场合。本项目设计的简易8路抢答器的设计要求为：

① 抢答器同时供8名选手或8个代表队比赛，分别用8个按钮表示1～8个参赛者。每个参赛者控制一个按钮，按动按钮发出抢答信号。当参赛选手按动按钮时，数码管显示抢答参赛者的编号。

② 设置一个系统清除和抢答控制开关，该开关由主持人控制。

③ 抢答器具有锁存与显示功能。竞赛开始后，先由主持人将控制开关按下，然后先按动按钮的参赛者编号将被LED数码管显示出来，并用蜂鸣器报警，表示有人抢答。此后，其他参赛者再按动按钮，将对电路不起作用。优先抢答的参赛者编号将一直被显示，直至主持人将系统清零。

抢答器的原理框图如图4-1所示。

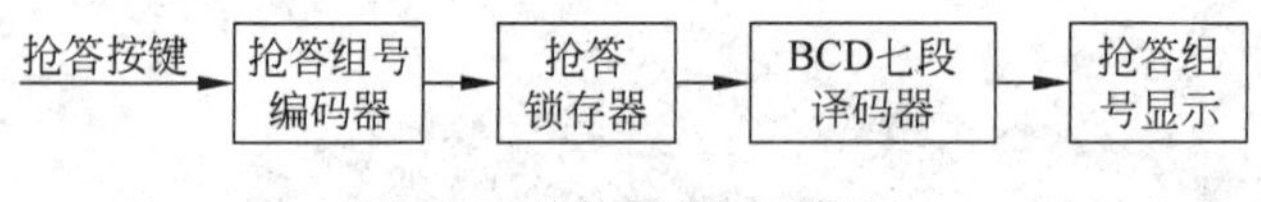

图4-1　抢答器的原理框图

在图4-1中，抢答组号编码器用于对抢答按键编码，产生抢答组号的二进制编码，常采用优先编码器，以防2组以上同时抢答造成编码混乱；抢答锁存器用于锁存第一个抢答组号，并禁止后面抢答的信号；BCD七段译码器将第一个抢答组号的二进制编码译码为数码管的字段码；用数码管显示抢答组号。

任务 4.1　编码器的 VHDL 设计

任务描述与分析

编码器广泛应用于电子计算机、电视、遥控和通信等领域。编码器是可将信号或数据进行编码，转换为可用于通信、传输和存储的信号形式的设备。编码器常用一组二进制代码按一定规则编码。具体来说，编码器的功能是把 2^N 个输入转化为 N 位二进制编码输出。

本任务学习使用进程(PROCESS)语句和条件(IF)语句完成编码器的设计描述。

相关知识

VHDL 语言的语句分为顺序语句和并行语句两大类。并行语句可以直接在结构体中使用，顺序语句必须在进程(PROCESS)语句中使用。

4.1.1　进程(PROCESS)语句

进程语句作为一个独立的结构，在结构体中以一个完整的结构存在，是 VHDL 语言中描述能力最强，使用最多的语句结构。进程语句是结构体的有机组成部分，各个进程之间通过信号(SIGNAL)通信，共同组成一个功能强大的结构体。

一个结构体内可以包含多个进程语句，多个进程同时执行。进程语句本身是并行语句，但每个进程的内部由一系列顺序语句构成。

1. PROCESS 语句的格式

```
[进程名:]  PROCESS  (敏感信号表)
             [进程说明语句;]
           BEGIN
               进程内顺序描述语句;
          END  PROCESS  [进程名];
```

进程名是可选项。如果有多个进程，以进程名区别。

敏感信号表中的信号可以是在结构体中定义的信号，也可以是在实体说明中定义的端口(但只能是输入端口、双向端口或 BUFFER 类型端口)。进程的启动通过敏感信号表中敏感量的变化激励，即当且仅当敏感信号表中的敏感量有变化时，进程才能启动。应用时，一般将进程中的所有输入信号都列入敏感表，但切勿将变量列入敏感表，因为进程只对信号敏感。另外，WAIT 语句在进程中的作用与敏感信号表相似。有敏感信号表，就不需要 WAIT 语句；有 WAIT 语句，则不能出现敏感表。

进程说明语句是可选项，主要用途是定义进程中将要用到的中间变量或常量，但此处只能定义“变量”,而不能定义“信号”。

在进程中,语句的执行具有顺序性,真正的具有描述行为的语句是从BEGIN开始,到END PROCESS之间的语句。

2. 进程语句的主要特点

① 同一结构体中的各个进程之间是并发执行的,并且都可以使用实体说明和结构体中定义的信号;同一进程中的描述语句则是顺序执行的,即PROCESS结构中的语句是按顺序一条一条向下执行的,并且在进程中只能设置顺序语句。

② 为启动进程,进程的结构中必须至少包含一个敏感信号或包含一条WAIT语句,但是在一个进程中不能同时存在敏感信号和WAIT语句。

③ 一个结构体中的各个进程之间可以通过信号或共享变量来通信,但任一进程的进程说明部分只能定义局部变量,不允许定义信号和共享变量。

④ 敏感信号表中的任意一个敏感量发生变化,则启动PROCESS语句,从上到下逐句执行一遍。执行完成后,返回PROCESS语句,并悬挂在该语句处,等待敏感量的再次变化。

4.1.2 IF语句

IF语句又称条件语句,是根据指定的一种或多种条件来决定执行哪些语句的一种重要顺序语句,因此也可以说是一种控制转向语句。

1. IF语句的格式

IF语句一般有以下3种格式。

1) 跳转控制

格式如下:

```
IF  条件  THEN
  顺序语句;
END  IF;
```

2) 二选一控制

格式如下:

```
IF  条件  THEN
  顺序语句;
ELSE
  顺序语句;
END  IF;
```

3) 多选择控制语句

格式如下:

```
IF 条件1  THEN  顺序语句1;
  ELSIF  条件2  THEN  顺序语句2;
```

```
   …
  ELSIF  条件 n  THEN  顺序语句 n;
ELSE
  顺序语句;
END IF;
```

2. IF 语句的主要特点

① 每条 IF 语句必须有一条对应的 END IF 语句。

② IF 语句中的条件值必须是布尔类型(BOOLEN),即 TRUE 或 FALSE。例如:

```
IF(a > b)THEN
    output <= '1';
END IF;
```

如果条件(a>b)的结果为 TRUE,则 output＝1; 否则,output 维持原数据不变,且跳到 END IF 后面执行语句。

③ IF 语句是顺序语句,不仅能实现条件分支处理,而且在条件判断上有先后顺序,因此特别适合处理含有优先级的电路描述。

3. IF 语句与条件信号赋值语句的区别

① IF 语句是顺序描述语句,因此只能在进程内部使用; 条件信号赋值语句是并行描述语句,要在结构体中的进程之外使用。

② IF 语句中,ELSE 语句可有可无,而条件信号赋值语句中的 ELSE 必须有。

③ IF 语句可嵌套使用,而条件信号赋值语句不能嵌套使用。

④ IF 语句无须太多硬件电路知识,而条件信号赋值语句与实际硬件电路十分接近。

任务实施

4.1.3　普通编码器的 VHDL 设计

普通编码器对于某一给定时刻,只能对一个输入信号编码,在它的输入端不允许同一时刻出现两个或两个以上的输入信号,否则编码器的输出将发生混乱。

下面以 8 线—3 线编码器为例,学习普通编码器的 VHDL 描述。8 线—3 线编码器可对 8 个输入信号进行编码,输出 3 位二进制编码。逻辑符号如图 4-2 所示。

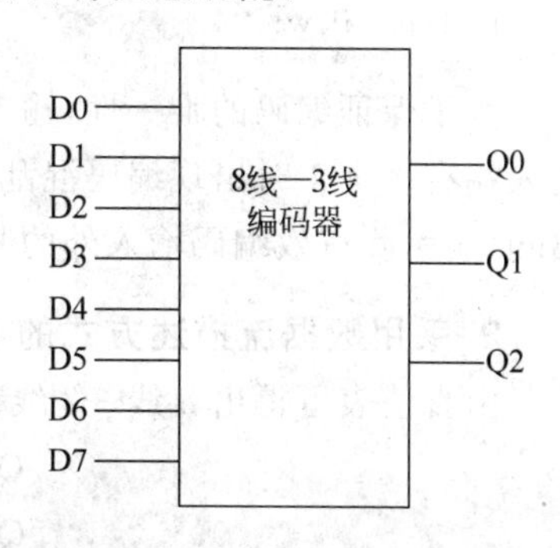

图 4-2　8 线—3 线编码器逻辑符号

采用正逻辑的 8 线—3 线编码器,输入信号高电平有效(即对“1”信号编码),对于 8 个输入信号,当编码器正常工作时,只允许一个输入端为 1(高电平),输出信号为相应的 3 位二进制代码。其真值表如表 4-1 所示。

表 4-1 8 线—3 线编码器的真值表

D7	D6	D5	D4	D3	D2	D1	D0	Q2	Q1	Q0
1	0	0	0	0	0	0	0	1	1	1
0	1	0	0	0	0	0	0	1	1	0
0	0	1	0	0	0	0	0	1	0	1
0	0	0	1	0	0	0	0	1	0	0
0	0	0	0	1	0	0	0	0	1	1
0	0	0	0	0	1	0	0	0	1	0
0	0	0	0	0	0	1	0	0	0	1
0	0	0	0	0	0	0	1	0	0	0

1. 采用行为描述方式的 8 线—3 线编码器 VHDL 设计(依据真值表)

```
LIBRARY IEEE;
USE IEEE.STD_LOGIC_1164.ALL;
ENTITY coder83_1 IS
     PORT( D: IN STD_LOGIC_VECTOR(7 DOWNTO 0);
           Q: OUT STD_LOGIC_VECTOR(2 DOWNTO 0));
END coder83_1;
ARCHITECTURE dataflow OF coder83_1 IS
BEGIN
         PROCESS (D)
           BEGIN
            IF D="10000000" THEN   Q <="111";
              ELSIF D="01000000" THEN Q <="110";
              ELSIF D="00100000" THEN Q <="101";
              ELSIF D="00010000" THEN Q <="100";
              ELSIF D="00001000" THEN Q <="011";
              ELSIF D="00000100" THEN Q <="010";
              ELSIF D="00000010" THEN Q <="001";
              ELSIF D="00000001" THEN Q <="000";
              ELSE Q <="ZZZ";
            END IF;
         END PROCESS;
END dataflow;
```

为了保证编码的唯一性,输入端只允许有 1 个有效编码输入信号“1”。为了避免当输入端有多个 1 时出现编码混乱,上述程序中在 END IF 语句前用 ELSE Q <="ZZZ"语句,表示除有效编码输入外的其余无效编码输入时,输出 Q 为高阻状态。

2. 采用数据流描述方式的 8 线—3 线编码器 VHDL 设计(依据逻辑表达式)

由真值表可得出 8 线—3 线编码器的逻辑表达式为

$$Q2 = D4 + D5 + D6 + D7$$
$$Q1 = D2 + D3 + D6 + D7$$
$$Q0 = D1 + D3 + D5 + D7$$

则 VHDL 描述为

```
LIBRARY IEEE;
USE IEEE.STD_LOGIC_1164.ALL;
ENTITY coder83_2 IS
  PORT(D0, D1, D2, D3, D4, D5, D6, D7: IN STD_LOGIC;
        Q0, Q1, Q2: OUT STD_LOGIC);
END coder83_2;
ARCHITECTURE behave OF coder83_2 IS
BEGIN
  Q2 <= D4 OR D5 OR D6 OR D7;
  Q1 <= D2 OR D3 OR D6 OR D7;
  Q0 <= D1 OR D3 OR D5 OR D7;
END behave;
```

3. 8 线—3 线编码器的设计仿真

8 线—3 线编码器的功能仿真波形如图 4-3 所示。

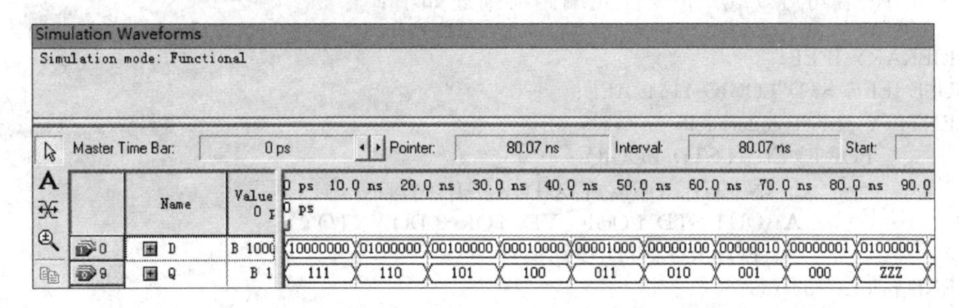

图 4-3　8 线—3 线编码器的功能仿真波形

在图 4-3 所示仿真波形中，编码器的 8 个输入端只能有 1 个有效编码输入“1”，当输入端有 1 个以上的“1”时，输出 Q 为高阻状态，实现了编码器的逻辑功能。

4.1.4　优先编码器的 VHDL 设计

与普通编码器不同，优先编码器允许多个输入信号同时出现。因为它在设计时已经将所有的输入信号按优先顺序排队，因此当多个输入信号同时出现时，只对其中优先级别最高的一个输入信号编码，对优先级别低的信号不予理睬，克服了普通编码器在多个输入信号同时作用时输出编码混乱的缺点。

下面以 8 线—3 线优先编码器为例，学习优先编码器的 VHDL 描述。其 8 个输入端分别为 I7、I6、I5、I4、I3、I2、I1、I0，低电平输入有效。其中，I7 的优先级别最高，I0 最低。EI 为编码允许使能端，低电平允许编码，高电平时禁止编码，输出端全高。输出端为 A2、A1、A0，反码输出。EO 和 GS 为输出状态标志端，当 EO＝GS＝1 时，表示禁止编码状态；EO＝0 且 GS＝1 时，表示等待编码状态；当 EO＝1 且 GS＝0 时，表示已编码状态。EO 和 GS 主要用于编码器的级联和功能扩展。

8 线—3 线优先编码器的真值表如表 4-2 所示。

表 4-2 8线—3线优先编码器的真值表

EI	I0	I1	I2	I3	I4	I5	I6	I7	A2	A1	A0	GS	EO
1	×	×	×	×	×	×	×	×	1	1	1	1	1
0	1	1	1	1	1	1	1	1	1	1	1	1	0
0	×	×	×	×	×	×	×	0	0	0	0	0	1
0	×	×	×	×	×	×	0	1	0	0	1	0	1
0	×	×	×	×	×	0	1	1	0	1	0	0	1
0	×	×	×	×	0	1	1	1	0	1	1	0	1
0	×	×	×	0	1	1	1	1	1	0	0	0	1
0	×	×	0	1	1	1	1	1	1	0	1	0	1
0	×	0	1	1	1	1	1	1	1	1	0	0	1
0	0	1	1	1	1	1	1	1	1	1	1	0	1

1. 采用行为描述方式的8线—3线编码器VHDL设计

采用IF语句对8线—3线优先编码器描述如下：

```
LIBRARY IEEE;
USE IEEE.STD_LOGIC_1164.ALL;
ENTITY prioritycoder83 IS
        PORT (EI:IN STD_LOGIC;
              I: IN STD_LOGIC_VECTOR(7 DOWNTO 0);
              A: OUT STD_LOGIC_VECTOR(2 DOWNTO 0);
              GS,EO:OUT STD_LOGIC);
END prioritycoder83;
ARCHITECTURE dataflow OF prioritycoder83 IS
BEGIN
        PROCESS(EI,I)
        BEGIN
            IF(EI='1')THEN
                A <= "111"; GS <= '1'; EO <= '1';
             ELSIF I="11111111"   THEN
                A <= "111"; GS <= '1'; EO <= '0';
             ELSIF I(7)='0' THEN
                A <= "000"; GS <= '0'; EO <= '1';
             ELSIF I(6)='0' THEN
                A <= "001"; GS <= '0'; EO <= '1';
             ELSIF I(5)='0' THEN
                A <= "010"; GS <= '0'; EO <= '1';
             ELSIF I(4)='0' THEN
                A <= "011"; GS <= '0'; EO <= '1';
             ELSIF I(3)='0' THEN
                A <= "100"; GS <= '0'; EO <= '1';
             ELSIF I(2)='0' THEN
                A <= "101"; GS <= '0'; EO <= '1';
             ELSIF I(1)='0' THEN
                A <= "110"; GS <= '0'; EO <= '1';
             ELSIF I(0)='0' THEN
```

```
            A <= "111"; GS <= '0'; EO <= '1';
        END IF;
    END PROCESS;
END dataflow;
```

2. 采用数据流描述方式的8线—3线编码器VHDL设计

由真值表,得出各输出端的逻辑方程为

$$A_2 = EI + \overline{EI}(I7I6I5I4I3I2I1I0 + I7I6I5I4\,\overline{I3} + I7I6I5I4I3\,\overline{I2} + I7I6I5I4I3I2\,\overline{I1} + I7I6I5I4I3I2I1\,\overline{I0}) = EI + I7I6I5I4$$

$$A1 = EI + \overline{EI}(I7I6I5I4I3I2I1I0 + I7I6\,\overline{I5} + I7I6I5\,\overline{I4} + I7I6I5I4I3I2\,\overline{I1} + I7I6I5I4I3I2I1\,\overline{I0})$$
$$= EI + I7I6I3I2 + I7I6\,\overline{I5} + I7I6\,\overline{I4}$$

$$A0 = EI + \overline{EI}(I7I6I5I4I3I2I1I0 + I7\,\overline{I6} + I7I6I5\,\overline{I4} + I7I6I5I4I3\,\overline{I2} + I7I6I5I4I3I2I1\,\overline{I0})$$
$$= EI + I7\overline{I6} + I7I5I3\overline{I2} + I7I5\,\overline{I4} + I7I5I3I1$$

$$GS = EI + \overline{EI}I7I6I5I4I3I2I1I0 = EI + I7I6I5I4I3I2I1I0$$

$$EO = EI + \overline{I7I6I5I4I3I2I1I0}$$

以上述逻辑表达式为依据,按行为描述方式描述的VHDL设计如下:

```
LIBRARY IEEE;
USE IEEE.STD_LOGIC_1164.ALL;
ENTITY prioritycoder83_2 IS
   PORT(I7,I6,I5,I4,I3,I2,I1,I0 : IN STD_LOGIC;
        EI:IN STD_LOGIC;
        A2,A1,A0: OUT STD_LOGIC;
        GS,EO:OUT STD_LOGIC);
END prioritycoder83_2;
ARCHITECTURE behave OF prioritycoder83_2 IS
BEGIN
    A2 <= EI OR (I7 AND I6 AND I5 AND I4);
    A1 <= EI OR (I7 AND I6 AND I3 AND I2)
            OR (I7 AND I6 AND NOT I5)
            OR (I7 AND I6 AND NOT I4) ;
    A0 <= EI OR (I7 AND NOT I6)
            OR (I7 AND I5 AND NOT I4)
            OR (I7 AND I5 AND I3 AND I1)
            OR (I7 AND I5 AND I3 AND NOT I2);
    GS <= EI OR (I7 AND I6 AND I5 AND I4 AND I3
            AND I2 AND I1 AND I0);
    EO <= EI OR NOT(I7 AND I6 AND I5
               AND I4 AND I3 AND I2 AND I1 AND I0);
END behave;
```

3. 8线—3线优先编码器的设计仿真

对上述设计进行功能仿真,按照真值表设置输入波形,功能仿真波形如图4-4所示。图4-4所示的仿真波形与表4-2一致,验证了设计逻辑功能的正确性。

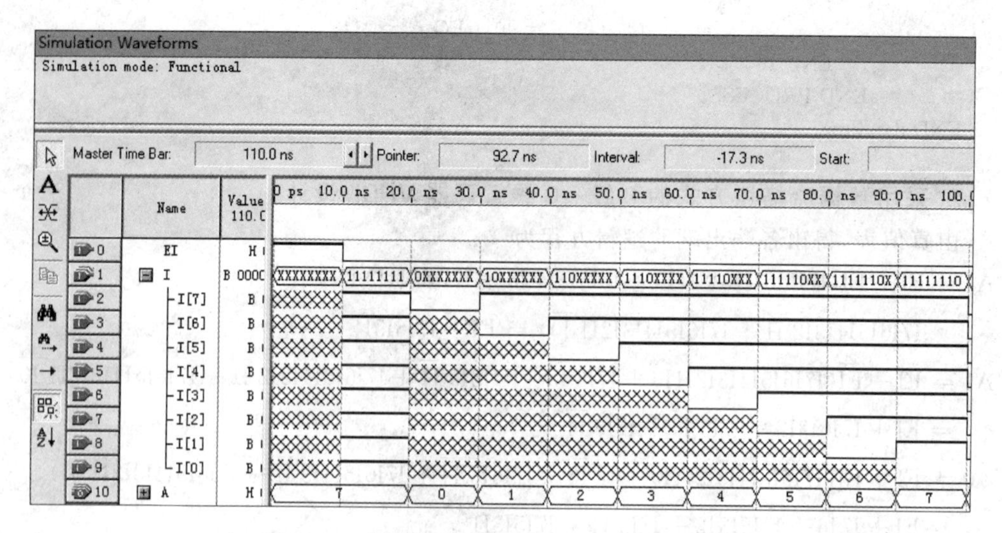

图 4-4 8 线—3 线优先编码器的功能仿真波形

任务 4.2 译码器的 VHDL 设计

任务描述与分析

译码器是电子技术中的一种多输入/多输出组合逻辑电路。

译码是编码的逆过程。在编码时,每一种二进制代码都赋予了特定的含义,即都表示一个确定的信号或对象。把编码状态的特定含义"翻译"出来的过程叫译码,实现译码操作的电路称为译码器。译码器一般分为通用译码器和数字显示译码器两大类。

本节学习使用变量和 CASE 语句来设计描述通用译码器——3 线—8 线译码器和显示译码器——BCD 七段译码器。

相关知识

4.2.1 变量说明与赋值语句

1. 变量说明语句

格式如下:

```
VARIABLE 变量名: 数据类型[约束条件] [: = 表达式];
```

例如:

```
VARIABLE x,y: INTEGER;
VARIABLE count: INTEGER Range 0 to 255 : =10;
```

其中,Range 0 to 255 为约束条件；10 为变量的初值。

2. 变量赋值语句

变量赋值符号为"：="，变量的赋值是除信号赋值外的另一种重要的赋值形式。格式如下：

```
目的变量: =变量表达式(赋值源);
```

变量只能在进程(PROCESS)或子程序中定义，在进程或子程序之外是不可见的。变量说明语句一般放在进程开始的PROCESS语句与BEGIN之间。例如：

```
ENTITY  mux2_1  is
  PORT (d0,d1,sel : IN BIT;
               q : OUT BIT);
END  mux2_1;
ARCHITECTURE  connect  OF  mux2_1  IS
  BEGIN
    PROCESS (d0,d1,sel)
      VARIABLE: tmp1,tmp2,tmp3:BIT;          --变量说明
      BEGIN
        Tmp1:=d0  AND  sel;
        Tmp2:=d1  AND  (not  sel);
        Tmp3:=tmp1  OR  tmp2;
        q<=tmp3;
    END  PROCESS ;
END  connect;
```

例中，tmp1、tmp2和tmp3是变量。赋值符号为"：="，该赋值符号只能在顺序语句中使用。

变量的说明和赋值都限定在其定义区域内，无法传递到所定义的区域外，因此具有局部性。在不同的区域定义并使用同一个变量名称不会冲突。

4.2.2 CASE 语句

CASE语句也是分支语句的一种。CASE语句不同于IF语句，它根据所满足的条件直接执行多项顺序语句中的一项，没有优先级。CASE语句可读性好，很容易找出条件和动作的对应关系，经常用来描述总线、编码和译码等行为。

1. CASE 语句的格式

```
CASE  表达式  IS
    WHEN  条件选择值 1=> 顺序语句 1;
    WHEN  条件选择值 2=> 顺序语句 2;
    WHEN  条件选择值 3=> 顺序语句 3;
      …
    WHEN  OTHERS => 顺序语句 n;
END  CASE;
```

2. CASE 语句的特点

① 符号“=>”不是操作符,只相当于 IF...THEN 语句中的 THEN。

② 条件选择值必须在表达式的取值范围内。条件选择值有 4 种不同的表达式:

- 单个普通数值,如 4。
- 数值选择范围,如(2 to 4),表示取值为 2、3、4。
- 并列数值,如 3|5,表示取值 3 或 5。
- 混合方式,以上 3 种方式的混合。

③ 为了覆盖所有的条件选择值,一般在 END CASE 前的最后一条语句使用“WHEN OTHERS=>顺序语句;”。

④ 不同的 WHEN 引导的条件选择值不能重叠。

任务实施

4.2.3 普通译码器

1. 3 线—8 线译码器的 VHDL 设计

3 线—8 线译码器的逻辑符号如图 4-5 所示。

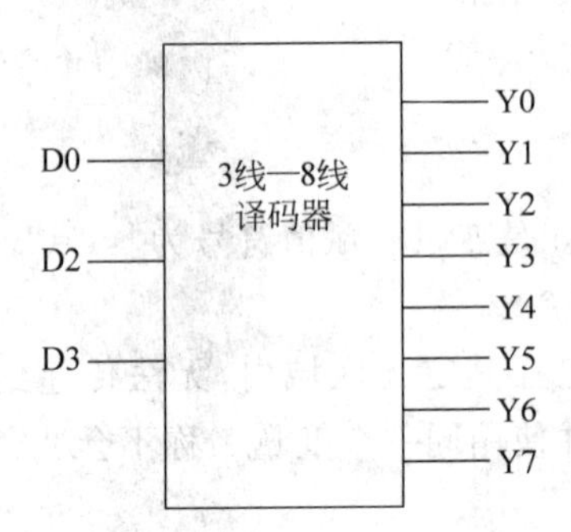

图 4-5 3 线—8 线译码器的逻辑符号

与图 4-5 所示 3 线—8 线译码器的逻辑功能对应的真值表如表 4-3 所示。

表 4-3 3 线—8 线译码器的真值表

D2	D1	D0	Y7	Y6	Y5	Y4	Y3	Y2	Y1	Y0
0	0	0	1	1	1	1	1	1	1	0
0	0	1	1	1	1	1	1	1	0	1
0	1	0	1	1	1	1	1	0	1	1
0	1	1	1	1	1	1	0	1	1	1
1	0	0	1	1	1	0	1	1	1	1
1	0	1	1	1	0	1	1	1	1	1
1	1	0	1	0	1	1	1	1	1	1
1	1	1	0	1	1	1	1	1	1	1

按表 4-3 中所示的逻辑功能，用 VHDL 描述的 3 线—8 线译码器的设计如下：

```
LIBRARY IEEE;
USE IEEE.STD_LOGIC_1164.ALL;
ENTITY decoder38 IS
     PORT(D: IN STD_LOGIC_VECTOR(2 DOWNTO 0);
            Y: OUT STD_LOGIC_VECTOR(7 DOWNTO 0));
END decoder38;
ARCHITECTURE dataflow OF decoder38 IS
  BEGIN
  PROCESS (D)
   BEGIN
      CASE  D  IS
                 WHEN "000" => Y <="11111110";
                 WHEN "001" => Y <="11111101";
                 WHEN "010" => Y <="11111011";
                 WHEN "011" => Y <="11110111";
                 WHEN "100" => Y <="11101111";
                 WHEN "101" => Y <="11011111";
                 WHEN "110" => Y <="10111111";
                 WHEN "111" => Y <="01111111";
                 WHEN OTHERS=> Y<="11111111";
       END CASE;
    END PROCESS;
END dataflow;
```

上述程序用 CASE 语句描述了 3 线—8 线译码器。为了涵盖所有的输入取值，选择的最后一条语句为“WHEN OTHERS => Y<= "11111111";”，表示除去程序中列出的取值外的其余取值，输出 Y 端为全高，即无有效译码。

2. 3 线—8 线译码器的设计仿真

对上述 VHDL 设计的 3 线—8 线译码器进行功能仿真，按照真值表设置输入波形，得到的功能仿真波形如图 4-6 所示。

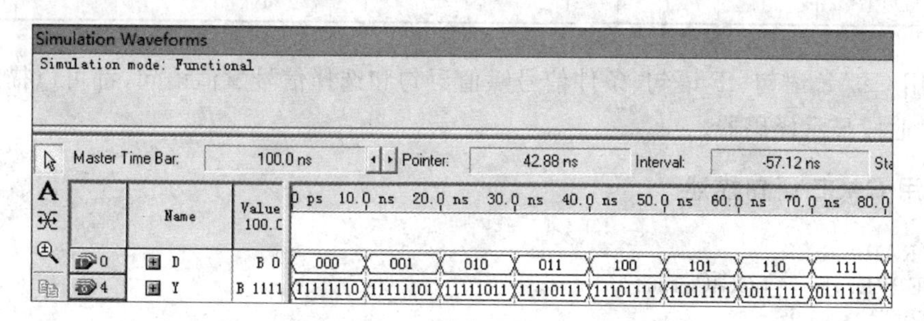

图 4-6　3 线—8 线译码器的功能仿真波形

4.2.4　显示译码器

显示译码器是用来驱动显示器件，以显示数字或字符的 MSI 部件。显示译码器随显示器件的类型而异，与辉光数码管相配的是 BCD 十进制译码器，而常用的发光二极管数码管、液晶数码管等由 7 个或 8 个字段构成字形,因而与之相配的是 BCD 七段或 BCD 八段显示译码器。

1 位 LED 数码管的外形及引脚如图 4-7 所示。

点亮 LED 数码管的七段字形码 a～g,就可以显示出 0～9 等数字或字形。数码管的七段字形码 a～g 一般由 BCD 七段译码器产生。数码管分为共阴极和共阳极两种,因此 BCD 七段译码器也分为共阴极和共阳极译码器两种。

BCD 七段译码器的输入为 0～9 的 4 位 BCD 码,输出为七段字形码 a～g。

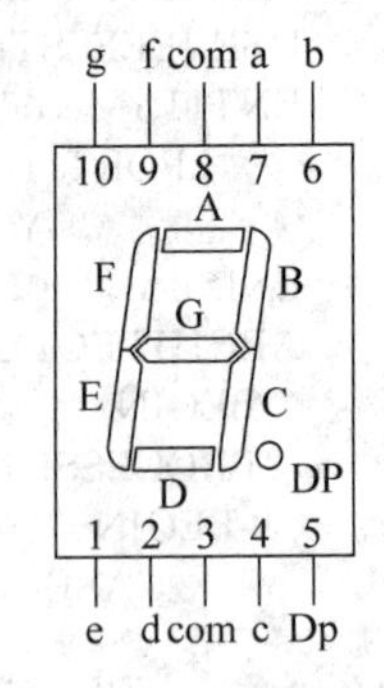

图 4-7 1 位 LED 数码管的外形及引脚

以共阴极 LED 数码管的 BCD 七段译码器为例,用 D[3..0]表示 4 位 BCD 码输入端,用 Q[6..0]表示七段字形码 a～g,对应的真值表如表 4-4 所示。

表 4-4 共阴极 LED 数码管 BCD 七段显示译码器真值表

D3	D2	D1	D0	a	b	c	d	e	f	g
0	0	0	0	1	1	1	1	1	1	0
0	0	0	1	0	1	1	0	0	0	0
0	0	1	0	1	1	0	1	1	0	1
0	0	1	1	1	1	1	1	0	0	1
0	1	0	0	0	1	1	0	0	1	1
0	1	0	1	1	0	1	1	0	1	1
0	1	1	0	1	0	1	1	1	1	1
0	1	1	1	1	1	1	0	0	0	0
1	0	0	0	1	1	1	1	1	1	1
1	0	0	1	1	1	1	1	0	1	1

采用 CSAE 语句、IF 语句、条件信号赋值语句和选择信号赋值语句,都可以描述共阴极 BCD 七段显示译码器。

1. 用 CASE 语句描述

```
LIBRARY IEEE;
USE IEEE.STD_LOGIC_1164.ALL;
ENTITY seg1 IS
PORT(d:IN STD_LOGIC_VECTOR(3 DOWNTO 0);
      y:OUT STD_LOGIC_VECTOR(6 DOWNTO 0));
END seg1;
ARCHITECTURE one OF seg1 IS
 BEGIN
  PROCESS(d)
  BEGIN
  CASE d IS
```

```
      WHEN"0000"=>y<="1111110";
      WHEN"0001"=>y<="0110000";
      WHEN"0010"=>y<="1101101";
      WHEN"0011"=>y<="1111001";
      WHEN"0100"=>y<="0110011";
      WHEN"0101"=>y<="1011011";
      WHEN"0110"=>y<="1011111";
      WHEN"0111"=>y<="1110000";
      WHEN"1000"=>y<="1111111";
      WHEN"1001"=>y<="1111011";
      WHEN OTHERS=>y<="0000000";
    END CASE;
  END PROCESS;
END one;
```

2. 用IF语句描述

```
LIBRARY IEEE;
USE IEEE.STD_LOGIC_1164.ALL;
ENTITY seg2 IS
  PORT(d:IN STD_LOGIC_VECTOR(3 DOWNTO 0);
       y:OUT STD_LOGIC_VECTOR(6 DOWNTO 0));
END seg2;
ARCHITECTURE one OF seg2 IS
  BEGIN
    PROCESS(d)
      BEGIN
        IF(d="0000") THEN y<="1111110";
          ELSIF(d="0001") THEN y<="0110000";
          ELSIF(d="0010") THEN y<="1101101";
          ELSIF(d="0011") THEN y<="1111001";
          ELSIF(d="0100") THEN y<="0110011";
          ELSIF(d="0101") THEN y<="1011011";
          ELSIF(d="0110") THEN y<="1011111";
          ELSIF(d="0111") THEN y<="1110000";
          ELSIF(d="1000") THEN y<="1111111";
          ELSIF(d="1001") THEN y<="1111011";
        ELSE
         y<="0000000";
        END IF;
  END PROCESS;
END ONE;
```

3. 用条件信号赋值语句描述

```
LIBRARY IEEE;
USE IEEE.STD_LOGIC_1164.ALL;
ENTITY seg4 IS
  PORT(d:IN STD_LOGIC_VECTOR(3 DOWNTO 0);
       y:OUT STD_LOGIC_VECTOR(6 DOWNTO 0));
END seg4;
ARCHITECTURE one OF seg4 IS
```

```
 BEGIN
      y<="1111110" WHEN d="0000" ELSE
          "0110000" WHEN d="0001" ELSE
          "1101101" WHEN d="0010" ELSE
          "1111001" WHEN d="0011" ELSE
          "0110011" WHEN d="0100" ELSE
          "1011011" WHEN d="0101" ELSE
          "1011111" WHEN d="0110" ELSE
          "1110000" WHEN d="0111" ELSE
          "1111111" WHEN d="1000" ELSE
          "1111011" WHEN d="1001";
END one;
```

4. 用选择信号赋值语句描述

```
LIBRARY IEEE;
USE IEEE.STD_LOGIC_1164.ALL;
ENTITY seg3 IS
  PORT(d:IN STD_LOGIC_VECTOR(3 DOWNTO 0);
       y:OUT STD_LOGIC_VECTOR(6 DOWNTO 0));
END seg3;
ARCHITECTURE one OF seg3 IS
 BEGIN
  WITH d SELECT
     y<="1111110" WHEN"0000",
         "0110000" WHEN"0001",
         "1101101" WHEN"0010",
         "1111001" WHEN"0011",
         "0110011" WHEN"0100",
         "1011011" WHEN"0101",
         "1011111" WHEN"0110",
         "1110000" WHEN"0111",
         "1111111" WHEN"1000",
         "1111011" WHEN"1001",
         "0000000" WHEN OTHERS;
 END one;
```

5. BCD 七段显示译码器的功能仿真波形

对共阴极 BCD 七段显示译码器进行功能仿真,波形如图 4-8 所示。

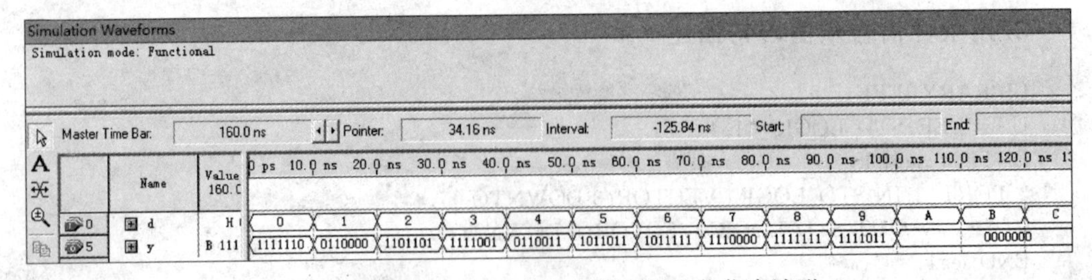

图 4-8 共阴极 BCD 七段显示译码器功能仿真波形

由图 4-8 可见，输入的 BCD 码为 0～9 时，输出字符 0～9 的七段码，点亮相应字段，显示出 0～9；当为非法字符 A～F 时，输出为全 0，不点亮任何字段。

任务 4.3 抢答组号显示电路的设计

任务描述与分析

抢答组号显示电路的功能是当某组参赛者按动面前的抢答按键时，其组号数值经抢答显示电路，在 LED 数码管上显示出来。

本任务是在完成优先编码器、BCD 七段译码器底层电路设计的基础上，用层次电路设计方法实现抢答组号显示顶层电路设计。

相关知识

4.3.1 抢答组号显示电路的结构

抢答组号显示电路的工作原理是：通过编码器对抢答按键进行编码，再经 BCD 七段显示译码器将抢答按键的 BCD 编码，译码为数码管的七段码，送到 LED 数码管上显示出抢答组号的数值。为了避免 2 组或 2 组以上的参赛者同时抢答出现编码混乱，确保抢答信号的正确和稳定，抢答器一般采用优先编码器。

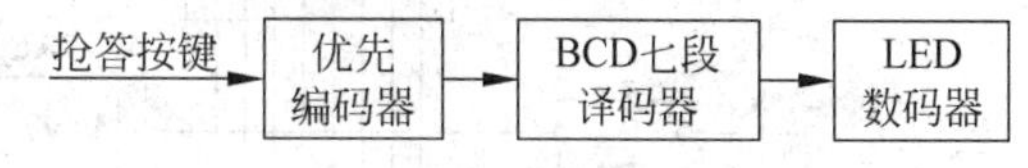

图 4-9 抢答组号显示电路的结构框图

抢答组号显示电路的结构如图 4-9 所示。

任务实施

4.3.2 抢答组号显示电路的 FPGA 设计

对于本项目的 8 路抢答组号，可以显示常规的 8 线—3 线优先编码器编码 000～111 的数值，即组号显示为 0～7；也可以按照实际生活中的习惯，显示出组号 1～8。

任务 3.1 和任务 3.2 分别用 VHDL 语言描述了 8 线—3 线优先编码器和 BCD 七段显示译码器。为了保证 2 个模块端口正确连接，必须使 8 线—3 线优先编码器 BCD 编码输出的二进制位数与 BCD 七段显示译码器的输入信号位数相同。

本任务学习显示 0～7 的抢答组号显示电路设计。显示 1～8 的电路设计作为扩展训练，请读者自行完成。

新建图形设计文件，然后调入 8 线—3 线优先编码器 prioritycoder83 和 BCD 七段显示译码器 seg2 的模块符号，将 2 个模块正确连接，如图 4-10 所示。

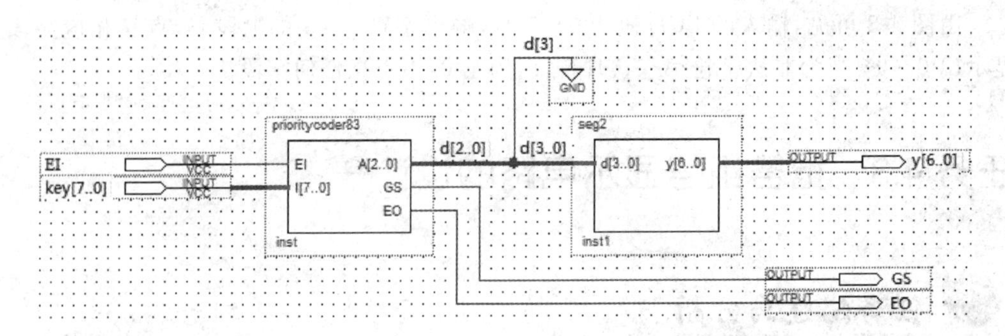

图 4-10 抢答组号显示电路连接

在图 4-10 中,prioritycoder83 的输出 A[2..0]为 3 位二进制编码,seg2 的输入为 4 位二进制编码。将 seg2 的输入信号的最高位 d[3]接地,实现 2 个端口的数据位数匹配。

4.3.3 抢答组号显示电路的硬件电路与实现

抢答组号显示电路的硬件电路如图 4-11 所示。

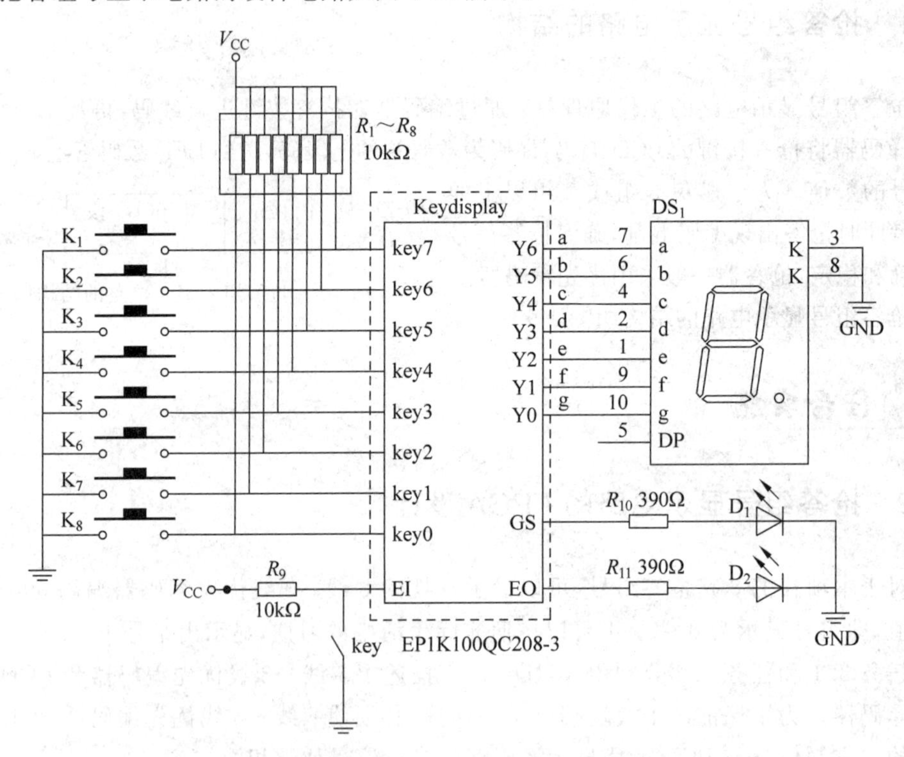

图 4-11 抢答组号显示电路的硬件电路

在图 4-11 中,K_1~K_8 为 8 个抢答按键;key 为主持人开关,只有主持人开关闭合,编码器才有抢答组号的编码输出,即允许抢答开始;DS_1 为共阴极数码管;发光二极管 D_1 和 D_2 用于观察优先编码器的状态输出 GS 和 EO。

分别配置9个输入端和9个输出端到相应的引脚，按照图4-11所示完成电路连线，观察开关key闭合前后，按动抢答按键时，数码管和发光二极管的工作情况：抢答开始前，key断开，即EI为“1”时，为禁止抢答状态，数码管显示“7”，D_1、D_2亮；按动K_7～K_0的任意按键，数码管和发光二极管状态保持不变；抢答开始，主持人闭合开关key，为等待抢答状态，数码管显示“7”，D_1亮，D_2灭；按住K_7～K_0的任意按键，数码管显示相应的抢答组号，D_1灭，D_2亮。

如图4-11所示电路，主持人开关key闭合后，当抢答键按下时，数码管显示相应的抢答组号；按键松开后，数码管显示“7”，即回到等待抢答状态；再次按下另一按键，显示另一组号。只要按下不同的抢答键，抢答组号会变化。对于实际的抢答器，首个抢答组抢答后，后面再抢答则无效，可以使用锁存器来解决这个问题。

任务4.4　锁存器的VHDL设计

任务描述与分析

本任务实现的功能是：为了使首次抢答键按下后，其他组再抢答时保持首次抢答组号不变，必须使用锁存器将第一个抢答的编码锁存，并禁止再次抢答。

锁存器是一种对脉冲电平敏感的存储单元电路，它们可以在特定输入脉冲电平作用下改变状态。也就是说，锁存器输出端的状态不会随输入端的状态变化而变化，仅在锁存信号有效时，输入的状态才被保存到输出，直到下一个锁存信号到来时才改变。典型的锁存器逻辑电路是D触发器电路。

相关知识

触发器是时序逻辑电路的基本电路。在时序电路中，以时钟信号作为驱动信号，也就是说，时序电路是在时钟信号的边沿到来时，其状态才发生改变。因此，在时序电路中，时钟信号是非常重要的，它是时序电路的执行条件和同步信号。

4.4.1　时钟信号的表示方法

在用VHDL描述时序逻辑电路时，通常采用时钟进程的形式，也就是说，在时序逻辑电路中，进程的敏感信号是时钟信号。时钟作为敏感信号的描述方式有以下两种：

① 时钟信号显性地出现在PROCESS语句后面的敏感信号表中。

② 时钟信号没有显性地出现在PROCESS语句后面的敏感信号表中，而是出现在WAIT语句的后面。

1. WAIT语句

进程在执行过程中总是处于两种状态：执行或挂起。进程中的敏感信号能够触发进程执行,WAIT 语句也能起到与敏感信号同样的作用。

WAIT 语句可以设置成4种不同的条件:无限等待、等待敏感信号变化、等待条件满足和超时等待。

1) 无限等待

不设置停止挂起条件的表达式,表示永远挂起。格式如下:

```
WAIT;
```

2) 等待敏感信号变化

格式如下:

```
WAIT ON 信号名[,信号名...];
```

该语句表示等待 WAIT ON 后面的信号发生变化。只要后面的任何一个信号发生变化,进程就被启动,执行 WAIT ON 后面的语句;否则,进程挂起。

3) 等待条件满足

格式如下:

```
WAIT UNTIL 布尔表达式;
```

该语句的布尔表达式中隐性地建立了一个敏感信号量表。当表达式中的任何一个信号发生变化时,立即对表达式进行计算。如果布尔表达式的计算结果为"真"(Ture)值,进程被启动执行;为"假"(False)值,进程挂起。

要启动进程,WAIT UNTIL 语句必须满足两个条件:

① 布尔表达式中的信号发生变化。

② 信号改变后,满足布尔表达式的条件。

WAIT UNTIL 语句的表达方式为

① WAIT UNTIL 信号=Value;

② WAIT UNTIL 信号'EVENT AND 信号=Value;

③ WAIT UNTIL NOT 信号'STABLE AND 信号=Value。

4) 超时等待

格式如下:

```
WAIT FOR 时间表达式;
```

该语句定义了一个时间段,从执行到当前的 WAIT 语句开始,进程处于挂起状态;超过设定的时间后,进程被启动,开始执行 WAIT FOR 后面的语句。

注意:WAIT 语句是顺序语句,用在 PROCESS 语句中,相当于信号敏感量表的作用。已经列出敏感信号的进程不能使用任何形式的 WAIT 语句。

2. 时钟信号的表示方法

在时序逻辑电路中,时钟采用边沿来触发。时钟边沿分为上升沿和下降沿。以下是这两种边沿的描述方式。

对于上升沿,其物理意义是指时钟信号的逻辑值是从'0'跳变到'1'。下面是时钟上升沿的几种描述形式：

1）上升沿的描述

① clk 出现在进程的敏感量表中。

```
label1: PROCESS(clk)
         BEGIN
           IF(clk'EVENT AND clk = '1')THEN
              ⋮
       END PROCESS;
```

② 用 WAIT 语句，clk 不出现在进程的敏感量表中。

```
label2: PROCESS
         BEGIN
           WAIT UNTIL clk = '1';
              ⋮
       END PROCESS;
```

③ 用函数 RISING_EDGE 描述。

可使用 STD_LOGIC_1164.ALL 程序包中的函数 RISING_EDGE 来描述时钟信号的上升沿。

```
Label3: PROCESS(clk)
         BEGIN
           IF(RISING_EDGE(clk))THEN
              ⋮
         END PROCESS;
```

2）下降沿的描述

① clk 出现在进程的敏感量表中。

```
label1: PROCESS(clk)
         BEGIN
           IF(clk'EVENT AND clk = '0')THEN
              ⋮
       END PROCESS;
```

② 用 WAIT 语句，clk 不出现在进程的敏感量表中。

```
label2: PROCESS
         BEGIN
           WAIT UNTIL clk = '0';
              ⋮
         END PROCESS;
```

③ 用函数 FALLING_EDGE 描述。

可使用 STD_LOGIC_1164.ALL 程序包中的函数 FALLING_EDGE 来描述时钟信号的下降沿。

```
Label3: PROCESS(clk)
```

```
    BEGIN
      IF(FALLING_EDGE(clk))THEN
        ⋮
    END PROCESS;
```

4.4.2 锁存器的 VHDL 设计

数据锁存器由多个 D 触发器组成。

1. 基本 D 触发器

基本 D 触发器的逻辑符号如图 4-12 所示。

基本 D 触发器的真值表如表 4-5 所示。

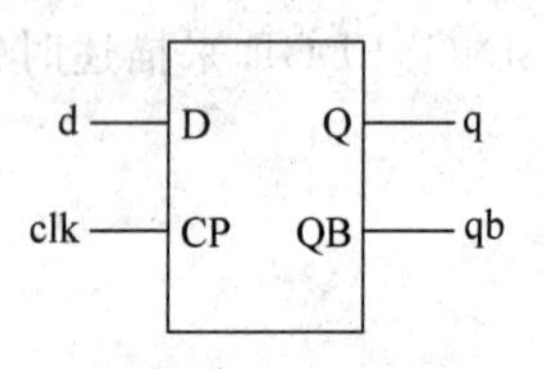

图 4-12 基本 D 触发器的逻辑符号

表 4-5 基本 D 触发器的真值表

clk	D	Q	$\overline{Q}$(QB)
0	×	保持	保持
1	×	保持	保持
上升沿	0	0	1
上升沿	1	1	0

1) 用 WAIT 语句描述时钟信号

```
LIBRARY IEEE;
USE IEEE.STD_LOGIC_1164.ALL;
ENTITY d_ff IS
  PORT(clk: IN STD_LOGIC;
       D: IN STD_LOGIC;
       Q,QB: OUT STD_LOGIC);
END;
ARCHITECTURE behave OF d_ff IS
  BEGIN
   PROCESS
    BEGIN
     WAIT UNTIL clk='1';
      Q<=D;
      QB<=NOT D;
  END PROCESS;
END;
```

2) 用 clk'EVENT AND clk='1'描述时钟信号

```
LIBRARY IEEE;
USE IEEE.STD_LOGIC_1164.ALL;
ENTITY d_ff IS
  PORT(clk: IN STD_LOGIC;
```

```
        D: IN STD_LOGIC;
        Q,QB: OUT STD_LOGIC);
END;
ARCHITECTURE behave OF d_ff IS
  BEGIN
    PROCESS (clk)
     BEGIN
      IF clk'EVENT AND clk='1' THEN
       Q<=D; QB<=NOT D;
      END IF;
  END PROCESS;
END;
```

3）用 RISING_EDGE 描述时钟信号

```
LIBRARY IEEE;
USE IEEE.STD_LOGIC_1164.ALL;
ENTITY d_ff IS
  PORT(clk: IN STD_LOGIC;
        D: IN STD_LOGIC;
        Q,QB: OUT STD_LOGIC);
END;
ARCHITECTURE behave OF d_ff IS
  BEGIN
    PROCESS(clk)
     BEGIN
      IF RISING_EDGE(clk) THEN
       Q<=D;
       QB<=NOT D;
      END IF;
  END PROCESS;
END;
```

2. 带复位端的D触发器

为了使D触发器在上电时处于复位状态，可加上复位控制端。当复位控制端有效时，Q端为'0'。带复位端的D触发器逻辑符号如图4-13所示。

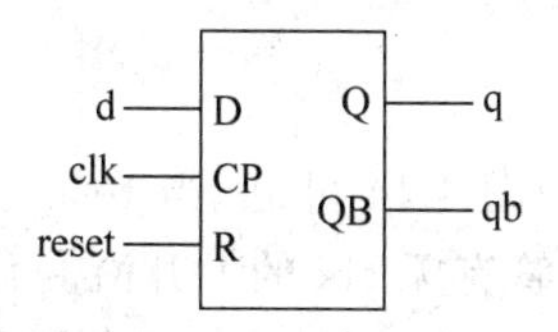

图4-13 带复位端的D触发器逻辑符号

1）带异步复位端的D触发器

带异步复位端的D触发器真值表如表4-6所示。

表4-6 带异步复位端的D触发器真值表

reset	D	clk	Q	$\overline{Q}$(QB)
0	×	×	0	1
1	×	0	保持	保持
1	×	1	保持	保持
1	0	上升沿	0	1
1	1	上升沿	1	0

异步复位 D 触发器的 VHDL 描述方法如下所示：

```
LIBRARY IEEE;
USE IEEE.STD_LOGIC_1164.ALL;
ENTITY dff_1 IS
  PORT(D,clk,reset: IN STD_LOGIC;
       Q,QB: OUT STD_LOGIC);
END;
ARCHITECTURE behave OF dff_1 IS
  BEGIN
   PROCESS (reset,clk,D)
    BEGIN
     IF reset='0' THEN
       Q<='0';
       QB<='1';
       ELSIF clk'EVENT AND clk='1' THEN
         Q<=D;
         QB<=NOT D;
     END IF;
  END PROCESS;
END;
```

异步复位 D 触发器的功能仿真波形如图 4-14 所示。

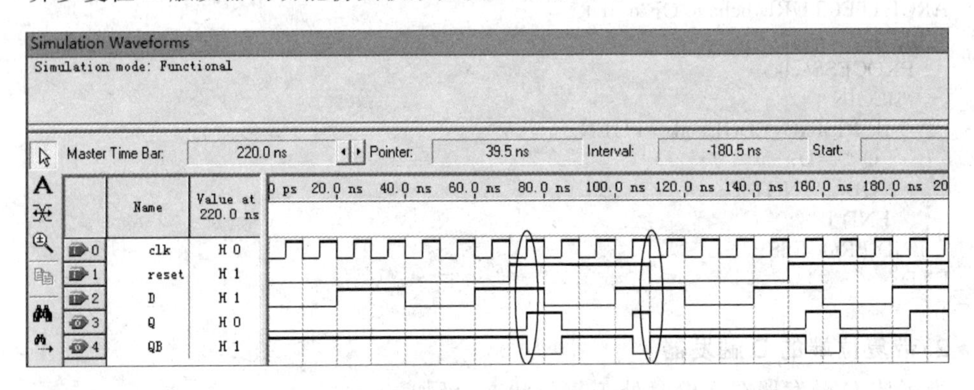

图 4-14　异步复位 D 触发器的功能仿真波形

由图 4-14 可见，当 reset=1，clk 的上升沿到来时，D 的数据才被送到 Q；reset=0 时，不管有无 clk 的上升沿变化，Q 立即变为 0，并在 reset=0 期间始终为 0。reset 称为异步复位端，又常称为强制清零端。

2) 带同步复位端的 D 触发器

带同步复位端的 D 触发器真值表如表 4-7 所示。

表 4-7　带同步复位端的 D 触发器真值表

clk	reset	D	Q	$\overline{Q}$(QB)
0	×	×	保持	保持
1	×	×	保持	保持
上升沿	0	×	0	1
上升沿	1	0	0	1
上升沿	1	1	1	0

同步复位D触发器的VHDL描述方法如下所示：

```
LIBRARY IEEE;
USE IEEE.STD_LOGIC_1164.ALL;
ENTITY dff_2 IS
  PORT(D,clk,reset: IN STD_LOGIC;
       Q,QB: OUT STD_LOGIC);
END;
ARCHITECTURE behave OF dff_2 IS
  BEGIN
   PROCESS (reset,clk)
    BEGIN
     IF clk'EVENT AND clk='1' THEN
       IF reset='0' THEN
         Q<='0';
         QB<='1';
       ELSE
         Q<=D;
         QB<=NOT D;
       END IF;
     END IF;
  END PROCESS;
END;
```

同步复位D触发器的功能仿真波形如图4-15所示。

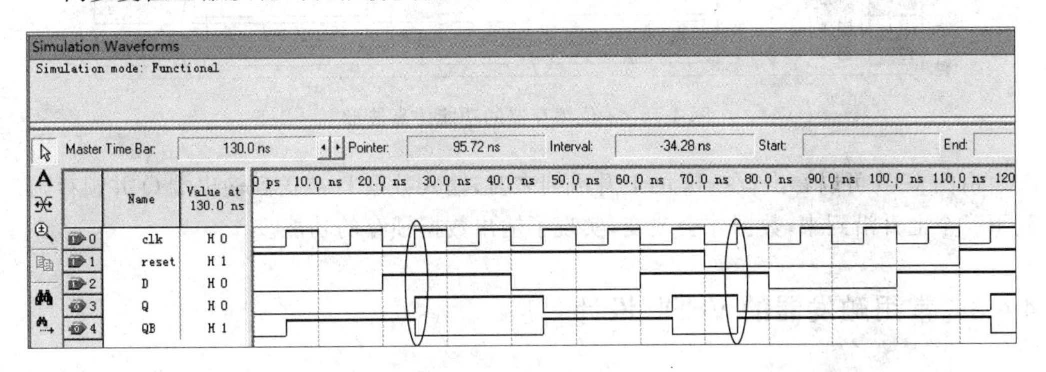

图4-15　同步复位D触发器的功能仿真波形

由图4-15可以看出，当reset=1，clk的上升沿来到时，D数据被送到Q端。当reset=0，clk的上升沿到来时，Q才被清零。

通过以上的描述可以看到，带同步复位和异步复位端的D触发器的VHDL设计的主要差别在于时钟边沿和复位端的检测顺序不同。

3. 锁存器的VHDL设计

锁存器的基本结构就是D触发器，因此只需要将D触发器VHDL设计中的数据类型由1位二进制改变为多位二进制序列，就构成了数据锁存器。

下面是4位数据锁存器的VHDL设计描述：

```
LIBRARY IEEE;
USE IEEE.STD_LOGIC_1164.ALL;
ENTITY latch_1 IS
          PORT(clk: IN STD_LOGIC;
               D:IN STD_LOGIC_VECTOR(3 DOWNTO 0);
               Q: OUT STD_LOGIC_VECTOR(3 DOWNTO 0));
END;
ARCHITECTURE behave OF latch_1 IS
BEGIN
          PROCESS (clk)
           BEGIN
            IF clk'EVENT AND clk='1' THEN
              Q<=D;
            END IF;
          END PROCESS;
END;
```

对本设计的 4 位锁存器进行功能仿真,其仿真波形如图 4-16 所示。

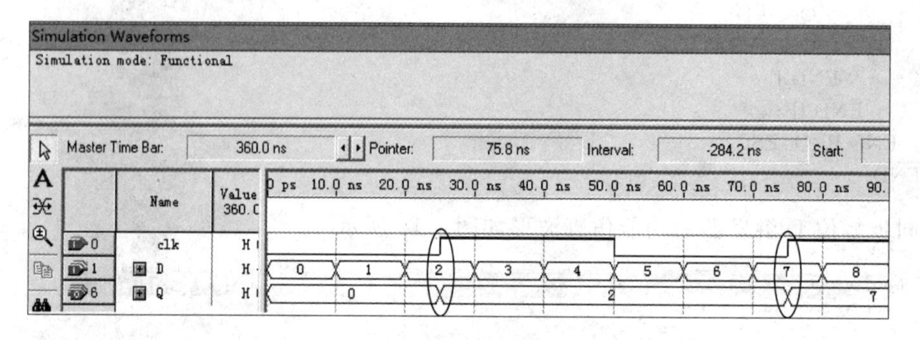

图 4-16　4 位锁存器的功能仿真波形

由图 4-16 可以看出,在 clk 的上升沿到来时,输入数据 D 被送到输出端 Q 并锁存,直到下一个上升沿到来,数据才会改变,实现了输出数据锁存的功能。

4.4.3　常用触发器的 VHDL 设计

1. JK 触发器的 VHDL 设计

下面以带异步复位/置位端的 JK 触发器为例,介绍 JK 触发器的 VHDL 设计方法。

带异步复位/置位端的 JK 触发器的逻辑电路如图 4-17 所示。

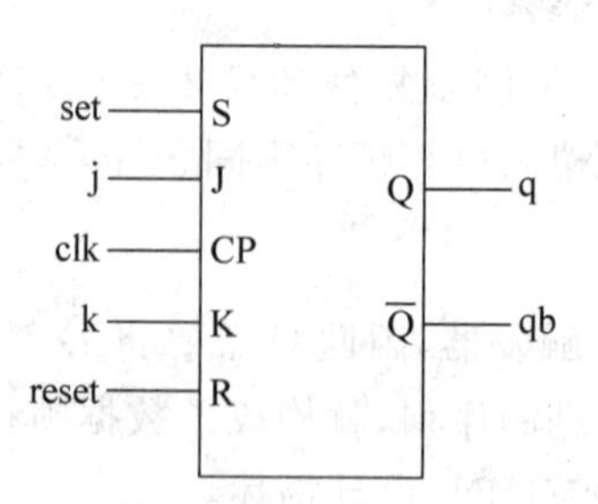

图 4-17　带异步复位/置位端的 JK 触发器逻辑电路

带异步复位/置位端的 JK 触发器的真值表如表 4-8 所示。

表 4-8　带异步复位/置位端的 JK 触发器的真值表

S	R	CP	J	K	Q	$\overline{Q}$(QB)
0	1	×	×	×	1	0
1	0	×	×	×	0	1
0	0	×	×	×	不使用	不使用
1	1	上升沿	0	0	保持	保持
1	1	上升沿	0	1	0	1
1	1	上升沿	1	0	1	0
1	1	上升沿	1	1	翻转	翻转
1	1	0	×	×	保持	保持

带异步复位/置位端的 JK 触发器的 VHDL 描述为：

```
LIBRARY IEEE;
USE IEEE.STD_LOGIC_1164.ALL;
ENTITY jkff_1 IS
     PORT(J,K,clk,set,reset: IN STD_LOGIC;
          Q,QB: BUFFER STD_LOGIC);
END;
ARCHITECTURE behave OF jkff_1 IS
BEGIN
  PROCESS(clk)
    BEGIN
      IF set='0' and reset='1' THEN
           Q<='1';
           QB<='0';
          ELSIF set='1' and reset='0' THEN
           Q<='0';
           QB<='1';
           ELSIF clk'EVENT AND clk='1' THEN
             IF J='0' and K='0' THEN
              Q<=Q;
             QB<=QB;
              ELSIF J='0' and K='1' THEN
               Q<='0';
               QB<='1';
              ELSIF J='1' and K='0' THEN
               Q<='1';
               QB<='0';
              ELSIF J='1' and K='1' THEN
               Q<=NOT Q;
               QB<=NOT QB;
             END IF;
          END IF;
    END PROCESS;
END;
```

带异步复位/置位端的 JK 触发器功能仿真波形如图 4-18 所示。

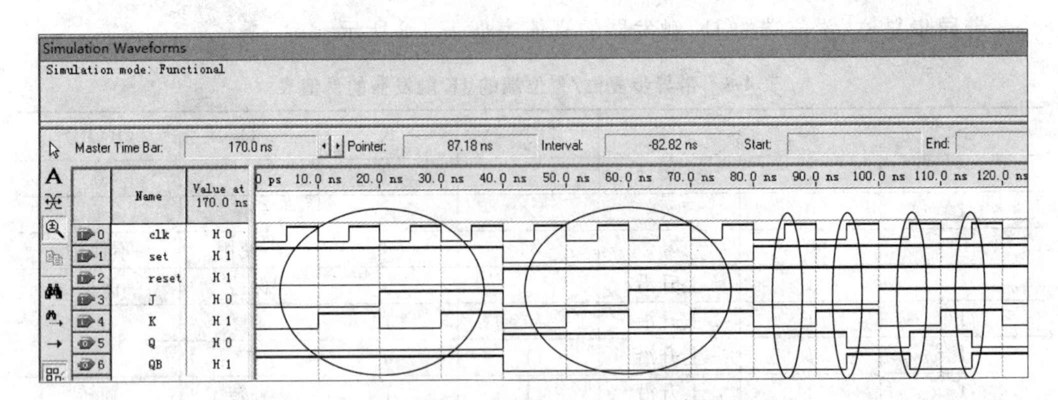

图 4-18　带异步复位/置位端的 JK 触发器功能仿真波形

由图 4-18 可以看出,当 set＝1,reset＝0 时,不管 clk 有无边沿变化,J 和 K 为任意值,输出 Q＝0,其反相信号 QB＝1,即异步置位。当 set＝0,reset＝1 时,不管 clk 有无边沿变化,J 和 K 为任意值,输出 Q＝1,其反相信号 QB＝0,即异步复位。当 set＝1,reset＝1,clk 上升沿到来时,若 J＝0 和 K＝0,Q 保持不变;若 J＝0 和 K＝1,则 Q＝0,QB＝1,即同步复位;若 J＝1 和 K＝0,则 Q＝1,QB＝0,即同步置位;若 J＝1 和 K＝1,则输出翻转。仿真波形完全实现了表 4-8 所描述的 JK 触发器的逻辑功能。

2. T 触发器的 VHDL 设计

T 触发器又称为翻转触发器。简单的 T 触发器的逻辑电路如图 4-19 所示。

T 触发器的真值表如表 4-9 所示。

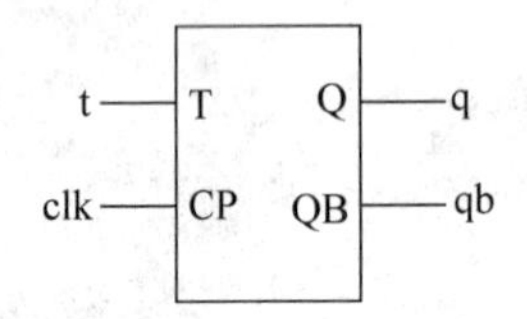

图 4-19　T 触发器的逻辑电路

表 4-9　T 触发器的真值表

T	clk	Q	$\overline{Q}$(QB)
0	×	保持	保持
1	上升沿	翻转	翻转

T 触发器的 VHDL 描述为

```
ENTITY tff_1 IS
      PORT(T,clk: IN BIT;
             Q,QB: BUFFER BIT);
END;
ARCHITECTURE behave OF tff_1 IS
BEGIN
   PROCESS(clk)
     BEGIN
       IF clk'EVENT AND clk='1' THEN
         IF T='1' THEN
             Q<=NOT Q;
             QB<=Q;
           ELSE
             Q<=Q;
```

```
            QB<=NOT Q;
        END IF;
      END IF;
    END PROCESS;
END;
```

T 触发器的功能仿真波形如图 4-20 所示。

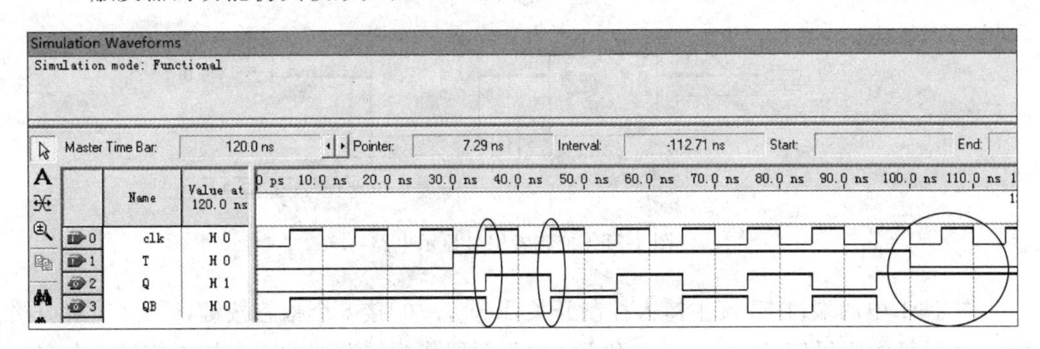

图 4-20　T 触发器的功能仿真波形

可见，T 触发器在 T=1 时，clk 的上升沿到来，状态翻转；而 T=0 时，无论 clk 的上升沿是否到来，都保持前一状态不变。

任务 4.5　简易 8 路抢答器的设计

任务描述与分析

简易 8 路抢答器的设计要求及工作过程为：主持人控制开关没有按下时，禁止抢答，数码管是灭灯状态；当主持人宣布抢答开始，并同时按下主持人控制开关时，可以开始抢答；有人抢答时，显示抢答者编号 1～8，并发出报警信号。有人已抢答后，其他抢答者再按按钮抢答无效，始终显示第一个抢答者的编号，直到主持人复位控制开关，数码管恢复灭灯状态。

本任务是在完成的抢答组号显示电路及首次抢答组号锁存器的基础上，完成简易 8 路抢答器的项目设计。

任务实施

4.5.1　抢答组号 1～8 的显示电路的 FPGA 设计

本任务完成显示的抢答组号为 1～8。

设计提示：组号 1～8 需要用 4 位二进制数表示，因此扩展 8 线—3 线优先编码器的编码输出为 4 位，将任务 3 的 prioritycoder83 模块的输出 A[2..0]扩展为 A[3..0]。设计中，将禁止编码和等待编码的输出设置为"1111"，将抢答按键的输入信号 I7～I0 对应的编码输出设置为"0001"～"1000"，即 1～8。扩展的 8 线—3 线优先编码器模块为 encoder_1，prioritycoder83 模块中的 GS 和 EO 输出信号作为后续锁存器的锁存信号。

抢答组号显示电路由抢答按键编码器 encoder_1 模块和 BCD 七段显示译码器 segment 模块构成，如图 4-21 所示。

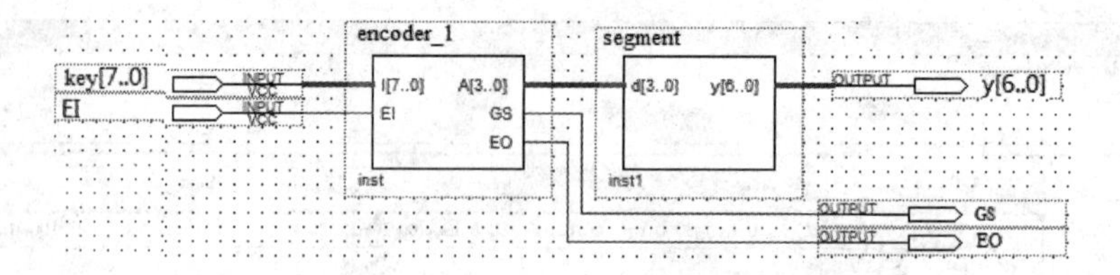

图 4-21 抢答者编号显示电路

图 4-21 中的端口 EI 接主持人控制开关，key[7..0]接 8 个抢答按键，y[6..0]对应接 LED 数码管的段码信号 a～g。GS 和 EO 用于暂留作为锁存器的锁存控制信号。在实际设计中，可以保留其中一个作为锁存控制信号。

4.5.2 简易 8 路抢答器的 FPGA 设计

简易 8 路抢答器由 8 线—3 线优先编码器、有效抢答组号锁存器模块和 BCD 七段显示译码器模块构成。

设计提示：在图 4-21 中，encoder_1 模块的 GS 和 EO 用于暂留作为锁存器的锁存控制信号。本任务只保留 GS 作为锁存器的锁存控制信号，设计描述为 encoder 模块。锁存器 latch_2 模块用于实现第一个抢答组号的锁存，并禁止后来的抢答信号。设计完成的简易 8 路抢答器电路如图 4-22 所示。

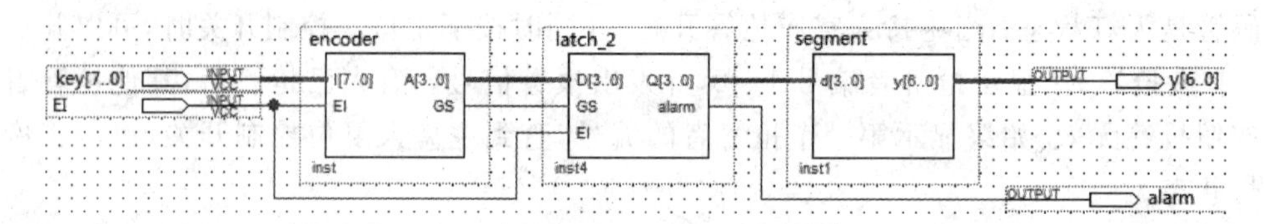

图 4-22 简易 8 路抢答器电路

1. 编码器 encoder 模块的 VHDL 设计

观察表 4-2 可以看出，编码器在禁止编码和等待编码状态时，GS 都为高电平；当有有效编码时，GS 才变为低电平；当有参赛者抢答，显示抢答组号后，按键抢答弹起，编码器进入等待编码状态。此时为防止后续抢答的信号，可以不必描述等待编码状态，编码器只要保持上一个状态。

编码器 encoder 模块的 VHDL 描述为

```
LIBRARY IEEE;
USE IEEE.STD_LOGIC_1164.ALL;
```

```
ENTITY encoder IS
        PORT ( I: IN STD_LOGIC_VECTOR(7 DOWNTO 0);
               EI:IN STD_LOGIC;
               A: OUT STD_LOGIC_VECTOR(3 DOWNTO 0);
               GS:OUT STD_LOGIC);
END encoder;
ARCHITECTURE dataflow OF encoder IS
BEGIN
        PROCESS(EI,I)
        BEGIN
            IF(EI='1')THEN
                A <= "1111";  GS <= '1';
            ELSIF I(7)='0' THEN
                A <= "0001";  GS <= '0';
            ELSIF I(6)='0' THEN
                A <= "0010";  GS <= '0';
            ELSIF I(5)='0' THEN
                A <= "0011";  GS <= '0';
            ELSIF I(4)='0' THEN
                A <= "0100";  GS <= '0';
            ELSIF I(3)='0' THEN
                A <= "0101";  GS <= '0';
            ELSIF I(2)='0' THEN
                A <= "0110";  GS <= '0';
            ELSIF I(1)='0' THEN
                A <= "0111";  GS <= '0';
            ELSIF I(0)='0' THEN
                A <= "1000";  GS <= '0';
            END IF;
        END PROCESS;
END dataflow;
```

2. 锁存器模块 latch_2 的 VHDL 设计

分析表 4-2 可以看出，当编码器有有效输入信号时，GS 由高变低，可以利用从等待编码到有效编码转变的下跳沿作为锁存控制时钟信号。alarm 作为抢答报警信号，有有效抢答信号时，输出报警信号。

锁存器模块 latch_2 的 VHDL 描述为

```
LIBRARY IEEE;
USE IEEE.STD_LOGIC_1164.ALL;
ENTITY latch_2 IS
    PORT( D: IN STD_LOGIC_VECTOR(3 DOWNTO 0);
          clk,EI: IN STD_LOGIC;
          Q: OUT STD_LOGIC_VECTOR(3 DOWNTO 0);
          alarm:OUT STD_LOGIC);
END;
ARCHITECTURE behave OF latch_2 IS
BEGIN
            PROCESS(clk,EI)
             BEGIN
              IF (EI='1') THEN
```

```
                Q<="1111"; alarm<='0';
                ELSIF clk'EVENT AND clk='0' THEN
                  Q<=D; alarm<='1';
                END IF;
          END PROCESS;
END;
```

对图 4-22 所示电路进行功能仿真,仿真波形如图 4-23 所示。

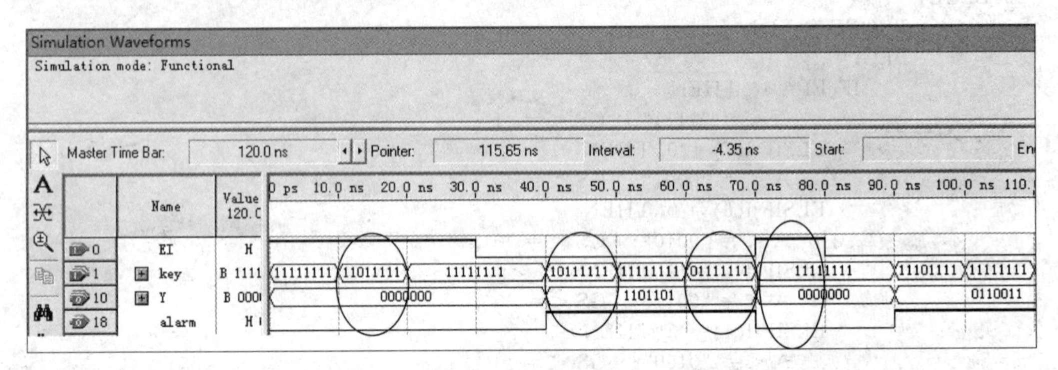

图 4-23　简易 8 路抢答器功能仿真波形

由图 4-23 可以看出,在禁止编码时,抢答无效,输出到数码管上的段码为全 0;等待编码时,无人抢答,段码为全 0。2 号参赛者第一个抢答,输出段码为"1101101",即数码管显示组号"2",同时抢答报警信号 alarm 输出高电平;1 号参赛者在 2 号参赛者抢答后按下抢答按键,输出段码保持"1101101",即首个参赛者抢答组号被锁存,并禁止后面的抢答信号;直到一轮抢答结束,主持人将 EI 置为高电平,进入禁止抢答状态,段码复位为全 0,清除抢答报警信号 alarm。

上述设计中,将 GS 从禁止编码(GS=1)到首次抢答编码(GS=0)的下降沿信号作为锁存控制信号,省略对首次抢答到再次抢答中间的等待编码状态(GS=1)的描述,确保在一个有效的抢答周期内,锁存控制信号在首次抢答产生下降沿后,不再产生边沿跳变,直到主持人开关清除。

如果保留任务 4-1 中对表 4-2 所示优先编码器等待编码状态的描述,为了确保在一个有效的抢答周期内只产生一个边沿信号作为锁存控制信号,可以考虑用编码输出信号 Q 和 GS 的组合逻辑来实现。

经分析,优先编码器在禁止编码和初始等待编码状态下的输出为 Q="1111"和 GS='1',即 Q 和 GS 为全 1;当有抢答按键按下时,Q 的输出为 0001~1000,同时 GS 变为 0,即 Q 和 GS 非全 1。可以考虑用从禁止编码和等待编码状态下的 Q 和 GS 为全 1,到首次抢答键按下的有效编码状态时 Q 和 GS 变为非全 1 的下降沿信号,作为锁存控制信号。

用编码输出信号 Q 和 GS 的组合逻辑来实现的锁存器模块 latch_3 的 VHDL 描述为

```
LIBRARY IEEE;
USE IEEE.STD_LOGIC_1164.ALL;
ENTITY latch_3 IS
    PORT( D: IN STD_LOGIC_VECTOR(3 DOWNTO 0);
            GS,EI: IN STD_LOGIC;
```

```
        Q: BUFFER STD_LOGIC_VECTOR(3 DOWNTO 0);
        alarm:OUT STD_LOGIC);
END;
ARCHITECTURE behave OF latch_3 IS
SIGNAL tmp:STD_LOGIC;      --锁存控制信号
BEGIN
    PROCESS(EI, tmp, GS, Q)
      BEGIN
        tmp<=Q(3) AND Q(2) AND Q(1) AND Q(0) AND GS;
        IF EI='1' THEN
          Q<="1111"; alarm<='0';
        ELSIF tmp'EVENT AND tmp='0' THEN
          Q<=D; alarm<='1';
        END IF;
      END PROCESS;
END;
```

上述描述中,用表达式“tmp<=Q(3) AND Q(2) AND Q(1) AND Q(0) AND GS”判断 tmp 信号的下跳沿,作为锁存控制信号。在首次抢答到再次抢答中间的等待编码状态,锁存器的输出信号 Q 因没有 tmp 信号的下跳沿而保持输出为首次抢答的组号编码,实现了首次编码数据的锁存。

4.5.3　简易8路抢答器的硬件设计与实现

简易8路抢答器的硬件电路如图4-24所示。

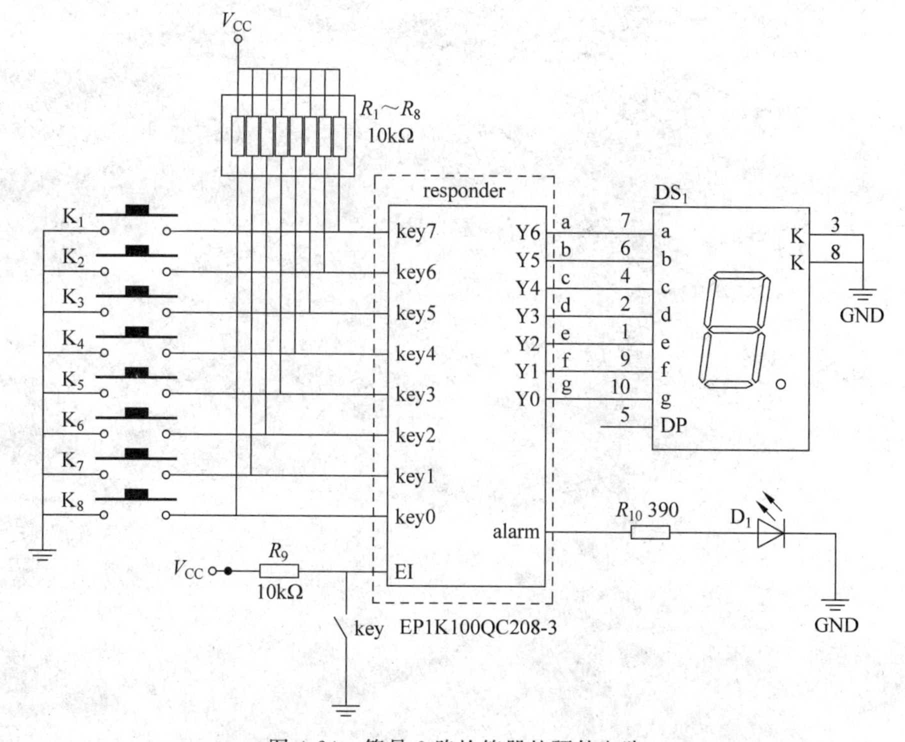

图4-24　简易8路抢答器的硬件电路

将图 4-22 中所示的输入/输出端口配置到 FPGA 芯片 EX1K100QC208-3 对应的引脚上,再将编程配置文件下载到芯片中,然后按照图 4-24 连线,进行硬件验证:

① 主持人开关 key 断开时,按动抢答键 $K_1 \sim K_8$,数码管无显示。

② 主持人开关 key 闭合时,不按动 $K_1 \sim K_8$,数码管仍无显示;按动 $K_1 \sim K_8$ 中的任一按键,数码管显示相应的组号,抢答报警灯点亮;再次按动其他按键,数码管显示组号不变。

③ 抢答结束,主持人开关 key 断开,数码管恢复无显示状态,抢答报警灯灭。

经硬件验证,达到设计要求。

实践训练

在完成本项目学习,掌握项目知识的基础上,完成下列实践训练项目:

(1) 设计一个键盘字符显示电路,要求按下不同的按键,在数码管上依次显示"UFO-CLOSE-OPEH"等字符。

(2) 设计一个简易 10 路抢答器。要求:能显示抢答组号 0~9;首个参赛组抢答后,显示相应组号,其他参赛组再次抢答键时无效。

Project 5

项目5

计时器电路设计

知识目标与能力目标

本项目以计时器为载体，学习计时器电路中数字部件计数器、分频器、动态扫描显示电路等的VHDL设计描述方法，并在此基础上，以VHDL的结构描述方式设计实现计数器电路。

通过学习，熟悉计数器、分频器、动态扫描显示电路等的VHDL设计描述方法，熟悉块语句和元件例化语句的基本使用方法，掌握用VHDL的结构描述方式实现复杂数字电路的基本技能。

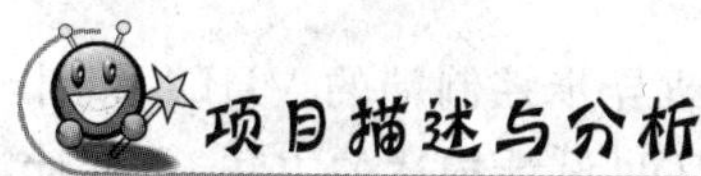

项目描述与分析

计时器是测量时间的常用装置。计时器有加、减计时两种形式。本项目计时器的设计要求如下：

① 用6～8位数码管显示计时器的小时、分钟和秒数值。

② 计时显示范围为24小时，最大显示为23点59分59秒。

③ 具有异步清零功能。

计时器的原理框图如图5-1所示。

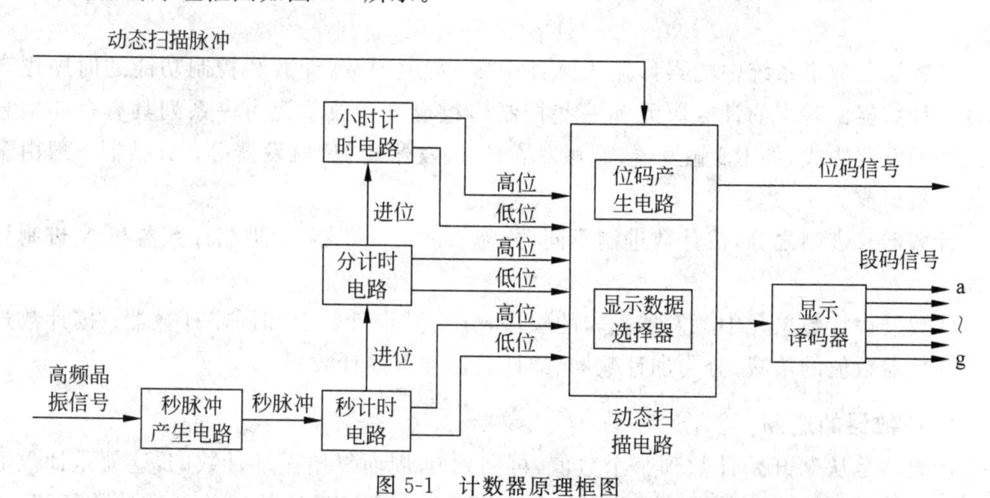

图5-1　计数器原理框图

项目中的秒脉冲可由CPLD/FPGA的外围高频晶振经分频器分频得到；秒计时和分计时电路由六十进制计数器构成，小时计时电路由二十四或十二进制计数器构成。时间采用动态显示,由位码产生电路和显示数据选择器构成动态扫描显示电路。位码产生电路生成 LED 数码管的位选信号,显示数据选择器根据位码信号选择显示的对应位数据输出,格式为 BCD 码。显示译码器采用 BCD 七段译码器,将计数器产生的 BCD 码变化为数码管的七段字形码 a~g。位码信号和段码信号连接到 CPLD/FPGA 外围的 LED 数码管,实现计时器时间的动态显示。

任务 5.1 计数器的 VHDL 设计

任务描述与分析

计时器是对标准秒脉冲进行计数,因此,计时器的基本单元是计数器,包括秒计数器、分钟计数器和小时计数器。秒和分钟计数器都是六十进制的,小时计数器可以是二十四进制或十二进制的。

本任务在学习二进制、十进制加、减计数器的 VHDL 设计描述基础上,完成计时器的时、分、秒计数器的设计任务。

通过学习,理解计数器中同步和异步的概念,熟悉同步或异步控制端的 VHDL 设计描述方法,掌握任意进制加、减计数器及可逆计数器的 VHDL 设计描述的方法,掌握计时器的时、分、秒的设计方法。

相关知识

5.1.1 计数器设计相关概念

计数器是数字系统中能累计输入脉冲个数,实现测量、计数和控制功能的时序逻辑部件。计数器由基本的计数单元和一些控制门组成。计数单元由一系列具有存储信息功能的触发器构成,如 RS 触发器、T 触发器、D 触发器及 JK 触发器等。计数器一般由多个触发器组成。

计数器有进制之分,按计数进制不同,分为二进制计数器、十进制计数器和 N 进制计数器。

计数器按计数单元中触发器翻转的顺序,分为异步计数器和同步计数器;按计数过程中计数器数值的增减,分为加计数器、减计数器和可逆计数器。

1. 计数器的进制

计数器是从 0 开始计数到某个数值,再回到 0,周而复始循环计数的,这就是计数器的进制。判断一个计数器是几进制的,最直观的方法就是看计数器的最大计数值,到了最大计数值后,计数器的下一状态将回到零。最大计数的下一状态就是其进制数。如最大计数到 9 就是十进制,最大计数到 15 就是十六进制。

2. 同步计数器与异步计数器

同步计数器是指构成计数器的多个触发器的触发信号是同一个信号。也就是说，同步计数器中每一级的触发器都是由同一个计数脉冲 clk 信号触发动作的。只有当输入计数脉冲的下降沿（或上升沿）来临时，计数器才开始处理；在 clk 的其他时间，无论高、低电平，计数器都不会动作。

异步计数器是指构成计数器的多个触发器的触发信号不是同一个信号。一般来说，异步计数器的第一级触发器由主时钟触发，前一个触发器的输出信号作为后一个触发器的时钟信号。

对于同步计数器，由于时钟脉冲同时作用于各个触发器，克服了异步触发器的逐级延迟问题，因此工作速度高，各级触发器输出延迟相差小，译码时能避免出现尖峰；但是如果同步计数器级数增加，会使计数脉冲的负载加重。

对于异步计数器，由于触发信号是逐级传送的，计数器的速度受触发器传输延迟时间和触发器个数的影响，使其速度大大降低。但是异步计数器的电路结构比同步计数器简单。

3. 同步控制端与异步控制端

计数器常含有复位、置数、计数使能等功能控制端，这些控制端的控制方法也有同步和异步之分。

同步控制端是指该控制端受时钟信号 clk 的控制，只有在时钟的上升沿或下跳沿到来时才有效；否则，无法实现对计数器的控制作用。异步控制端是指该控制端不受时钟信号 clk 的控制，无论时钟边沿是否到来，只要该控制端有效，就可实现对系统的控制作用。

复位和置数控制端根据需要，可以设计为同步或异步方式；而计数使能端一般与计数脉冲 clk 同步，多为同步方式。

1）异步控制端的 VHDL 描述

以异步复位控制端为例，要求设计一个异步复位的控制端 reset，当 reset 为高电平时，输出信号 Q 清零复位。该控制端的 VHDL 设计描述为

```
IF reset='1' THEN
  Q<="0000";
ELSIF(clk 'EVENT AND clk='1') THEN
...
```

2）同步控制端的 VHDL 描述

以同步置数控制端为例，要求设计一个同步置数的控制端 load，当 load 为高电平时，输出信号 Q 置 9。该控制端的 VHDL 设计描述为

```
IF(clk 'EVENT AND clk='1') THEN
  IF load='1' THEN
     Q<="1001";
  ELSE
...
```

可见,在 VHDL 设计描述异步或同步控制端时,异步控制端的判断先于时钟信号 clk 边沿的判断,即不管有无 clk 的边沿信号,异步控制端只要有效,就可以实现控制功能;而同步控制端的判断是在 clk 边沿的判断之后,即有了 clk 的边沿信号,同步控制端才能起作用。

任务实施

5.1.2 加计数器的 VHDL 设计

计数器在时序电路中以时钟信号作为驱动信号,也就是说,计数器的计数值在时钟信号的边沿到来时才发生改变。

1. 二进制加计数器的 VHDL 设计

二进制计数器的电路逻辑符号如图 5-2 所示。

在图 5-2 中,clk 为计数脉冲输入端,R 为复位端,S 为置位端,EN 为计数使能端,Q[3..0]为计数值输出端,Co 为进位输出端。

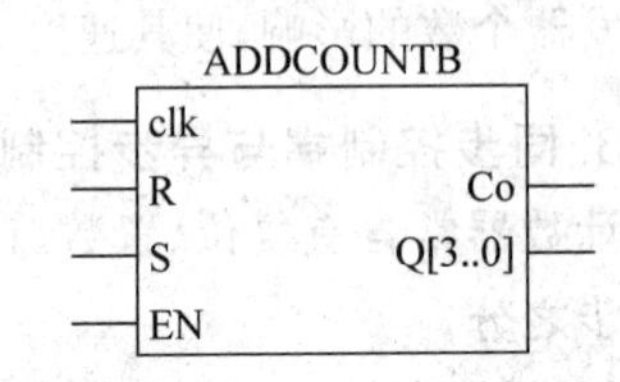

图 5-2 二进制计数器的电路逻辑符号

以异步复位/同步置数的二进制计数器为例,其真值表如表 5-1 所示。

表 5-1 异步复位/同步置数的二进制计数器真值表

R	S	EN	clk	Q
1	×	×	×	0
0	1	×	上升沿	预置数
0	0	1	上升沿	计数
0	0	0	上升沿	保持

异步复位/同步置数的 4 位二进制加计数器的 VHDL 设计如下所示,其中的 Co 为进位信号。

```
LIBRARY IEEE;
USE IEEE.STD_LOGIC_1164.ALL;
USE IEEE.STD_LOGIC_UNSIGNED.ALL;
ENTITY addcountB IS
  PORT(CLK,R,S,EN :IN STD_LOGIC;
       Co:OUT STD_LOGIC;
       Q:BUFFER STD_LOGIC_VECTOR(3 DOWNTO 0));
END addcountB;
ARCHITECTURE one OF addcountB IS
 BEGIN
  PROCESS(CLK,R,S,EN)
   BEGIN
    IF R='1' THEN
       Q<="0000";
```

```
        ELSIF(clk 'EVENT AND clk='1') THEN
         IF(S='1') THEN
           Q<="1001";                        --同步置数 9
           ELSIF EN='1' THEN
             IF Q="1111" THEN
              Q<="0000";
              Co<='1';
             ELSE
              Q<=Q+1;
              Co<='0';
             END IF;
          ELSE
            Q<=Q;
         END IF;
       END IF;
   END PROCESS;
  END one;
```

对 4 位二进制加计数器进行功能仿真，波形如图 5-3 所示。

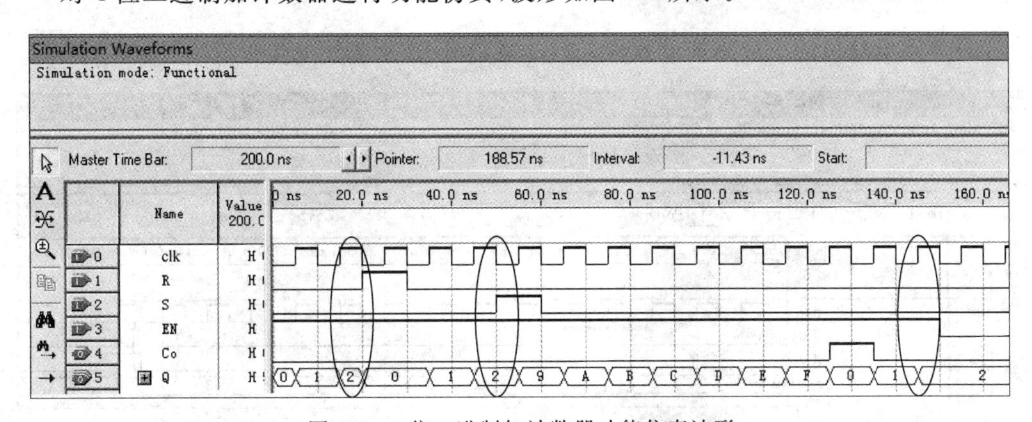

图 5-3　4 位二进制加计数器功能仿真波形

由图 5-3 可以看出，R 为异步复位端，高电平时，不管 clk 的上升沿是否来到，都清零；S 为同步置数端，高电平，并且 clk 的上升沿来到时才有效；EN 为计数允许端，高电平允许计数，低电平停止；Q 为 4 位的二进制和；Co 为进位信号，当 Q=1111 时，clk 上升沿来到，Co=1，同时 Q 清零，实现了 4 位二进制加计数器的功能。

2. 十进制加计数器的 VHDL 设计

带异步复位的十进制加计数器的图形符号如图 5-4 所示。

ADDCNT10
clk　Co
RESET　Q[3..0]

图 5-4　带异步复位的十进制加计数器的图形符号

在图 5-4 中，clk 为计数脉冲输入端，RESET 为异步复位端，Q[3..0]为计数值输出端，Co 为进位输出端。

带异步复位的十进制加计数器的 VHDL 描述如下：

```
LIBRARY IEEE;
USE IEEE.STD_LOGIC_1164.ALL;
USE IEEE.STD_LOGIC_UNSIGNED.ALL;
```

```
ENTITY addcnt10 IS
  PORT(clk, reset:IN STD_LOGIC;
       Co:OUT STD_LOGIC;
       Q:BUFFER STD_LOGIC_VECTOR(3 DOWNTO 0));
END addcnt10;
ARCHITECTURE behave OF addcnt10 IS
 BEGIN
  PROCESS(clk, reset)
   BEGIN
    IF reset='1' THEN
      Q<="0000";Co<='0';
     ELSIF(clk'EVENT AND clk='1')THEN
      IF(Q=9)THEN
          Q<="0000";Co <='1';
        ELSE Q<=Q+1;co<='0';
      END IF;
     END IF;
   END PROCESS;
END behave;
```

对带异步复位的十进制加计数器进行功能仿真,波形如图 5-5 所示。

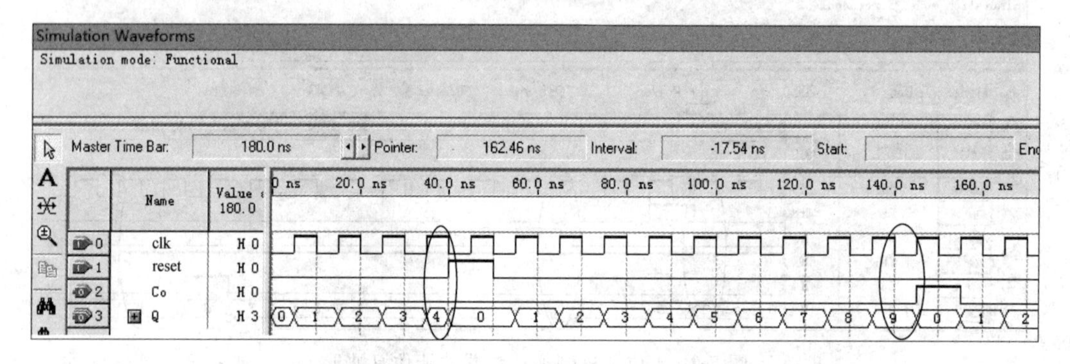

图 5-5　带异步复位的十进制加计数器功能仿真波形

由图 5-5 可以看出,reset 为异步复位端,高电平有效; Q 为十进制和输出端; Co 为进位信号。当 Q=9 时,CLK 上升沿来到,Co=1,同时 Q 清零,实现了十进制加计数器的功能。

3. 任意进制加计数器的 VHDL 设计

以异步复位的二十四进制加计数器为例,图形符号如图 5-6 所示。图中,qh、ql 分别为高位和低位的计数值输出端。

ADDCNT24
clk　Co
reset　qh[3..0]
ql[3..0]

图 5-6　带异步复位的 24 进制加计数器的图形符号

异步复位的二十四进制加计数器的 VHDL 描述如下:

```
LIBRARY IEEE;
USE IEEE.STD_LOGIC_1164.ALL;
USE IEEE.STD_LOGIC_UNSIGNED.ALL;
ENTITY addcnt24 IS
  PORT(clk, reset:IN STD_LOGIC;
```

```
        co:OUT STD_LOGIC;
          qh,ql:BUFFER STD_LOGIC_VECTOR(3 DOWNTO 0));
END addcnt24;
ARCHITECTURE behave OF addcnt24 IS
 BEGIN
  PROCESS(clk,reset)
    BEGIN
     IF reset='1' THEN
        ql<="0000";qh<="0000"; co<='0';
       ELSIF(clk'EVENT AND clk='1')THEN
         IF(qh=2 and ql=3)THEN
           ql<="0000";qh<="0000";co<='1';
           ELSIF(ql=9)THEN
            ql<="0000"; qh<=qh+1;
           ELSE ql<=ql+1;co<='0';
          END IF;
     END IF;
   END PROCESS;
END behave;
```

上述源程序中,语句

```
"IF(qh=2 and ql=3)THEN
  ql<="0000";qh<="0000";co<='1';"
```

为计数器的进制判断条件,表示计数值为0～23,即二十四进制。改变语句“IF(qh=2 and ql=3)”中qh和ql的值,可实现任意进制的加计数器。

带异步复位的二十四进制加计数器的功能仿真波形如图5-7所示。

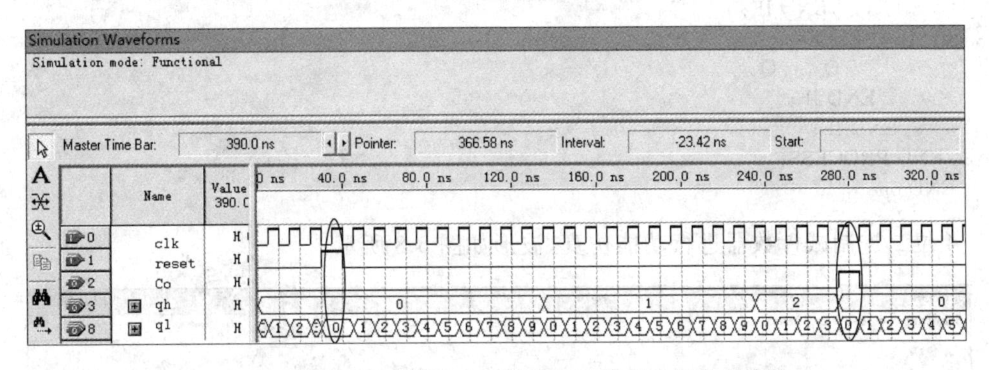

图5-7 带异步复位的二十四进制加计数器功能仿真波形

由图5-7可以看出,reset为异步复位端,高电平有效；当计数值由0计到23时,clk的又一个上升沿来到,则输出进位Co=1,同时计数值清零,实现了二十四进制加计数器的功能。

5.1.3 减计数器的VHDL设计

1. 二进制减计数器的VHDL设计

对于异步复位/同步置数的4位二进制减计数器,clk为计数脉冲,EN为计数使能端

(高电平计数,低电平停止计数),R 为异步清零端(高电平清零),S 为同步置数端(高电平置数)。本任务以置 5 为例,Co 为借位信号,其 VHDL 设计如下所示:

```
LIBRARY IEEE;
  USE IEEE.STD_LOGIC_1164.ALL;
  USE IEEE.STD_LOGIC_UNSIGNED.ALL;
ENTITY subcount2 IS
  PORT(R,S,clk,EN:IN STD_LOGIC;
        Co:OUT STD_LOGIC;
        Q:BUFFER STD_LOGIC_VECTOR(3 DOWNTO 0));
END subcount2;
ARCHITECTURE one of subcount2 IS
 BEGIN
  PROCESS(clk,R,S,EN)
   BEGIN
    IF R='1' THEN
      Q<="0000";                    --R='1'时,清零
      ELSIF(clk'EVENT AND clk='1') THEN
       IF(S='1') THEN
         Q<="0101";                 --S='1'时,置数"5"
         ELSIF EN='1' THEN
           IF Q="0000" THEN
            Q<="1111";
            Co<='1';
           ELSE
            Q<=Q-1;
            Co<='0';
           END IF;
       ELSE
         Q<=Q;
      END IF;
    END IF;
 END PROCESS;
END one;
```

4 位二进制减计数器进行功能仿真,波形如图 5-8 所示。

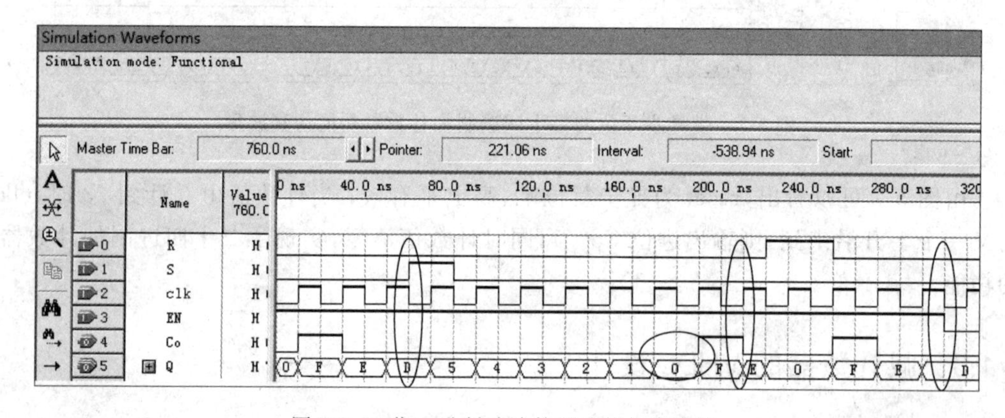

图 5-8　4 位二进制减计数器功能仿真波形

由图5-8可以看出，S为同步置数端，高电平，并且clk的上升沿到，置数“5”；R为异步复位端，高电平时，无论clk有无上升沿，都清零；EN为计数允许端，高电平允许计数，低电平停止计数；Co为借位信号，当Q=0000时，clk上升沿来到，Co=1，同时Q=1111，实现了4位二进制减计数器的功能。

2. 十进制减计数器的VHDL设计

带同步置数的十进制减计数器的VHDL描绘如下：

```
LIBRARY IEEE;
 USE IEEE.STD_LOGIC_1164.ALL;
 USE IEEE.STD_LOGIC_UNSIGNED.ALL;
ENTITY subcnt10 IS
  PORT(clk,load:IN STD_LOGIC;
        D:IN STD_LOGIC_VECTOR(3 DOWNTO 0);
        Co:OUT STD_LOGIC;
        Q: BUFFER STD_LOGIC_VECTOR(3 DOWNTO 0));
END subcnt10;
ARCHITECTURE behave OF subcnt10 IS
 BEGIN
   PROCESS(clk)
    BEGIN
      IF(clk'EVENT AND clk='1')THEN
        IF load='1' THEN
          Q<=D;
         ELSIF Q="0000" THEN
           Q<="1001";Co<='1';
          ELSE Q<=Q-1; Co<='0';
         END IF;
      END IF;
    END PROCESS;
END behave;
```

带同步置数的十进制减计数器的功能仿真波形如图5-9所示。

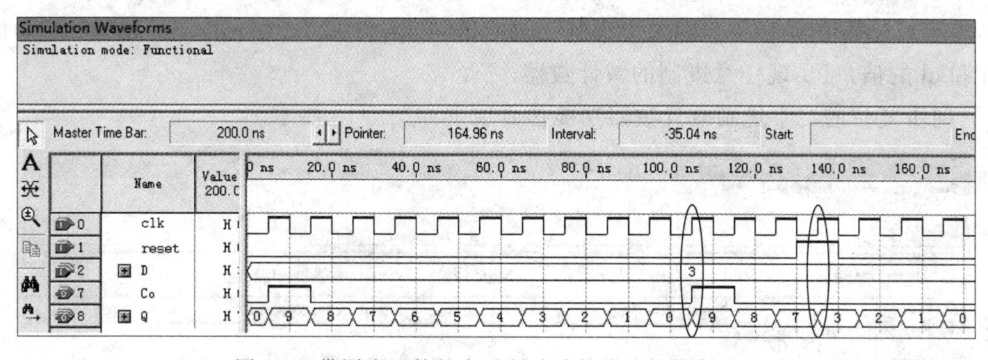

图5-9 带同步置数的十进制减计数器功能仿真波形

由图5-9可见，当减计数到0，clk的上升沿来到时，计数输出Q置9，并产生借位信号(Co='1')；同步置数端load=1时，只有在clk的上升沿来到时，数据D(图5-9中设置为3)才预置到Q端。

3. 任意进制减计数器的 VHDL 设计

下面是同步复位的二十进制减计数器的 VHDL 描述：

```
LIBRARY IEEE;
  USE IEEE.STD_LOGIC_1164.ALL;
  USE IEEE.STD_LOGIC_UNSIGNED.ALL;
ENTITY subcnt20 IS
  PORT(clk, reset: IN STD_LOGIC;
        co: OUT STD_LOGIC;
        qh, ql: BUFFER STD_LOGIC_VECTOR(3 DOWNTO 0));
END subcnt20;
ARCHITECTURE behave OF subcnt20 IS
 BEGIN
  PROCESS(clk)
   BEGIN
     IF(clk'EVENT AND clk='1')THEN
       IF reset='1' THEN
         qh<="0000"; ql<="0000";
         ELSIF qh="0000" AND ql="0000"   THEN
           qh<="0001";ql<="1001";co<='1';
          ELSIF(ql="0000")THEN
            ql<="1001";qh<=qh-1;
           ELSE ql<=ql-1; co<='0';
        END IF;
      END IF;
   END PROCESS;
END behave;
```

上述源程序中，语句

“ELSIF qh="0000" and ql="0000" then
qh<="0001";ql<="1001";co<='1';　”

为减计数器的判断条件。当减计数值减到 0 时，将进制数的高位和低位分别送给 qh 和 ql，表示减计数值为 19～0，即二十进制。改变语句“qh<="0001";ql<="1001";”中的 qh 和 ql 的值，可实现任意进制的减计数器。

同步复位的二十进制减计数器功能仿真波形如图 5-10 所示。

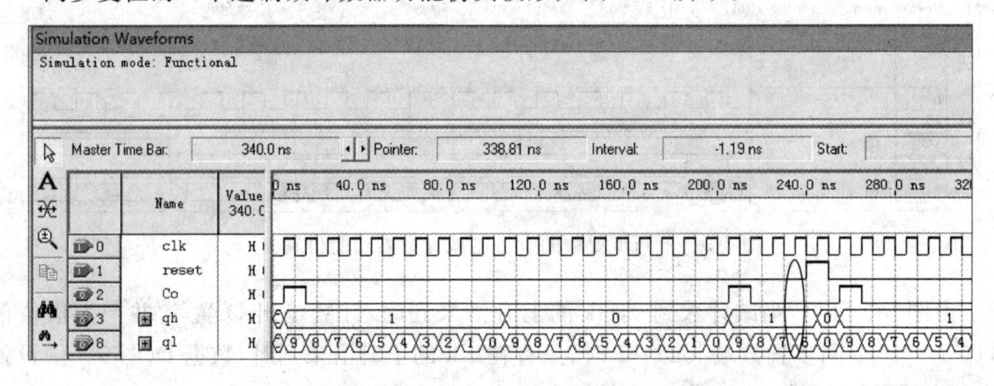

图 5-10　同步复位的二十进制减计数器功能仿真波形

由图 5-10 可见，同步复位信号 reset 为高电平时，只有 clk 的上升沿来到，才清零。

5.1.4　可逆计数器的 VHDL 设计

图 5-11 所示为可预置进制数的可逆计数器的图形符号。

在图 5-11 中，EN 为加、减计数选择端。EN 为高电平时，加计数；为低电平时，减计数。dh、dl 为预置数，与进制数的关系是“进制数－1”。

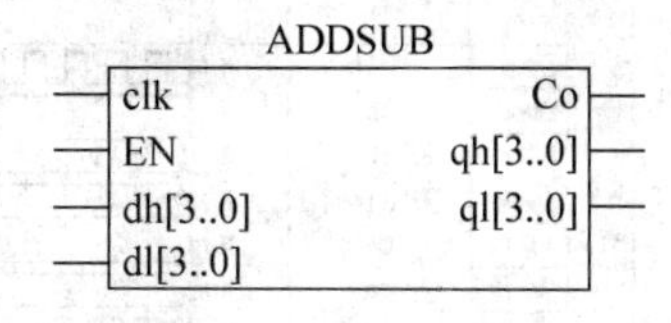

图 5-11　可逆计数器的图形符号

可预置进制数可逆计数器的 VHDL 设计源程序如下所示：

```
LIBRARY IEEE;
USE IEEE.STD_LOGIC_1164.ALL;
USE IEEE.STD_LOGIC_UNSIGNED.ALL;
ENTITY   addsub   IS
     PORT(clk,EN:IN STD_LOGIC;
          dh,dl:IN STD_LOGIC_VECTOR(3 DOWNTO 0);
          Co:OUT STD_LOGIC;
          qh,ql:BUFFER STD_LOGIC_VECTOR(3 DOWNTO 0));
END addsub;
ARCHITECTURE one OF addsub   IS
  BEGIN
    PROCESS(clk,EN)
      BEGIN
        IF(clk'EVENT AND clk='1') THEN
          IF(EN='1') THEN
            IF(qh=DH and ql=dl) THEN
                qh<="0000";ql<="0000";Co<='1';
              ELSIF QL=9 then
                qh<=qh+1;ql<="0000";
                ELSE ql<=ql+1; Co<='0';
            END IF;
          ELSIF(qh=0 and ql=0) THEN
             qh<=dh;ql<=dl; Co<='1';
            ELSIF QL=0 THEN
              qh<=qh-1; ql<="1001";
              ELSE ql<=ql-1; Co<='0';
        END IF;
      END IF;
     END PROCESS;
END one;
```

可预置进制数的可逆计数器的功能仿真波形如图 5-12 所示。

在图 5-12 中，预置数为 12。EN='1'时，加计数，加到 12 时，计数值清零并产生进位信号；EN='0'时，clk 上升沿来到，开始减计数，减到 0 时，计数值重置 12 并产生借位信号。本设计可以通过改变预置数来实现任意进制可逆计数器。

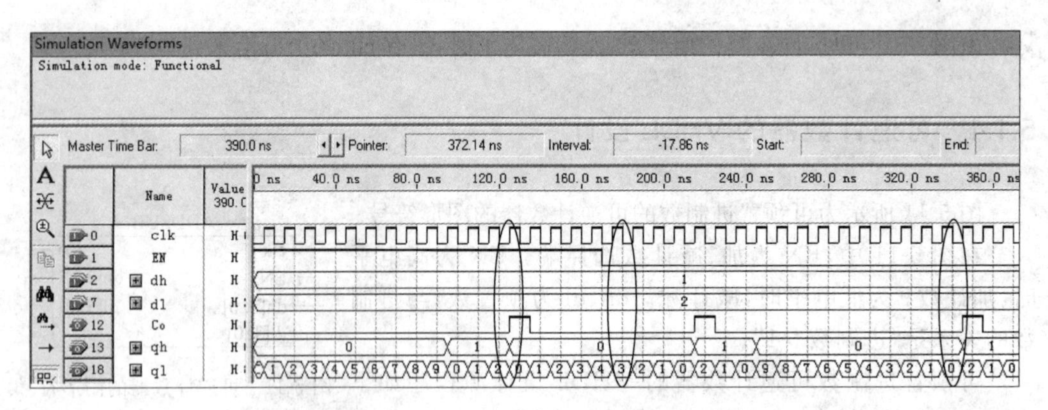

图 5-12 可预置进制数的可逆计数器功能仿真波形

5.1.5 计时器中计数器的 VHDL 设计

计时器的基本单元是计数器,包括秒计数器、分钟计数器和小时计数器。

1. 秒和分钟计数器的 VHDL 设计

根据时间的计时单位,60 秒为 1 分钟,60 分钟为 1 小时,计数范围为 0~59。因此,秒和分钟计数器都是六十进制的。

带有异步清零端的六十进制计数器的 VHDL 设计描述为

```
LIBRARY IEEE;
USE IEEE.STD_LOGIC_1164.ALL;
USE IEEE.STD_LOGIC_UNSIGNED.ALL;
ENTITY addcnt60 IS
  PORT(clk,reset:IN STD_LOGIC;
       Co:OUT STD_LOGIC;
       qh,ql:BUFFER STD_LOGIC_VECTOR(3 DOWNTO 0));
END addcnt60;
ARCHITECTURE behave OF addcnt60 IS
 BEGIN
  PROCESS(clk)
   BEGIN
    IF reset='1' THEN
      ql<="0000";qh<="0000"; Co<='0';
      ELSIF(clk'EVENT AND clk='1')THEN
        IF(qh=5 and ql=9)THEN
          ql<="0000";qh<="0000";Co<='1';
          ELSIF(ql=9)THEN
           ql<="0000"; qh<=qh+1;
          ELSE ql<=ql+1;Co<='0';
         END IF;
    END IF;
   END PROCESS;
END behave;
```

2. 小时计数器的 VHDL 设计

根据时间的计时单位,小时计数器有 24 小时制和 12 小时制两种方法。24 小时制的小时计数器是二十四进制的,与六十进制计数器的 VHDL 设计描述相似,在此不再赘述。12 小时制是指将一天分为上、下午各 12 小时,小时计数为 1～12,因此采用 12 归 1 的计数器,其 VHDL 设计描述为

```
LIBRARY IEEE;
USE IEEE.STD_LOGIC_1164.ALL;
USE IEEE.STD_LOGIC_UNSIGNED.ALL;
ENTITY addcnt12to1 IS
  PORT(clk,reset:IN STD_LOGIC;
       Co:OUT STD_LOGIC;
       qh,ql:BUFFER STD_LOGIC_VECTOR(3 DOWNTO 0));
END addcnt12to1;
1RCHITECTURE behave OF addcnt12to1 IS
 BEGIN
  PROCESS(clk,reset)
   BEGIN
    IF reset='1' THEN
      ql<="0000";qh<="0000"; Co<='0';
     ELSIF(clk'EVENT AND clk='1')THEN
       IF(qh=1 and ql=2)THEN
         ql<="0001";qh<="0000";Co<='1';                --12 归 1
         ELSIF(ql=9)THEN
          ql<="0000"; qh<=qh+1;
         ELSE ql<=ql+1;Co<='0';
        END IF;
    END IF;
   END PROCESS;
END behave;
```

任务 5.2 秒脉冲产生电路的 VHDL 设计

任务描述与分析

计数器中的计数秒脉冲一般由 CPLD/FPGA 外围的晶振电路经分频得到。因此,秒脉冲产生电路的主要组成部分为分频器。

本任务在学习简单分频器 VHDL 设计描述的基础上,完成秒脉冲产生电路的 VHDL 设计实现。

相关知识

分频器就是可将某高频率的信号变为较低频率信号的数字部件。将频率为 f_s 的信

号进行 N 分频后的信号频率为：$f_o=f_s/N$ 。

分频器实现分频的波形一般有两种形式，如图5-13和图5-14所示，为实现10分频的波形。

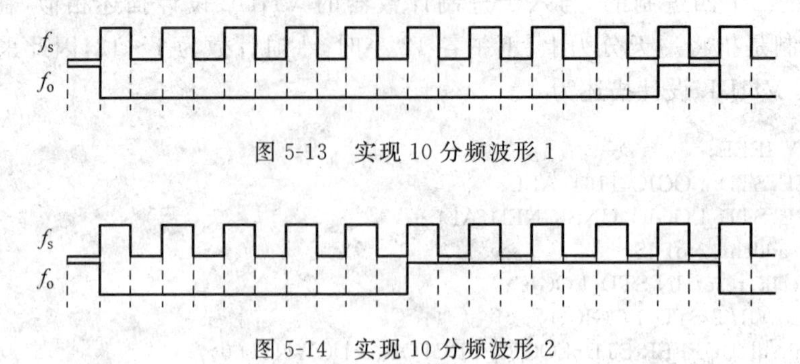

图5-13 实现10分频波形1

图5-14 实现10分频波形2

分析图5-13所示 f_o 波形，发现其高电平只占 f_s 的1个周期，其余都为低电平。这种波形与计数器进位信号的波形类似，因此可以考虑用计数器的进位信号作为计数脉冲CLK的 N 分频信号。N 即计数器的进制数。

图5-14所示 f_o 波形为占空比50%的分频信号。可以考虑用进制数为 N 的计数器实现 $2\times N$ 的分频器。在计数期间保持 f_o 波形不变，当计满进制数时，从初值开始重新计数，并将 f_o 波形翻转；同样地，在计数期间保持 f_o 波形不变，计满进制数后再翻转，实现如图5-14所示的分频波形。

因此，分频器可用计数器实现，只是计数值不需要输出，而只需将进位信号输出作为分频后的低频信号。

任务实施

5.2.1 固定分频器的VHDL设计

下面是实现一个13分频器的VHDL设计描述，分频值用变量cnt在程序中给定。计数值为0～12。

```
LIBRARY IEEE;
USE IEEE.STD_LOGIC_1164.ALL;
USE IEEE.STD_LOGIC_UNSIGNED.ALL;
ENTITY fenpin13 IS
  PORT(clk:IN STD_LOGIC;
        clkout:OUT STD_LOGIC);
END fenpin13;
ARCHITECTURE behave OF fenpin13 IS
 BEGIN
  PROCESS(clk)
   VARIABLE cnt:INTEGER:=0;
   BEGIN
```

```
        IF(clk'EVENT AND clk='1')THEN
          IF cnt=12 THEN
            cnt:=0;
            clkout<='1';
           ELSE
             cnt:=cnt+1;
            clkout<='0';
         END IF;
      END IF;
    END PROCESS;
END behave;
```

13分频器的功能仿真波形如图5-15所示。

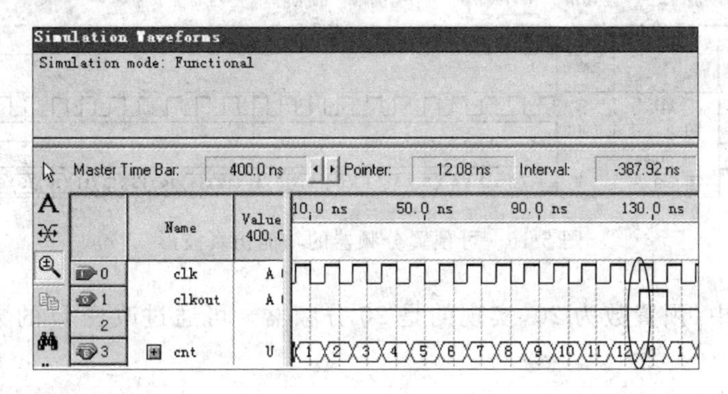

图5-15 13分频器的功能仿真波形

由图5-15可见，当计数到第12个脉冲时，计数值清零并产生分频脉冲。

5.2.2 可预置分频器的VHDL设计

下面是一个可以预置的任意分频器的VHDL描述。其中，D为预置数，即分频值。

```
LIBRARY IEEE;
USE IEEE.STD_LOGIC_1164.ALL;
USE IEEE.STD_LOGIC_UNSIGNED.ALL;
ENTITY fenpinD IS
  PORT(clk:IN STD_LOGIC;
       D:IN INTEGER;
       clkout:OUT STD_LOGIC);
END fenpinD;
ARCHITECTURE behave OF fenpinD IS
 BEGIN
  PROCESS(clk)
    VARIABLE cnt:INTEGER:=0;
    BEGIN
      IF(clk'EVENT AND clk='1')THEN
        IF cnt=D THEN
          cnt:=1;
```

```
            clkout<='1';
          ELSE cnt:=cnt+1;clkout<='0';
        END IF;
    END IF;
  END PROCESS;
END behave;
```

可预置分频器的功能仿真波形如图 5-16 所示。

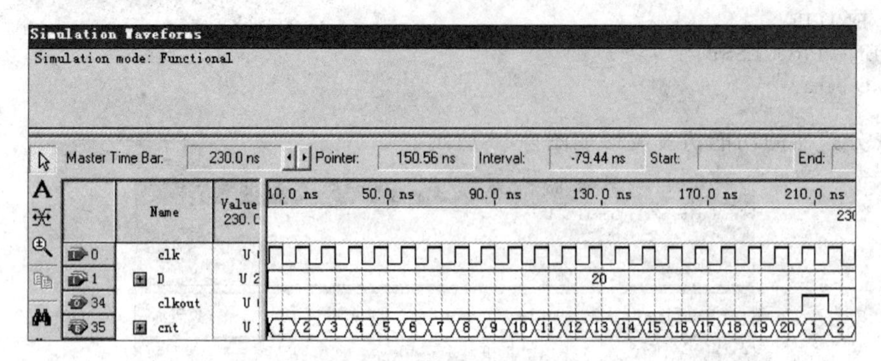

图 5-16 可预置分频器的功能仿真波形

在图 5-16 中，预置数为 20，实现的是 20 分频器。可通过改变 D 的数值，实现任意分频。

5.2.3 占空比为 50%的分频器 VHDL 设计

下面是按图 5-14 所示波形设计的分频器。其中，D 为预置值，与分频值的关系为：预置值是分频值的一半。改变 D 的数值，可以实现任意分频。

```
LIBRARY IEEE;
 USE IEEE.STD_LOGIC_1164.ALL;
 USE IEEE.STD_LOGIC_UNSIGNED.ALL;
ENTITY fenpin3 IS
   PORT(clk: IN STD_LOGIC;
          D: IN INTEGER;
          clkout : BUFFER STD_LOGIC);
END fenpin3;
ARCHITECTURE a OF fenpin3 IS
  BEGIN
   PROCESS ( clk)
    VARIABLE count: INTEGER:=0;
      BEGIN
        IF (clk 'EVENT AND clk='1') THEN
          IF (count=D) THEN
            clkout<=NOT clkout;
            count:=1;
            ELSE count:=count+1;
```

```
        END IF;
      END IF;
  END PROCESS;
END a;
```

占空比为 50%的分频器功能仿真波形如图 5-17 所示。

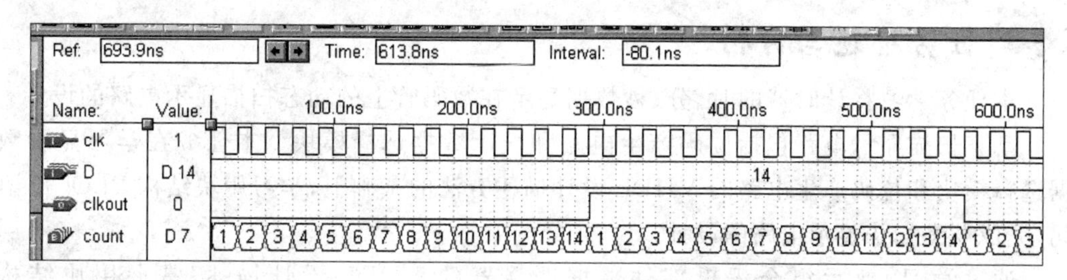

图 5-17　占空比为 50%的分频器功能仿真波形

在图 5-17 中，预置数 D 为 14，则该分频器实现的是 28 分频。

5.2.4　秒脉冲产生电路的 VHDL 设计

对于本项目计时器的秒脉冲信号，以 CPLD/FPGA 外围使用 20MHz 晶振为例，秒脉冲由 20MHz 信号经 20M 分频得到。秒脉冲产生电路的 VHDL 设计描述如下所示：

```
LIBRARY IEEE;
USE IEEE.STD_LOGIC_1164.ALL;
USE IEEE.STD_LOGIC_UNSIGNED.ALL;
ENTITY fenpin_1s IS
  PORT(clk:IN STD_LOGIC;
       clkout:OUT STD_LOGIC);
END fenpin_1s;
ARCHITECTURE behave OF fenpin_1s IS
 BEGIN
  PROCESS(clk)
   VARIABLE cnt:INTEGER:=0;
   BEGIN
      IF(clk'EVENT AND clk='1')THEN
        IF cnt=19999999 THEN
          cnt:=0;
          clkout<='1';
        ELSE
          cnt:=cnt+1;
          clkout<='0';
       END IF;
   END IF;
  END PROCESS;
END behave;
```

任务 5.3 动态扫描显示电路的设计

任务描述与分析

本任务学习将计时器的时、分、秒数据显示在数码管上的动态扫描显示电路的设计。

动态扫描显示电路包括位码产生电路和显示数据选择模块。本任务在学习显示数据选择模块和位码产生电路的 VHDL 设计描述方法的基础上，学习用块结构 BLOCK 语句，完成动态扫描显示电路的设计。

通过学习，熟悉组合逻辑部件数据选择器的 VHDL 设计描述，掌握用块结构 BLOCK 语句实现复杂电路的结构设计描述方法。

相关知识

LED 数码管显示有动态和静态两种方式。动态扫描显示就是让各位 LED 数码管按照一定的顺序轮流发光显示，只要扫描频率高于人眼的视觉暂留频率 24Hz，就能观察出静态显示的稳定效果，不会有闪烁现象。

动态显示与静态显示相比，由于动态扫描显示是让 LED 数码管轮流发光显示，因此能显著降低数码管的功耗。另外，动态显示是将所有数码管的 8 个段码线相应地并接在一起，因此比静态显示所需的 I/O 口数大大减少。

动态扫描显示电路由位码产生电路、显示数据选择器和 BCD 七段译码器 3 个模块构成。3 个模块的连接可用结构化描述来实现。

常用的结构化描述语句有块结构语句和元件例化语句。本任务采用块结构语句实现动态扫描显示电路的结构化设计。

5.3.1 块结构 BLOCK 语句

当一个结构体描述的电路比较复杂时，可以通过块结构(BLOCK)语句将结构体划分为几个模块，每个模块(BLOCK 模块)都可以有独立的结构，减小了程序的复杂性，同时使结构体的结构清晰、易懂。

1. 块结构语句的格式

用块结构语句描述局部电路的书写格式为

```
[块结构名:]  BLOCK
[块内定义语句;]              --定义 BLOCK 内部使用的信号或常数的名称及类型
BEGIN
  BLOCK 块内的并发描述语句;
END  BLOCK  [块结构名];
```

“块结构名”不是必需的，但如有多个块存在，用块结构名将各个块加以区分，可以使程序结构清晰；块结构以 BLOCK 标识符引导；BLOCK 块的具体描述内容以“BEGIN”开始，以“END BLOCK [块结构名]”结束。“块内定义语句”部分主要用来定义将要在块内使用的信号。以这种方式定义的信号使用范围仅限于该块内，块外是不可见的，因此不同的块中定义的信号使用相同的名称不会冲突。甚至在块的嵌套中，父块与子块之间可以定义和使用同名信号。

2. BLOCK 结构与 PROCESS 结构的区别

(1) BLOCK 结构在结构体中仅用于分隔程序结构，将一个大的程序结构划分成一个个小的模块，但程序的功能并不因 BLOCK 的划分而改变。因此，BLOCK 块中的语句描述仅仅是为了使结构体中的结构清楚，所以在结构体中有无 BLOCK 结构语句，结构体的功能是一样的。而 PROCESS 结构则不同，它是 VHDL 重要的组成部分，可以实现基本的并行描述语句无法完成的功能。

(2) 对于 BLOCK 结构与 PROCESS 结构模块，就 VHDL 语言整体而言，模块与模块之间相当于两条并行语句，也就是说，复杂结构模块之间是并行的。但 PROCESS 结构不同于 BLOCK 结构的是：PROCESS 结构内部的描述语句是顺序的，而 BLOCK 内部的语句是并发的，与语句的写顺序无关。

(3) PROCESS 的运行依赖敏感量表中敏感量的变化。BLOCK 语句结构仅仅是组合逻辑的连接，因此不需要启动信号。

(4) 一般 PROCESS 结构语句可以用来描述时序电路，而 BLOCK 及普通的并发语句多用于描述组合电路。

任务实施

5.3.2 位码信号产生电路的 VHDL 设计

对于一组 LED 数码管的动态扫描显示，需要由两组信号来控制：一组用来控制显示字形的代码 a～g，称为段码；另一组用来选择数码管点亮工作的代码 bit7～bit0，称为位码。8 位数码管动态显示硬件原理如图 5-18 所示。

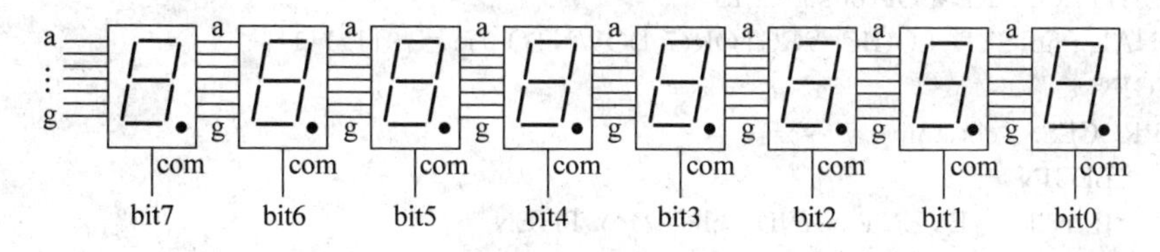

图 5-18 8 位数码管动态显示硬件原理

由于所有数码管的段码线是相应并接的，故输出段码信号时是将段码 a～g 同时送到所有数码管中。在同一时刻，如果位码信号使各位数码管都处于显示有效状态，8 位数码管将显示相同的字符。为了使某位数字显示在正确的数码管位置上，需要采用扫描显示方式,即在某一时刻,用位码信号控制只让某一位的显示有效,而其余各位不显示,同时段码信号为需要显示数字的段码。因此需要注意,显示在某位的数字的段码必须与位码信号对应有效。如要显示 8 位数字"23875641",当 bit7 位显示有效时,段码信号应该为数字"2"的段码。当 bit4 位显示有效时,段码信号应该为数字"7"的段码;当 bit0 位显示有效时,段码信号应该为数字"1"的段码。因此,需要用数据选择器根据位码信号选择输出的对应段码信号。

位码信号连接在每位数码管的公共端。位码信号产生电路的功能是按照一定的规律依次循环点亮 LED 数码管,每一时刻只有 1 位数码管显示,其余数码管不显示。以 8 位共阴极数码管为例,要使最高位数码管显示,则该位的公共端为低电平信号"0",其余位数码管的公共端应为高电平"1",即位码信号为 01111111。因此,要由高到低依次循环点亮各位数码管,只要将 01111111 信号循环右移,即可产生每次循环点亮 1 位数码管的效果。

位码信号可以在 8 位位码初值 01111111 的基础上,循环右移产生;也可以在 8 位位码初值 11111110 的基础上,循环左移产生。为了节省 I/O 口,也可用 FPGA 的 3 个 I/O 口控制 3 线—8 线译码器的 3 位输入信号,译码产生 8 位的位码信号。

1. 循环右移的位码信号产生电路

循环右移的位码信号产生电路 bitsignal 的符号如图 5-19 所示。其中,clk 为动态循环扫描脉冲。为了产生稳定的显示效果,clk 的频率要高于人眼视觉暂留作用的频率 24Hz;SEL[7..0]为输出的 8 位数码管的位码信号。

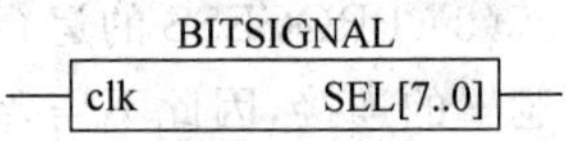

BITSIGNAL

clk	SEL[7..0]

图 5-19 循环右移的位码信号产生电路符号

根据上述设计思路,用 VHDL 语言设计位码信号产生电路如下所示:

```
LIBRARY IEEE;
USE IEEE.STD_LOGIC_1164.ALL;
USE IEEE.STD_LOGIC_UNSIGNED.ALL;
ENTITY bitsignal IS
PORT(clk: IN STD_LOGIC;
     sel : OUT STD_LOGIC_VECTOR(7 DOWNTO 0));
END bitsignal;
ARCHITECTURE a OF bitsignal IS
SIGNAL tmp:STD_LOGIC_VECTOR(7 DOWNTO 0):="01111111";
 BEGIN
   PROCESS (clk,tmp)
     BEGIN
     IF (clk 'EVENT AND clk='1') THEN
         tmp(6 DOWNTO 0)<=tmp(7 DOWNTO 1);
         tmp(7)<=tmp(0);
      END IF;
      sel<=tmp;
    END PROCESS;
 END a;
```

为了给位码信号一个初始值，程序中用信号说明语句定义信号 tmp，并给定信号初值 011111111。

位码产生电路的功能仿真波形如图 5-20 所示。

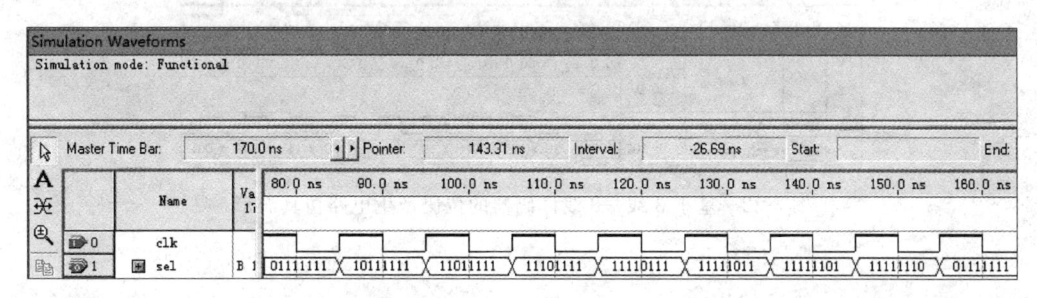

图 5-20 位码产生电路的功能仿真波形

由图 5-20 可以看出，以 tmp 信号初值“01111111”循环右移，形成动态扫描显示所需的位码信号。

2. 基于 3 线—8 线译码器的位码产生电路

基于 3 线—8 线译码器的位码产生电路 bitsignal_138 是用 FPGA 生成 3 线—8 线译码器的 3 个输入信号，再经 3 线—8 线译码器产生 8 位的位码信号。其电路符号如图 5-21 所示。

BITSIGNAL_138
clk SEL[2..0]

图 5-21 基于 3 线—8 线译码器的位码产生电路符号

本电路设计的关键是生成自动循环的 3 线—8 线译码器的 3 个输入信号的组合序列 000～111。经分析，可用 3 位二进制计数器产生，其 VHDL 源程序如下所示：

```
LIBRARY IEEE;
USE IEEE.STD_LOGIC_1164.ALL;
USE IEEE.STD_LOGIC_UNSIGNED.ALL;
ENTITY bitsignal_138 IS
    PORT(
        clk: IN STD_LOGIC;
        sel : BUFFER STD_LOGIC_VECTOR(2 DOWNTO 0));
END bitsignal_138;
ARCHITECTURE a OF bitsignal_138 IS
 BEGIN
   PROCESS (clk)
     BEGIN
      IF (clk  'EVENT  AND  clk='1') THEN
        sel<=sel+1;
      END IF;
     END PROCESS;
 END a;
```

基于 3 线—8 线译码器的位码产生电路的功能仿真波形如图 5-22 所示。

由图 5-22 可以看出，输出信号 sel 是循环的 3 位二进制组合序列 000～111。它作为 3 线—8 线译码器的输入信号，可译码生成 01111111～11111110 的 8 位位码信号。

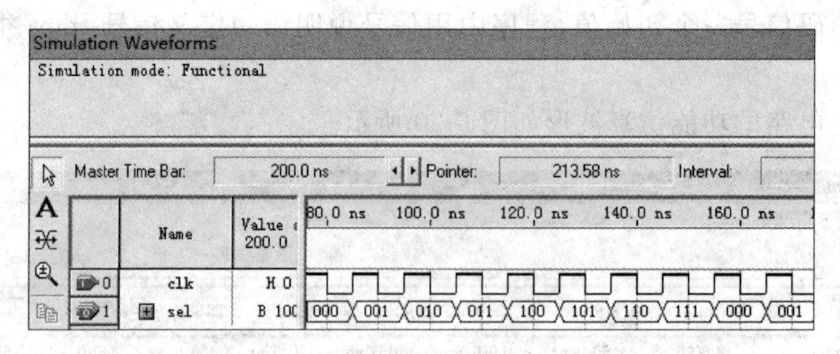

图 5-22 基于3线—8线译码器的位码产生电路仿真波形

5.3.3 显示数据选择器的VHDL设计

为了使某位数字显示在正确的数码管位置上,在某一时刻,当位码信号控制某一位的显示有效时,应该显示该位对应的数据。这需要采用数据选择器,根据不同的位码信号,选择输出对应位的显示数据。

数据选择器又称多路选择器,相当于一个多路开关。图5-23所示为四选一数据选择器的示意图。

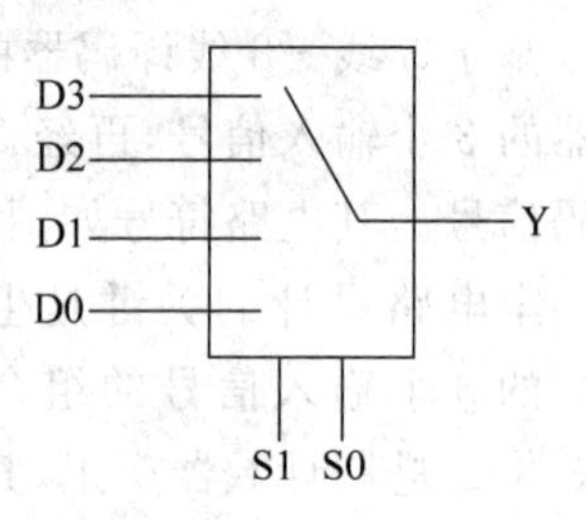

图 5-23 四选一数据选择器示意图

在图5-23中,D0～D3为4个输入数据,S1、S0为数据选择端,是1位二进制数。根据S1、S0的取值组合不同,输出端Y分别得到D0～D3的某个数据。例如,S1、S0的取值组合分别为"00"时,Y=D0;为"01"时,Y=D1;为"10"时,Y=D2;为"11"时,Y=D3。

因此,数据输入端数据的个数与数据选择端的位数有一定关系。设输入数据为N个,数据选择端为n位,它们之间的关系为$N=2^n$。则八选一数据选择器的数据选择端为3位,十六选一数据选择器的数据选择端为4位。

1. 四选一数据选择器的VHDL设计

四选一数据选择器的真值表如表5-2所示。

表 5-2 四选一数据选择器的真值表

S1	S0	Y
0	0	D0
0	1	D1
1	0	D2
1	1	D3

1) 用STD_LOGIC数据类型描述

下面是输入数据为4个4位二进制序列的四选一数据选择器的VHDL描述。其中,D3～D0为4组输入数据,sel为2位二进制组合的数据选择端,Y为数据输出端。

```
LIBRARY IEEE;
```

```
USE IEEE.STD_LOGIC_1164.ALL;
ENTITY select4_1_1 IS
 PORT(D0,D1,D2,D3:IN STD_LOGIC_VECTOR(3 DOWNTO 0);
        S1,S0: IN STD_LOGIC;
        Y:OUT STD_LOGIC_VECTOR(3 DOWNTO 0));
END select4_1_1;
ARCHITECTURE one OF select4_1_1 IS
 SIGNAL sel: STD_LOGIC_VECTOR(1 DOWNTO 0);
BEGIN
   sel<= S1&S0;
  WITH  sel  SELECT
    Y<=D0 WHEN "00",
        D1 WHEN "01",
        D2 WHEN "10",
        D3 WHEN "11";
      END one;
```

2) 用 BIT 数据类型描述

```
ENTITY select4_1_2 IS
  PORT(D0,D1,D2,D3:IN BIT_VECTOR(3 DOWNTO 0);
        S1,S0: IN BIT;
        Y:OUT BIT_VECTOR(3 DOWNTO 0));
END select4_1_2;
ARCHITECTURE one OF select4_1_2 IS
  SIGNAL sel: BIT_VECTOR(1 DOWNTO 0);
 BEGIN
  sel<= S1&S0;
   WITH  sel  SELECT
      Y<=D0 WHEN "00",
           D1 WHEN "01",
           D2 WHEN "10",
           D3 WHEN "11";
END one;
```

3) 用 CASE 语句描述

```
LIBRARY IEEE;
USE IEEE.STD_LOGIC_1164.ALL;
ENTITY select4_1_3 IS
      PORT(D0,D1,D2,D3:IN STD_LOGIC_VECTOR(3 DOWNTO 0);
             S1,S0: IN STD_LOGIC;
             Y:OUT STD_LOGIC_VECTOR(3 DOWNTO 0));
END select4_1_3;
ARCHITECTURE one OF select4_1_3 IS
  BEGIN
    PROCESS(S1,S0,D0,D1,D2,D3)
      VARIABLE sel: STD_LOGIC_VECTOR(1 DOWNTO 0);
    BEGIN
      sel:= S1&S0;
```

```
        CASE sel IS
            WHEN "00"=>Y<=D0;
            WHEN "01"=>Y<= D1;
            WHEN "10" =>Y<=D2;
            WHEN "11"=>Y<= D3;
        END CASE;
    END PROCESS;
END one;
```

4）四选一数据选择器的功能仿真波形

对四选一数据选择器进行功能仿真，波形如图5-24所示。

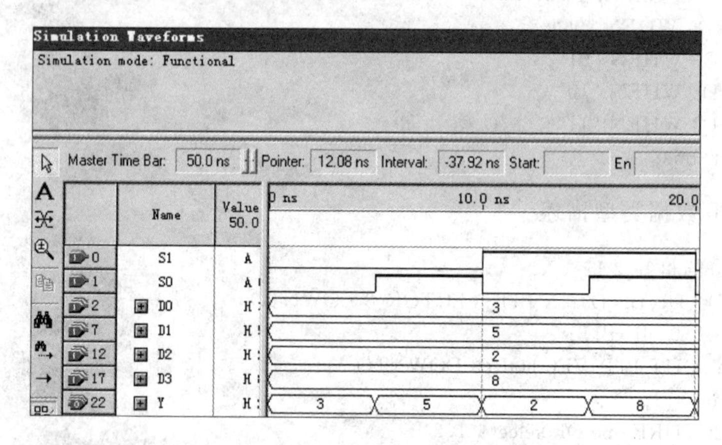

图5-24　四选一数据选择器功能仿真波形

2. 八选一数据选择器的VHDL设计

八选一数据选择器的真值表如表5-3所示。

表5-3　八选一数据选择器的真值表

S2	S1	S0	Y
0	0	0	D0
0	0	1	D1
0	1	0	D2
0	1	1	D3
1	0	0	D4
1	0	1	D5
1	1	0	D6
1	1	1	D7

D0～D7为8个4位二进制数据。用VHDL设计的八选一数据选择器如下所示：

```
LIBRARY IEEE;
    USE IEEE.STD_LOGIC_1164.ALL;
ENTITY select8_1 IS
    PORT(D0,D1,D2,D3,D4,D5,D6,D7:IN STD_LOGIC_VECTOR(3 DOWNTO 0);
```

```
            S2,S1,S0: IN STD_LOGIC;
            Y:OUT STD_LOGIC_VECTOR(3 DOWNTO 0));
END select8_1;
ARCHITECTURE abc OF select8_1 IS
 SIGNAL sel: STD_LOGIC_VECTOR(2 DOWNTO 0);
 BEGIN
    sel<= S2&S1&S0;
        WITH  sel  SELECT
            Y<=D0 WHEN "000",
                D1 WHEN "001",
                D2 WHEN "010",
                D3 WHEN "011",
                D4 WHEN "100",
                D5 WHEN "101",
                D6 WHEN "110",
                D7 WHEN "111";
END abc;
```

采用同样的描述,可以实现十六选一数据选择器的设计。

八选一数据选择器的功能仿真波形如图5-25所示。

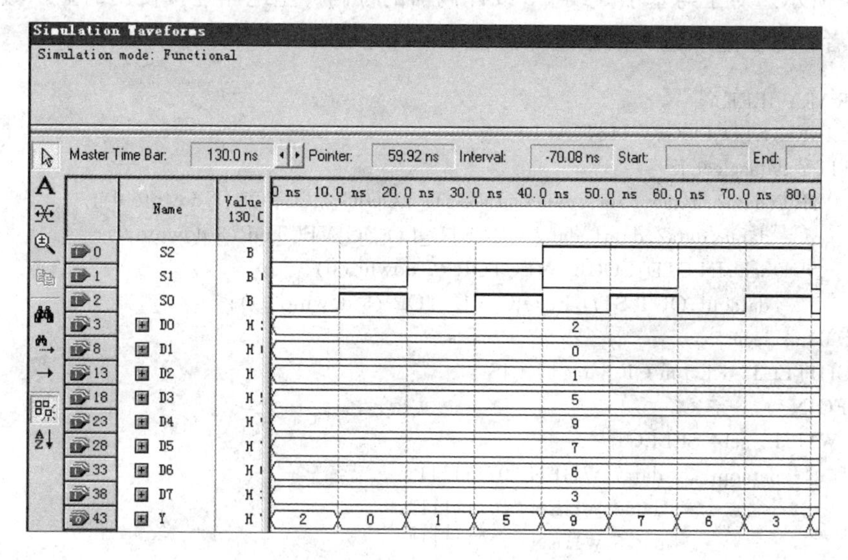

图5-25　八选一数据选择器的功能仿真波形

由图5-25可以看出,当S2～S0的二进制组合为000～111时,输出端Y依次选择输出D0～D7。

3. 显示数据选择器的VHDL设计

显示数据选择器的电路符号如图5-26所示。图5-26(a)中的dataselect是与循环移位的位码产生电路连接使用的显示数据选择器,其中sel[7..0]是8位的位码信号;图5-26(b)中的dataselect_138是与基于3线—8线译码器的位码产生电路连接使用的显示数据选择器,其中sel[2..0]是3位的3线—8线译码器输入信号。data7～data0是8位数码管上要显示的数据,为 4 位 BCD 码格式。dataout[3..0]是根据不同的位码信号选择输出的对应位数据,为 4 位 BCD 码格式。

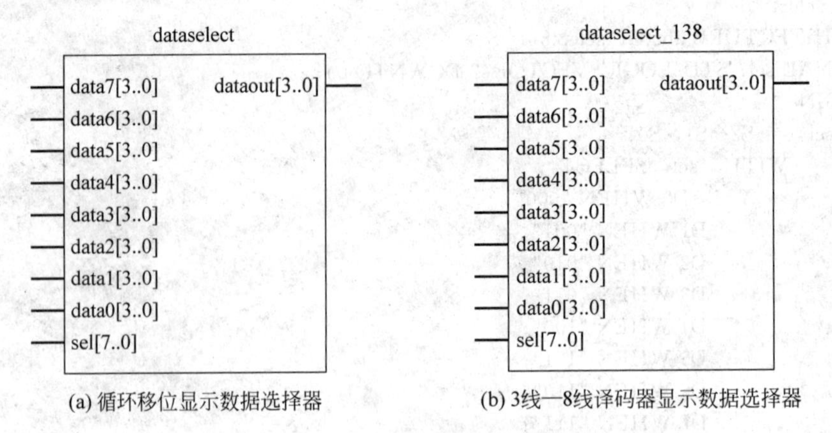

图 5-26 显示数据选择器的电路符号

与循环移位的位码产生电路连接使用的显示数据选择器 dataselect 的 VHDL 设计描述如下所示。对于与基于 3 线—8 线译码器的位码产生电路连接使用的显示数据选择器,请读者参考上述八选一数据选择器程序自行完成。

```
LIBRARY IEEE;
USE IEEE.STD_LOGIC_1164.ALL;
ENTITY dataselect IS
    PORT(data7,data6,data5,data4: IN STD_LOGIC_VECTOR(3 downto 0);
        data3,data2,data1,data0: IN STD_LOGIC_VECTOR(3 downto 0);
        sel :IN STD_LOGIC_VECTOR (7 downto 0);
        dataout:OUT STD_LOGIC_VECTOR (3 downto 0));
END dataselect;
ARCHITECTURE fun OF dataselect IS
  BEGIN
    WITH  sel  SELECT
        dataout<=data7 WHEN "01111111",
                 data6 WHEN "10111111",
                 data5 WHEN "11011111",
                 data4 WHEN "11101111",
                 data3 WHEN "11110111",
                 data2 WHEN "11111011",
                 data1 WHEN "11111101",
                 data0 WHEN "11111110",
                 "0000" WHEN OTHERS;
END  fun;
```

若设置需要显示的 8 位数据为"14726953",其功能仿真波形如图 5-27 所示。

由图 5-27 可以看出,需要显示的数据"14726953"从 dataout 端循环输出,并由位码信号 bit 从左到右循环选通显示到 8 位数码管上,实现了显示数据的选择输出。

Simulation Waveforms
Simulation mode: Functional

Master Time Bar: 90.0 ns　Pointer: 67.9 ns　Interval: -22.1 ns　Start:　End:

Name	0 ns	10.0 ns	20.0 ns	30.0 ns	40.0 ns	50.0 ns	60.0 ns	70.0 ns	80.0 ns
sel	01111111	10111111	11011111	11101111	11110111	11111011	11111101	11111110	01111111
data7						1			
data6						4			
data5						7			
data4						2			
data3						6			
data2						9			
data1						5			
data0						3			
dataout	1	4	7	2	6	9	5	3	1

图 5-27　显示数据选择器的功能仿真波形

5.3.4　动态扫描显示电路的 FPGA 设计

动态扫描显示电路的结构如图 5-28 所示。Dataselect_138 是与基于 3 线—8 线译码器的位码产生电路连接使用的显示数据选择器。

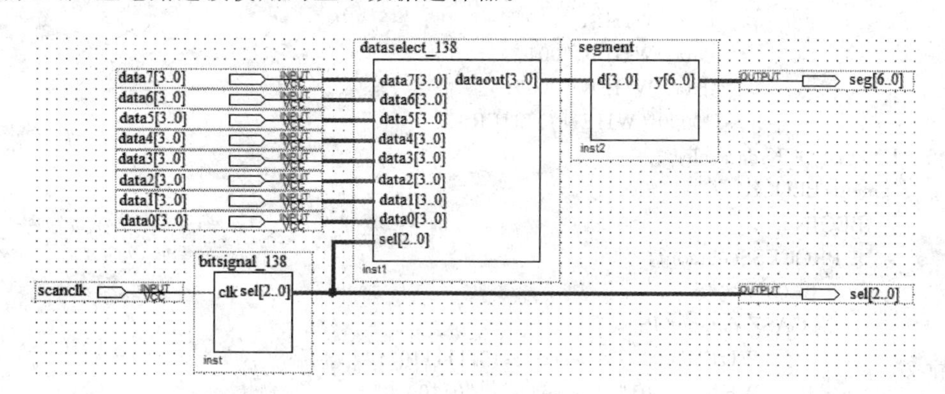

图 5-28　动态扫描显示电路的结构

用块结构语句进行结构化描述时，是将各个模块定义为一个个独立的块结构，再将各块连接起来。用块结构语句描述的动态扫描显示电路的 VHDL 源程序如下所示：

```
LIBRARY IEEE;
USE IEEE.STD_LOGIC_1164.ALL;
USE IEEE.STD_LOGIC_UNSIGNED.ALL;
ENTITY scandisplay_block IS
  PORT(scanclk:IN STD_LOGIC;
       data7,data6,data5,data4: IN STD_LOGIC_VECTOR(3 downto 0);
       data3,data2,data1,data0: IN STD_LOGIC_VECTOR(3 downto 0);
       sel :BUFFER STD_LOGIC_VECTOR (2 downto 0);
```

```
        seg :OUT STD_LOGIC_VECTOR(6 DOWNTO 0));
END scandisplay_block;
ARCHITECTURE behave OF scandisplay_block IS
  SIGNAL dataout:STD_LOGIC_VECTOR(3 DOWNTO 0);
BEGIN
  bitsignal:BLOCK
      BEGIN
        PROCESS (scanclk)
          BEGIN
            IF (scanclk 'EVENT  AND  scanclk='1') THEN
                sel<=sel+1;
            END IF;
        END PROCESS;
  END BLOCK bitsignal;
  dataselect:BLOCK
      BEGIN
         WITH  sel  SELECT
         dataout<=data7 WHEN "111",
                  data6 WHEN "110",
                  data5 WHEN "101",
                  data4 WHEN "100",
                  data3 WHEN "011",
                  data2 WHEN "010",
                  data1 WHEN "001",
                  data0 WHEN "000",
                  "0000" WHEN OTHERS;
   END BLOCK dataselect;
  segment:BLOCK
      BEGIN
        PROCESS(dataout)
          BEGIN
           CASE dataout IS
               WHEN"0000"=>seg<="1111110";
               WHEN"0001"=> seg <="0110000";
               WHEN"0010"=> seg <="1101101";
               WHEN"0011"=> seg <="1111001";
               WHEN"0100"=> seg <="0110011";
               WHEN"0101"=> seg <="1011011";
               WHEN"0110"=> seg <="0011111";
               WHEN"0111"=> seg <="1110000";
               WHEN"1000"=> seg <="1111111";
               WHEN"1001"=> seg <="1111011";
               WHEN OTHERS=> seg <="0000000";
            END CASE;
      END PROCESS;
END BLOCK segment;
END behave;
```

5.3.5　动态扫描显示电路的硬件设计

动态扫描显示电路的硬件电路如图 5-29 所示。

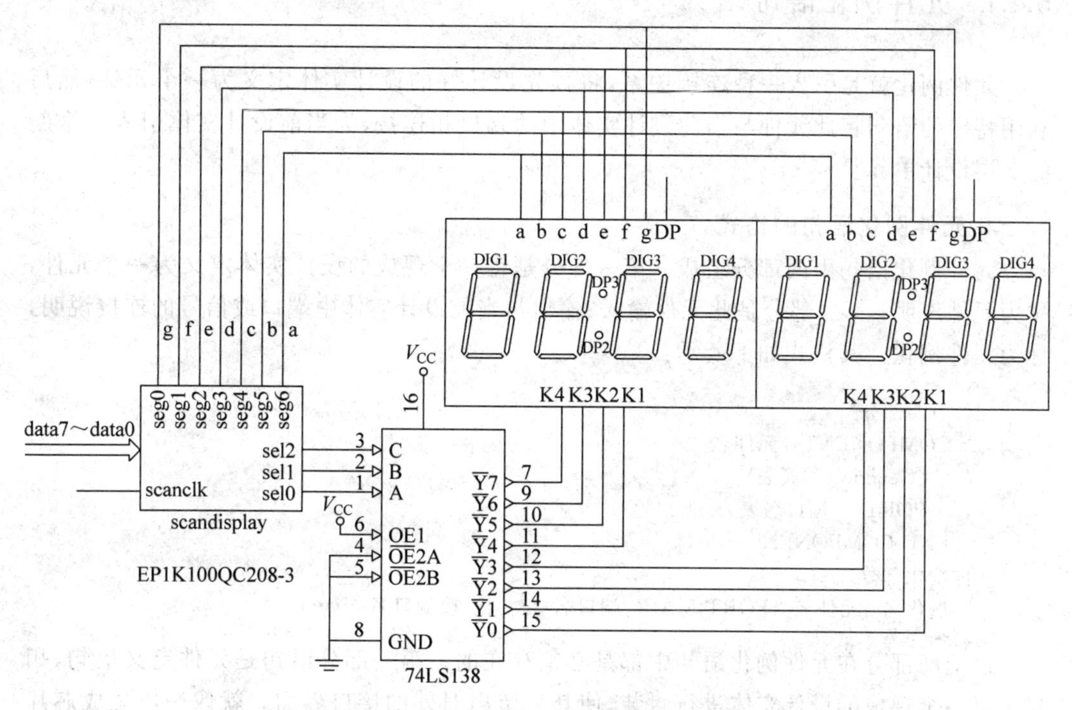

图 5-29　动态扫描显示电路的硬件电路

在图 5-29 中，采用 3 线—8 线译码器 74LS138 对 FPGA 芯片 EP1K100QC208-3 输出的 sel2～sel0 进行硬件译码，产生 8 位数码管所需的位码信号；也可以用 VHDL 描述 3 线—8 线译码器进行软件译码。需动态显示的 8 组数据为 data7～data0，分别从左到右显示在数码管上。

任务 5.4　计时器电路的设计

任务描述与分析

计时器由计数、动态扫描、显示译码等电路组成。本任务在计时器底层模块电路设计的基础上，学习用结构化描述方法——元件例化语句，完成计时器的顶层电路设计。

通过学习，熟悉元件例化语句的基本格式和元件例化的关联方法，掌握用元件例化设计描述层次电路的结构化描述方法。

5.4.1 元件例化语句

元件例化就是引入一种连接关系，将预先设计好的设计实体定义为一个元件，然后利用特定的语句将此元件与当前设计实体中的端口相连接，为当前设计实体引入一个新的底层设计单元。

1. 元件例化语句的格式

元件例化语句由两部分组成。第一部分是将一个现成的设计实体定义为一个元件，称为元件声明；第二部分是此元件输入、输出与当前设计实体中端口或信号的连接说明，称为元件例化。其格式如下所示：

```
元件声明部分
    COMPONENT   元件名
      [Generic (类属表)]
      PORT  (端口名表);
    END COMPONENT;
元件例化部分
    例化名: 元件名  PORT MAP([端口名=>]连接端口名,……);
```

以上两部分在元件例化语句中都是必须存在的。第一部分语句是元件定义语句，相当于对一个现成的设计实体进行封装，使其只留出对外的接口界面。就像一块集成芯片只留几个引脚在芯片外围一样。

2. 元件例化的关联方式

元件例化语句中定义的元件端口名与当前设计实体的连接端口名的接口有 3 种表达方式。

1) 名字关联方式

在这种关联方式下，例化元件的端口名和关联(连接)符号“=>”两者都必须存在。实体信号与元件端口名的关联明确指出，因此在 PORT MAP 语句中的位置可以是任意的。

2) 位置关联方式

在这种方式下，元件端口名和关联连接符号都可以省略，但要求代入到元件的信号在元件中的排列方式与例化元件的端口定义在前后位置上按要求一一对应。

3) 混合关联方式

混合关联方式是指可以在端口连接关系说明中同时采用名字关联和位置关联两种方式。

例如，元件声明如下所示：

```
COMPONENT mn
```

```
    PORT(A,B: IN STD_LOGIC;
         C: OUT STD_LOGIC);
END COMPONENT;
```

元件例化如下所示：

```
u1: mn PORT MAP(C=>F,A=>D,B=>E);          --名字关联
u2: mn PORT MAP(D,E,F);                   --位置关联
u3: mn PORT MAP(D,E,C=>F);                --混合关联方式
```

在上例中，底层元件的端口说明顺序为 A、B、C，当前设计的端口 D、E、F 分别对应连接底层元件的端口 A、B、C。采用名字关联方式，可以不考虑底层元件端口的先后顺序；而采用位置关联方式，必须严格按照底层元件端口说明的先后顺序来排列当前设计的端口。

5.4.2　计时器电路的结构描述设计

计数器电路的结构如图 5-30 所示。

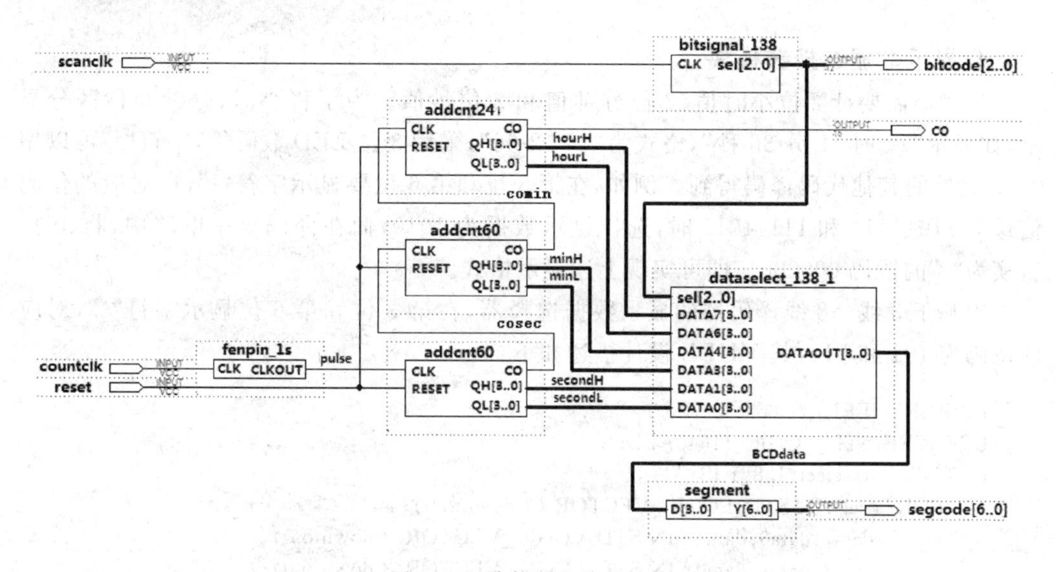

图 5-30　计数器电路的结构

各功能电路模块的内部连线用信号表示，信号名标注如图 5-30 所示。

将图 5-30 中的各个底层模块在顶层设计中进行元件声明，就可以在顶层设计的结构体中进行元件例化的关联，实现顶层电路的结构描述。

1. 秒脉冲产生电路模块 fenpin1s

用元件例化语句声明秒脉冲产生电路模块，如下所示：

```
COMPONENT fenpin_1s
    PORT(clk:IN STD_LOGIC;
          clkout:OUT STD_LOGIC);
END COMPONENT;
```

2. 六十进制计数器模块 addcnt60

用元件例化语句声明六十进制加计数器模块,如下所示:

```
COMPONENT addcnt60
    PORT(clk,reset:IN STD_LOGIC;
          co:OUT STD_LOGIC;
          qh,ql:BUFFER STD_LOGIC_VECTOR(3 DOWNTO 0));
END COMPONENT;
```

3. 二十四进制计数器模块 addcnt24

用元件例化语句声明二十四进制加计数器模块,如下所示:

```
COMPONENT addcnt24
    PORT(clk,reset:IN STD_LOGIC;
          co:OUT STD_LOGIC;
          qh,ql:BUFFER STD_LOGIC_VECTOR(3 DOWNTO 0));
END COMPONENT;
```

4. 显示数据选择器模块

计时器需要计2位小时值、2位分钟值和2位秒值。为了将小时、分钟和秒区分显示,如显示"14时52分36秒",格式为"14-52-36",采用8位LED数码管,字符"-"可以用0~9之外的其他代码译码得到。例如,在第3位和第6位要显示字符"-",在对应的位码信号为11011111和11111011时,选择显示数据为1010,而在译码显示电路中,将1010转换为"-"的段码0000001,即可实现上述显示格式。

用基于3线—8线译码器的显示数据选择器,在第3位和第6位显示字符"-",对应的位码为101和010,其VHDL设计描述如下:

```
LIBRARY IEEE;
USE IEEE.STD_LOGIC_1164.ALL;
ENTITY dataselect_138_1 IS
    PORT(sel :IN STD_LOGIC_VECTOR (2 downto 0);
          data7,data6,data4: IN STD_LOGIC_VECTOR(3 downto 0);
          data3,data1,data0: IN STD_LOGIC_VECTOR(3 downto 0);
          dataout:OUT STD_LOGIC_VECTOR (3 downto 0));
END dataselect_138_1;
ARCHITECTURE fun OF dataselect_138_1 IS
  BEGIN
    WITH  sel  SELECT
        dataout<=data7 WHEN "111",
                 data6 WHEN "110",
                 "1010" WHEN "101",
                 data4 WHEN "100",
```

```
                    data3 WHEN "011",
                    "1010" WHEN "010",
                    data1 WHEN "001",
                    data0 WHEN "000",
                    "0000" WHEN OTHERS;
END   fun;
```

用元件例化语句声明显示数据选择器模块，如下所示：

```
COMPONENT dataselect_138_1
PORT(sel :IN STD_LOGIC_VECTOR (2 downto 0);
          data7,data6,data4: IN STD_LOGIC_VECTOR(3 downto 0);
          data3,data1,data0: IN STD_LOGIC_VECTOR(3 downto 0);
          dataout:OUT STD_LOGIC_VECTOR (3 downto 0));
END COMPONENT;
```

5. 位码产生模块和BCD七段显示译码器模块

位码产生模块和BCD七段显示译码器模块的VHDL设计不再赘述。不同的是，在BCD七段显示译码器模块segment中增加字形"-"的段码0000001。

用元件例化语句声明位码产生模块，如下所示：

```
COMPONENT bitsignal_138
    PORT(clk: IN STD_LOGIC;
          sel : BUFFER STD_LOGIC_VECTOR(2 DOWNTO 0));
 END COMPONENT;
```

用元件例化语句声明BCD七段显示译码器模块，如下所示：

```
COMPONENT segment
    PORT(d:IN STD_LOGIC_VECTOR(3 DOWNTO 0);
          y:OUT STD_LOGIC_VECTOR(6 DOWNTO 0));
END COMPONENT;
```

6. 计时器电路的结构描述设计

按照图5-30所示计时器结构图，用元件例化语句描述设计，如下所示：

```
LIBRARY IEEE;
USE IEEE.STD_LOGIC_1164.ALL;
USE IEEE.STD_LOGIC_UNSIGNED.ALL;
ENTITY timer   IS
  PORT(countclk,scanclk,reset:IN STD_LOGIC;
        co:OUT STD_LOGIC;
        bitcode:BUFFER STD_LOGIC_VECTOR(2 DOWNTO 0);
        segcode:OUT STD_LOGIC_VECTOR(6 DOWNTO 0));
END timer ;
ARCHITECTURE one OF timer IS
  ------元件声明
  COMPONENT fenpin_1s                        --秒脉冲产生模块
    PORT(clk:IN STD_LOGIC;
```

```
        clkout:OUT STD_LOGIC);
    END COMPONENT;
    COMPONENT addcnt60                     --六十进制计数器模块
      PORT(clk,reset:IN STD_LOGIC;
           co:OUT STD_LOGIC;
           qh,ql:BUFFER STD_LOGIC_VECTOR(3 DOWNTO 0));
    END COMPONENT;
    COMPONENT addcnt24                     --二十四进制计数器模块
      PORT(clk,reset:IN STD_LOGIC;
           co:OUT STD_LOGIC;
           qh,ql:BUFFER STD_LOGIC_VECTOR(3 DOWNTO 0));
    END COMPONENT;
    COMPONENT bitsignal_138                --位码产生模块
      PORT(clk: IN STD_LOGIC;
           sel : BUFFER STD_LOGIC_VECTOR(2 DOWNTO 0));
    END COMPONENT;
    COMPONENT dataselect_138_1             --显示数据选择器模块
      PORT(sel :IN STD_LOGIC_VECTOR (2 downto 0);
           data7,data6,data4: IN STD_LOGIC_VECTOR(3 downto 0);
           data3,data1,data0: IN STD_LOGIC_VECTOR(3 downto 0);
           dataout:OUT STD_LOGIC_VECTOR (3 downto 0));
    END COMPONENT;
    COMPONENT segment                      --BCD七段显示译码器模块
      PORT(d:IN STD_LOGIC_VECTOR(3 DOWNTO 0);
           y:OUT STD_LOGIC_VECTOR(6 DOWNTO 0));
    END COMPONENT;
      SIGNAL pulse:STD_LOGIC;
      SIGNAL cosec,comin:STD_LOGIC;
      SIGNAL hourH,hourL,minH,minL:STD_LOGIC_VECTOR(3 DOWNTO 0);
      SIGNAL secondH,secondL,BCDdata:STD_LOGIC_VECTOR(3 DOWNTO 0);
    BEGIN
      ------元件例化
        u0:fenpin_1s PORT MAP(countclk,pulse);
        u1:addcnt60 PORT MAP(pulse,reset,cosec,secondH,secondL);
        u2:addcnt60 PORT MAP(cosec,reset,comin,minH,minL);
        u3:addcnt24 PORT MAP(comin,reset,co,hourH,hourL);
        u4:bitsignal_138 PORT MAP(scanclk,bitcode);
        u5: dataselect_138_1 PORT MAP(bitcode,hourH,hourL,minH,minL,
                              secondH,secondL,BCDdata);
        u6:segment PORT MAP(BCDdata,segcode);
  END one;
```

将上述计时器的 VHDL 设计描述进行设计编译、设计仿真，并编程配置到 FPGA 芯片中，即完成本项目的设计。

5.4.3 计时器电路的硬件电路与实现

计时器的硬件电路如图 5-31 所示。

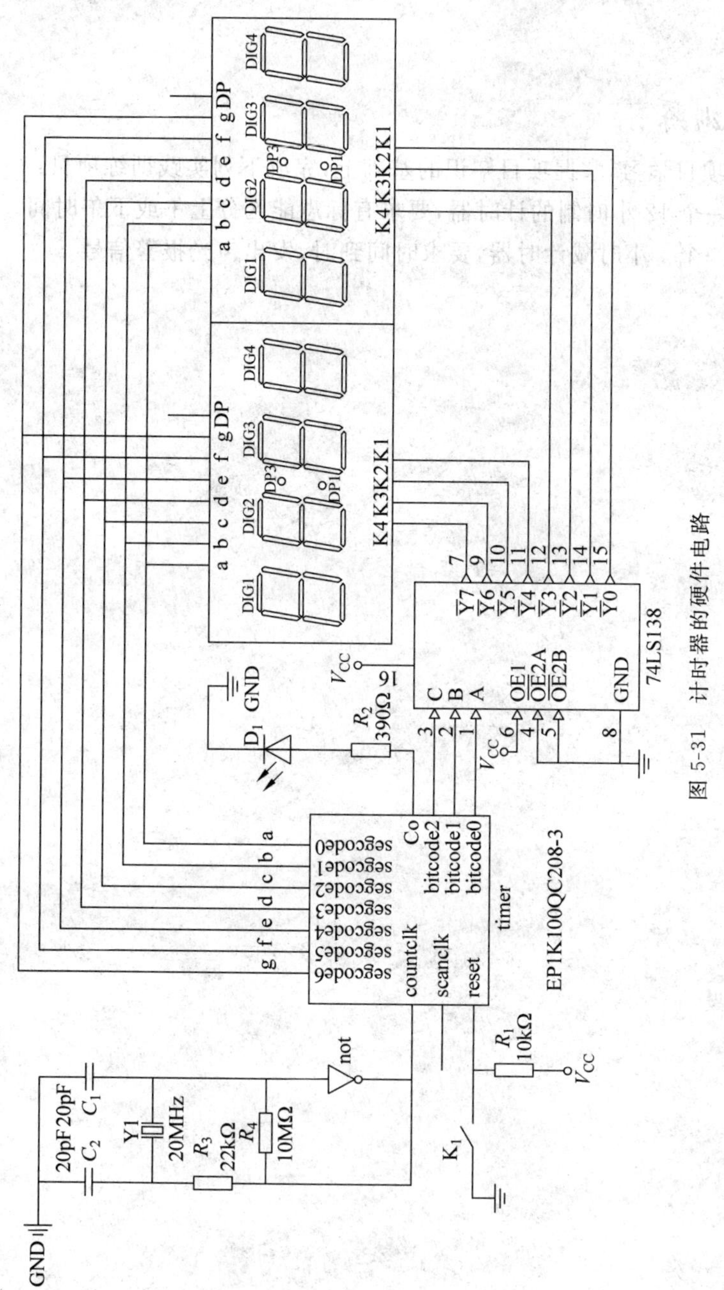

图 5-31　计时器的硬件电路

将计时器的设计编程配置到 FPGA 芯片,然后按照图 5-31 所示连接计时器硬件电路。在初始状态,8 个数码管显示“00-00-00”; 闭合开关 K_1,计时器开始计时,秒计数器在右边 2 位数码管上进行秒计数。60 秒到,向分计数器进位; 60 分钟到,向小时计数器进位。

实践训练

在完成本项目学习,掌握项目知识的基础上,完成下列实践训练项目:

(1) 设计一个 12 小时制的计时器,要求有标志能区分上午或下午时间。

(2) 设计一个 1 小时减计时器,要求时间到时,发出声光报警信号。

Project 6

项目6

交通灯控制器电路设计

知识目标与能力目标

本项目以十字路口交通灯控制器为项目载体，通过串行数据检测器的VHDL设计，学习有限状态机的进程描述基本方法。

通过学习，了解有限状态机的进程结构，掌握有限状态机的VHDL设计描述，能灵活运用有限状态机设计描述交通灯控制器。

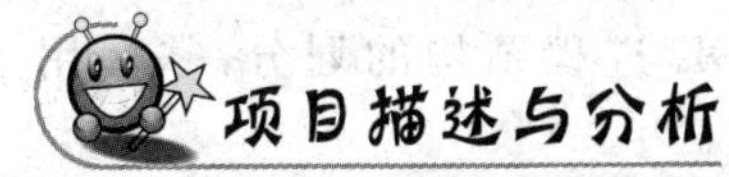

项目描述与分析

在十字路口，四面都有红、黄、绿三色交通信号灯及各色交通灯点亮时间的倒计时显示。红绿灯是国际统一的交通信号灯。红灯是停止信号，绿灯是通行信号，黄灯是从通行到禁行的过渡信号。在交叉路口，几个方向来的车都汇集在这里，有的要直行，有的要拐弯，到底让谁先走，要听从红绿灯指挥。红灯亮，禁止直行或左转弯，在不妨碍行人和车辆的情况下，允许车辆右转弯；绿灯亮，允许车辆直行或转弯；黄灯亮，允许超出路口停止线或人行横道线的车辆或行人继续通行，给从通行到禁行转换留出过渡时间。

交通灯控制器用于控制十字路口红绿灯的转换，指挥行人和各种车辆安全通行，是城市交通管理自动化的重要保证。

交通灯控制器的原理框图如图6-1所示。

在图6-1中，秒脉冲产生电路用于产生倒计时电路的计时秒脉冲；倒计时电路是对各色交通信号灯的点亮时间进行倒计数，并产生状态转换控制信号，送到主控电路中，控制交通灯不同状态的转换；倒计时显示电路用于显示各色交通灯的倒计时时间；交通信号灯由红、绿、黄三色信号灯构成，用于显示两个路口的禁行、通行和过渡状态；主控电路用于控制交通灯不同状态的转换，以及两个路口的交通信号灯的亮灭，并产生倒计时电路、倒计时显示电路及交通信号灯亮灭转换的同步控制信号。

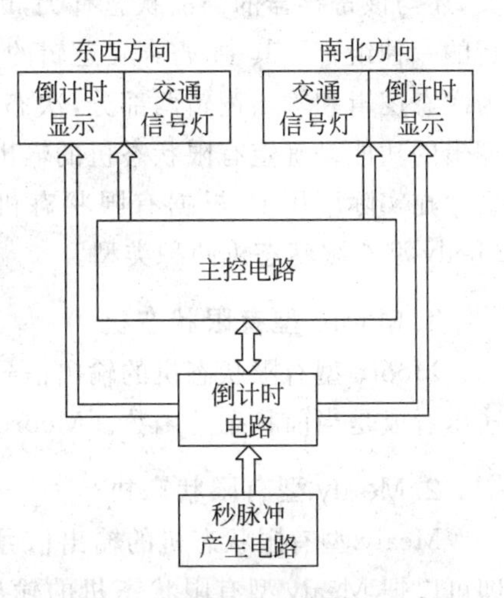

图6-1 交通灯控制器的原理框图

交通灯控制器有很强的时序性，因此主控电路用有限状态机实现。

任务 6.1 有限状态机的 VHDL 设计

任务描述与分析

有限状态机简称 FSM(Finite State Machine),又称有限状态自动机,简称状态机,是表示有限个状态,以及在这些状态之间的转移和动作等行为的数学模型。在数字电路系统中,有限状态机是一种十分重要的时序逻辑电路模块,对数字系统的设计具有十分重要的作用。

有限状态机克服了纯硬件数字系统顺序方式控制不灵活的缺点,状态机的结构模式相对简单,容易构成性能良好的同步时序逻辑模块。因此有限状态机及其设计技术是数字系统设计中重要的组成部分,也是实现高效率、高可靠性逻辑电路的重要途径。

本任务学习有限状态机的 VHDL 三进程、双进程和单进程设计描述方法。通过学习,了解有限状态机的基本结构,理解有限状态机 VHDL 进程结构的划分,掌握用 VHDL 设计描述状态机的基本方法。

相关知识

6.1.1 有限状态机的基本结构

有限状态机是一种时序逻辑电路,其输出取决于过去输入部分和当前输入部分。有限状态机还含有一组具有“记忆”功能的寄存器,用于记忆有限状态机的内部状态。它们常被称为状态寄存器。在有限状态机中,状态寄存器的下一个状态不仅与输入信号有关,还与该寄存器的当前状态有关,因此有限状态机又可以认为是组合逻辑和寄存器逻辑的一种组合。其中,寄存器逻辑的功能是存储有限状态机的内部状态;组合逻辑又分为次态逻辑和输出逻辑两部分,次态逻辑的功能是确定有限状态机的下一个状态,输出逻辑的功能是确定有限状态机的输出。

在实际应用中,根据有限状态机与输入信号的关系,分为 Moore 型有限状态机和 Mealy 型有限状态机两种类型。

1. Moore 型有限状态机

Moore 型有限状态机的输出信号仅与当前状态有关,即可以把 Moore 型有限状态的输出看成是当前状态的函数。Moore 型有限状态机的结构简图如图 6-2 所示。

2. Mealy 型有限状态机

Mealy 型有限状态机的输出信号不仅与当前状态有关,还与所有的输入信号有关,即可以把 Mealy 型有限状态机的输出看成是当前状态和所有输入信号的函数。Mealy 型有限状态机的结构简图如图 6-3 所示。

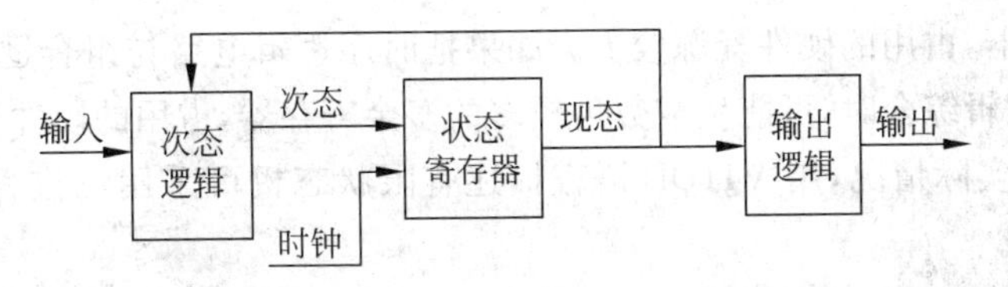

图 6-2 Moore 型有限状态机的结构简图

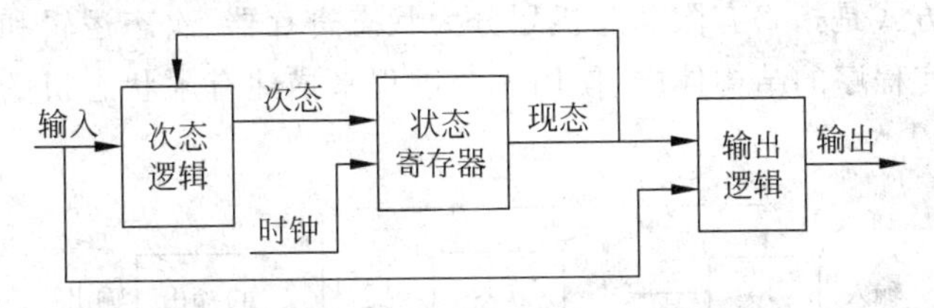

图 6-3 Mealy 型有限状态机的结构简图

Mealy 型和 Moore 型两种状态机各有特点，具体表现在以下两个方面。

(1) Mealy 型比 Moore 型响应速度快，而 Moore 型比 Mealy 型输出序列稳定。

因为 Mealy 型的输出与当前状态和输入有关，Mealy 型的输入立即反映在当前周期；而 Moore 型输出仅与当前状态有关，Moore 型的输入影响下一状态，通过下一状态影响输出。因此，Mealy 型的输出比 Moore 型超前一个周期，即 Mealy 型比 Moore 型响应速度快。但是超前的这个周期，可能造成输入信号的噪声(毛刺)直接影响到输出信号，即有竞争冒险，且不能消除。

由于 Mealy 型状态机的输出在当前周期，因此可能造成输入信号的噪声(毛刺)直接影响到输出信号，即有竞争冒险，且不能消除；而 Moore 型状态机的输出状态只在全局时钟信号改变时才改变，实现了输入与输出信号的隔离，所以输出稳定，能有效消除竞争冒险，具有较好的时序稳定性。

(2) Mealy 型比 Moore 型的状态少。

由于 Moore 型的输出只与当前的状态有关，一个状态对应一个输出，因此 Moore 型具有更多的状态，使用的触发器个数较多，电路结构相对复杂。

Mealy 型和 Moore 型实现的电路是同步时序逻辑电路的两种不同形式，它们之间不存在功能上的差异，并且可以相互转换。Moore 型电路有稳定的输出序列，而 Mealy 型电路的输出序列早 Moore 型电路一个时钟周期产生。在时序逻辑电路的设计中，可根据实际需要，结合两种电路的特性选择。

在时序电路设计中，Mealy 型和 Moore 型状态机的选择原则是：当要求输出对输入快速响应，希望电路尽量简单时，选择 Mealy 型状态机；当要求时序输出稳定，对响应速度要求不高时，可以选择 Moore 型状态机。

6.1.2 有限状态机的 VHDL 进程结构

用 VHDL 设计有限状态机的方法有多种，不同的设计描述风格对逻辑综合的结果影响很大。一般来说，时序逻辑电路与组合逻辑电路用不同的进程来描述，综合后不会生成多余的寄存器,占用的硬件资源较少。如果把时序逻辑电路与组合逻辑电路混合在同一个进程描述,逻辑综合时,可能生成数目较多的多余寄存器,占用的硬件资源大大增加。

根据设计的实际情况,用 VHDL 语言描述有限状态机可采用三进程描述、双进程描述或单进程描述。

1. 有限状态机的三进程结构

三进程描述方式是指将有限状态机划分为状态寄存器、次态逻辑和输出逻辑 3 个进程,在 VHDL 语言程序的结构体中,使用 3 个进程来描述有限状态机的功能。其结构如图 6-4 所示。

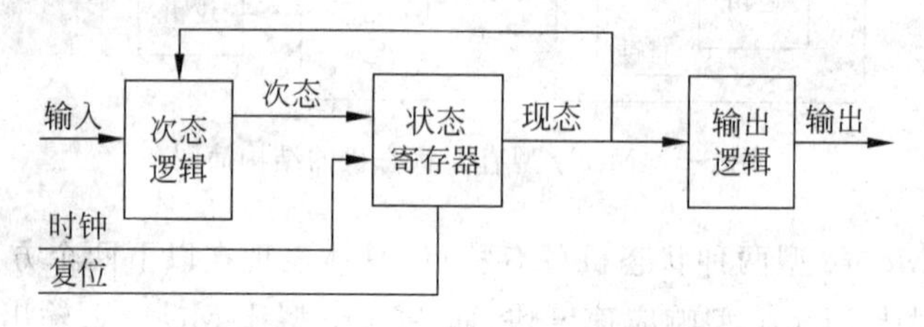

图 6-4 有限状态机的三进程结构

其中,状态寄存器用于存储状态机的内部状态,即现态,其在时钟信号的作用下跟随次态而变化;次态逻辑是在输入信号和现态作用下,经过组合逻辑电路产生次态;输出逻辑是在现态作用下,经过组合逻辑电路产生输出信号。有限状态机中的每一个状态对应控制单元的一个控制步骤,次态对应控制单元中与每一个控制步骤有关的转移条件。

2. 有限状态机的双进程结构

由于三进程结构中的次态逻辑和输出逻辑都由组合逻辑电路产生,而状态寄存器与时钟信号密切相关,因此可将有限状态机的三进程结构合并为双进程结构,即时序进程和组合进程。其结构如图 6-5 所示。

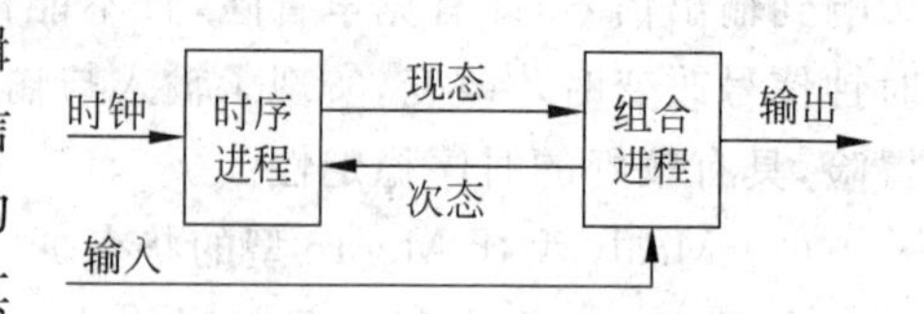

图 6-5 有限状态机的双进程结构

3. 有限状态机的单进程结构

单进程描述方式是指在 VHDL 语言程序的结构体中,使用一个进程语句来描述有限状态机中的次态逻辑、状态寄存器和输出逻辑。

用 VHDL 设计有限状态机的具体步骤如下所述:

(1) 分析设计要求,确定需要使用的状态数量。

(2) 根据状态转移条件和输出信号变化,画出状态转移图。

(3) 根据状态转移图,用 VHDL 描述设计。

(4) 利用 EDA 工具,对状态机的功能进行仿真验证。

6.1.3 用户自定义数据类型定义语句

在有限状态机的 VHDL 描述中,需要定义一种表示状态变量的新数据类型,即用

TYPE 语句定义的用户自定义数据类型。该定义语句称为状态变量说明部分，一般放在 ARCHITECTURE 和 BEGIN 之间。

用户定义的数据类型格式如下所示：

```
TYPE 数据类型名 IS 数据类型定义 OF 基本数据类型;
```

或写成下面的形式：

```
TYPE 数据类型名 IS 数据类型定义;
```

有限状态机常用到的用户自定义数据类型为枚举类型。例如：

```
TYPE week IS(sun,mon,tue,wed,thu,fri,sat);
```

定义 week 这个数据类型含有 sun、mon、tue、wed、thu、fri、sat 等数据元素。

6.1.4　串行数据检测器有限状态机的 VHDL 设计

设计一个具有异步复位功能的串行数据检测器，当连续输入 3 个或 3 个以上的“1”时，输出为“1”；其他输入情况时，输出为“0”。

设异步复位信号 reset 高电平复位，clk 为状态转换的时钟信号，Xin 为输入变量，Y 为输出变量。根据要求，画出该串行数据检测器的状态转换如图 6-6 所示。

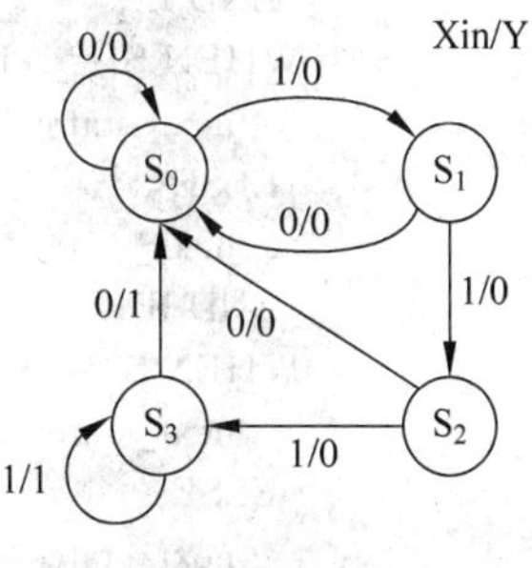

图 6-6　串行数据检测器的状态转换

对于串行数据检测器，可采用有限状态机的三进程结构和双进程结构进行描述。

1. 串行数据检测器的三进程设计描述

三进程是将设计描述为次态逻辑、状态寄存器和输出逻辑三个进程。在下面的三进程描述程序中，用 present_state 和 next_state 表示状态信号的现态和次态，Y 和 reg_Y 表示输出信号的现态和次态，次态逻辑、状态寄存器和输出逻辑分别用 next_logic、state_reg 和 output_logic 三进程来描述。

```
LIBRARY IEEE;
USE IEEE.STD_LOGIC_1164.ALL;
USE IEEE.STD_LOGIC_UNSIGNED.ALL;
ENTITY sdcheck_three IS
  PORT(reset,CLK,Xin:IN STD_LOGIC;
       Y:OUT STD_LOGIC);
END sdcheck_three;
ARCHITECTURE behave OF sdcheck_three IS
 TYPE state IS(S0,S1,S2,S3);
 SIGNAL present_state:state;
```

```
  SIGNAL next_state:state;
  SIGNAL reg_Y:STD_LOGIC;
BEGIN
  state_reg:PROCESS(CLK)
    BEGIN
      IF(clk'EVENT AND clk='1')THEN
        present_state <=next_state;
        Y<=reg_Y;
      END IF;
    END PROCESS;
  next_logic:PROCESS(reset, Xin, present_state)
    BEGIN
     IF reset='1' THEN
        next_state<=s0;
        reg_Y<='0';
     ELSE
      CASE present_state IS
       WHEN S0=>IF Xin='1' THEN
           next_state <=S1;
         ELSE
           next_state <=S0;
         END IF;
       WHEN S1=>IF Xin='1' THEN
           next_state <=S2;
         ELSE
           next_state <=S0;
         END IF;
       WHEN S2=>IF Xin='1' THEN
           next_state <=S3;
         ELSE
           next_state <=S0;
         END IF;
       WHEN S3=>IF Xin='1' THEN
           next_state <=S3;
         ELSE
           next_state <=S0;
         END IF;
      END CASE;
     END IF;
    END PROCESS;
   output_logic:PROCESS(present_state, reg_Y)
    BEGIN
     IF present_state =S0 THEN
        reg_Y<='0';
      ELSIF present_state =S1 THEN
        reg_Y<='0';
       ELSIF present_state =S2 THEN
        reg_Y<='0';
       ELSIF present_state =S3 THEN
```

```
        reg_Y<='1';
      ELSE reg_Y<='X';
    END IF;
  END PROCESS;
END behave;
```

异步复位的串行数据检测器三进程描述的功能仿真波形如图 6-7 所示。

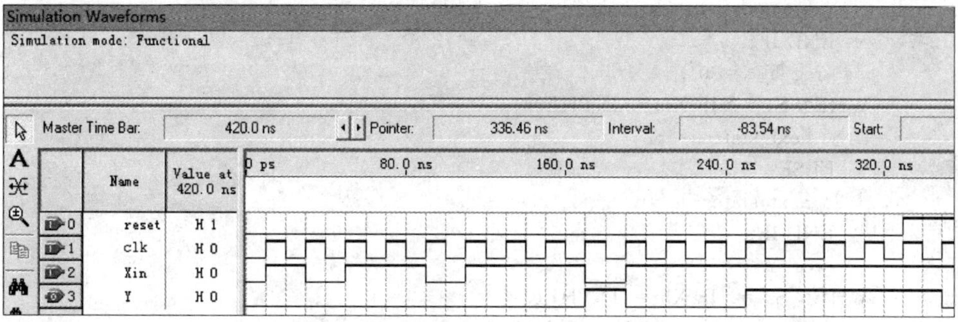

图 6-7　异步复位的串行数据检测器三进程描述的功能仿真波形

2. 串行数据检测器的双进程设计描述

双进程设计是将设计描述为时序和组合两个进程。在下面的双进程描述程序中，用 present_state 和 next_state 表示状态信号的现态和次态，Y 和 reg_Y 表示输出信号的现态和次态，时序进程和组合进程分别用 sequence 和 combination 来描述。

```
LIBRARY IEEE;
USE IEEE.STD_LOGIC_1164.ALL;
USE IEEE.STD_LOGIC_UNSIGNED.ALL;
ENTITY sdcheck_two IS
  PORT(reset,clk,Xin:IN STD_LOGIC;
       Y:OUT STD_LOGIC);
END sdcheck_two;
ARCHITECTURE behave OF sdcheck_two IS
 TYPE state IS(S0,S1,S2,S3);
 SIGNAL present_state:state;
 SIGNAL next_state:state;
 SIGNAL reg_Y:STD_LOGIC;
BEGIN
  sequence:PROCESS(clk,next_state)
    BEGIN
     IF(CLK'EVENT AND CLK='1')THEN
        present_state<=next_state;
        Y<=reg_Y;
     END IF;
    END PROCESS;
  combination:PROCESS(reset,Xin,present_state)
    BEGIN
     IF reset='1' THEN
```

```
          next_state<=s0;
          reg_Y<='0';
      ELSE
       CASE present_state IS
        WHEN S0=>IF Xin='1' THEN
              next_state<=S1;
           ELSE
              next_state<=S0;
           END IF;
             reg_Y<='0';
        WHEN S1=>IF Xin='1' THEN
              next_state<=S2;
           ELSE
              next_state<=S0;
           END IF;
             reg_Y<='0';
        WHEN S2=>IF Xin='1' THEN
              next_state<=S3;
           ELSE
              next_state<=S0;
           END IF;
             reg_Y<='0';
        WHEN S3=>IF Xin='1' THEN
              next_state<=S3;
           ELSE
              next_state<=S0;
           END IF;
             reg_Y<='1';
        WHEN OTHERS =>NULL;
       END CASE;
      END IF;
   END PROCESS;
 END behave;
```

异步复位的串行数据检测器双进程描述的功能仿真波形如图 6-8 所示。

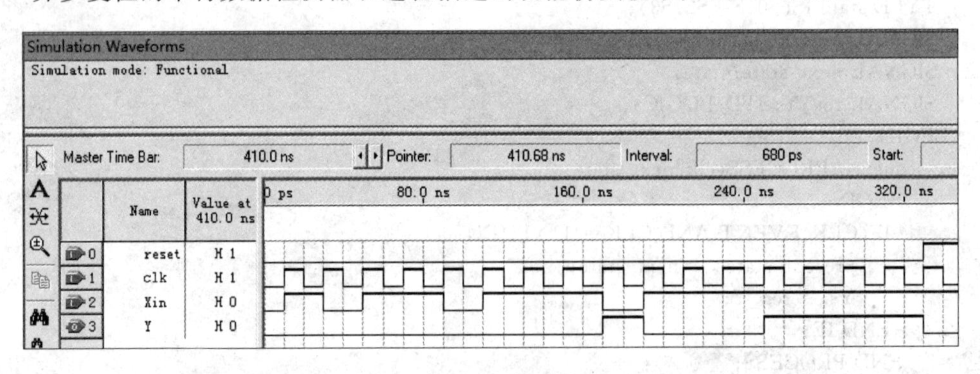

图 6-8 异步复位的串行数据检测器双进程描述的功能仿真波形

3. 串行数据检测器的单进程设计描述

单进程状态机的特点是用一个进程来描述状态机。此进程是既有组合逻辑，又有时序逻辑的混合逻辑进程。用 present_state 和 next_state 表示状态信号的现态和次态，Y 和 reg_Y 表示输出信号的现态和次态，其 VHDL 描述如下所示：

```
LIBRARY IEEE;
USE IEEE.STD_LOGIC_1164.ALL;
USE IEEE.STD_LOGIC_UNSIGNED.ALL;
ENTITY sdcheck_one IS
  PORT(reset,clk,Xin:IN STD_LOGIC;
       Y:OUT STD_LOGIC);
END sdcheck_one;
ARCHITECTURE behave OF sdcheck_one IS
 TYPE state IS(S0,S1,S2,S3);
 SIGNAL present_state:state;
 SIGNAL next_state:state;
 SIGNAL reg_Y:STD_LOGIC;
BEGIN
  PROCESS(reset,clk,Xin,present_state)
    BEGIN
    IF reset='1' THEN
        next_state<=S0;
        reg_Y<='0';
      ELSIF(clk'EVENT AND clk='1')THEN
          CASE present_state IS
            WHEN S0=>IF Xin='1' THEN
                next_state<=S1;
              ELSE
                next_state<=S0;
              END IF;
               reg_Y<='0';
          WHEN S1=>IF Xin='1' THEN
                next_state<=S2;
              ELSE
                next_state<=S0;
              END IF;
               reg_Y<='0';
          WHEN S2=>IF Xin='1' THEN
                next_state<=S3;
              ELSE
                next_state<=S0;
              END IF;
               reg_Y<='0';
          WHEN S3=>IF Xin='1' THEN
                next_state<=S3;
              ELSE
                next_state<=S0;
              END IF;
```

```
            reg_Y<='1';
        END CASE;
      END IF;
  END PROCESS;
    present_state<=next_state;
    Y<=reg_Y;
END behave;
```

分析上述设计的结构,单进程中的设计描述是以状态转换的时钟信号作为同步信号的时序逻辑电路,能有效避免组合逻辑电路的竞争冒险现象。

异步复位的单进程串行数据检测器描述的功能仿真波形如图 6-9 所示。

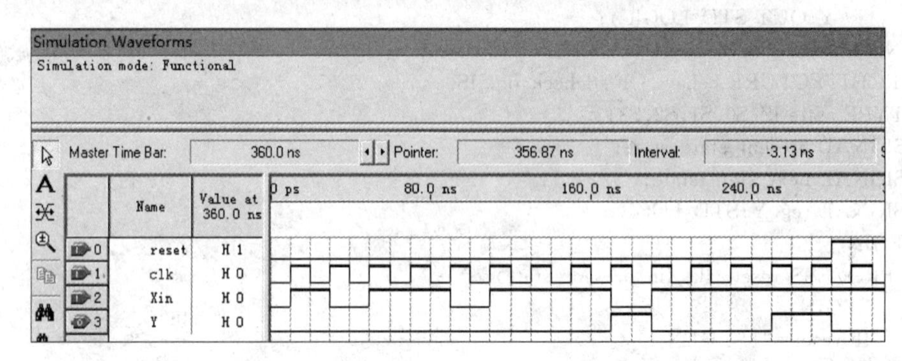

图 6-9 异步复位的串行数据检测器单进程描述的功能仿真波形

比较图 6-7、图 6-8 和图 6-9 可以看出,3 种进程描述方式的功能仿真波形是相同的,说明能实现同样的逻辑功能。

如果是具有同步复位功能的串行数据检测器,则将复位信号 reset 的判断放在三进程的状态寄存器和双进程的时序进程中,VHDL 描述如下:

```
PROCESS (clk, reset, present_state)
   BEGIN
     IF (clk='1' AND clk'event) THEN
       IF (reset='1') THEN
         present_state <= S0;
       ELSE
         present_state <= next_state;
       END IF;
     END IF;
  END PROCESS;
```

在实际的工作情况下,3 种进程描述方式有一些差异,需要根据不同的情况选择合适的描述方式。

对于三进程描述方式,是将次态逻辑、状态寄存器和输出逻辑 3 个进程分开描述,优点是程序可读性强,占用芯片面积适中,无毛刺,有利于综合。

对于双进程描述方式,分为组合逻辑和时序逻辑两个进程来描述,优点是占用芯片的面积小,但由于输出是当前状态的组合函数,可能存在竞争冒险现象,输出可能产生毛刺。

对于单进程描述方式，将次态逻辑、状态寄存器和输出逻辑写到一个进程中，优点是可以克服竞争冒险，不易产生毛刺，易于进行逻辑综合；缺点是代码可读性较差，不利于修改、完善及维护，且状态和输出均由寄存器实现，会消耗较大的芯片资源。

任务 6.2　有限状态机的图形化设计

任务描述与分析

任务 6.1 介绍的串行数据检测器状态机的设计方法，是先手动画出状态转移图，再用 VHDL 设计描述。在 Quartus Ⅱ 开发软件中，可以用其自带的状态机图形化设计工具完成有限状态机的设计。

本任务学习用 Quartus Ⅱ 自带的状态机图形编辑器完成任务 6.1 中串行数据检测器的状态机设计。通过学习，熟悉和掌握用 Quartus Ⅱ 自带的状态机图形编辑器设计有限状态机的基本方法。

相关知识

6.2.1　有限状态机的图形化设计步骤

Quartus Ⅱ 自带的状态机图形化设计工具有设计向导，其设计过程和步骤如下所述：

(1) 创建工程文件。

(2) 创建状态机文件。

(3) 打开状态机设计输入向导，创建或编辑状态机。

(4) 设置状态机的状态、输入/输出端口、各状态转移的条件及各状态的输出值。

(5) 生成状态转移图，适当调整各状态的位置，得到需要的状态图。

(6) 自动生成 HDL 语言。

(7) 设计编译并进行功能仿真，验证设计的正确性。

在用 Quartus Ⅱ 自带的状态机图形化设计工具自动生成的 HDL 文件中，状态机用双进程来描述。

任务实施

6.2.2　串行数据检测器有限状态机的图形化设计

用 Quartus Ⅱ 自带的状态机图形编辑器设计一个串行数据检测器，当连续输入 3 个或 3 个以上的“1”时，输出为“1”；其他输入情况时，输出为“0”。

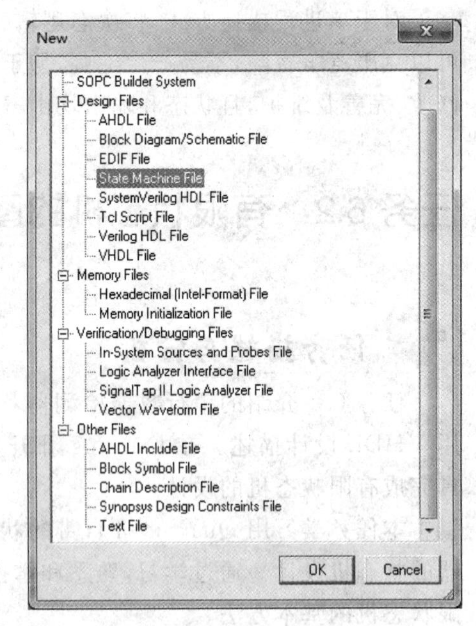

图 6-10　创建状态机文件对话框

1. 建立工程文件

利用工程文件设计向导,建立 Quartus Ⅱ的工程文件 sdcheck。

2. 创建状态机文件

在 Quartus Ⅱ菜单栏中选择 File|New,或单击工具栏中的□图标,在弹出的新建文件对话框中选择 State Machine File,如图 6-10 所示。单击 OK 按钮,进入状态机编辑器窗口。

3. 创建或编辑状态机

(1) 在状态机编辑器窗口中,选择菜单 Tools|State Machine Wizard,如图 6-11 所示。

(2) 进入状态机设计输入指南对话框,如图 6-12 所示。选择要执行的操作,是创建一个新的状态机设计(Crate a new state machine design),还是编辑一个已存在的状态机设计(Edit an

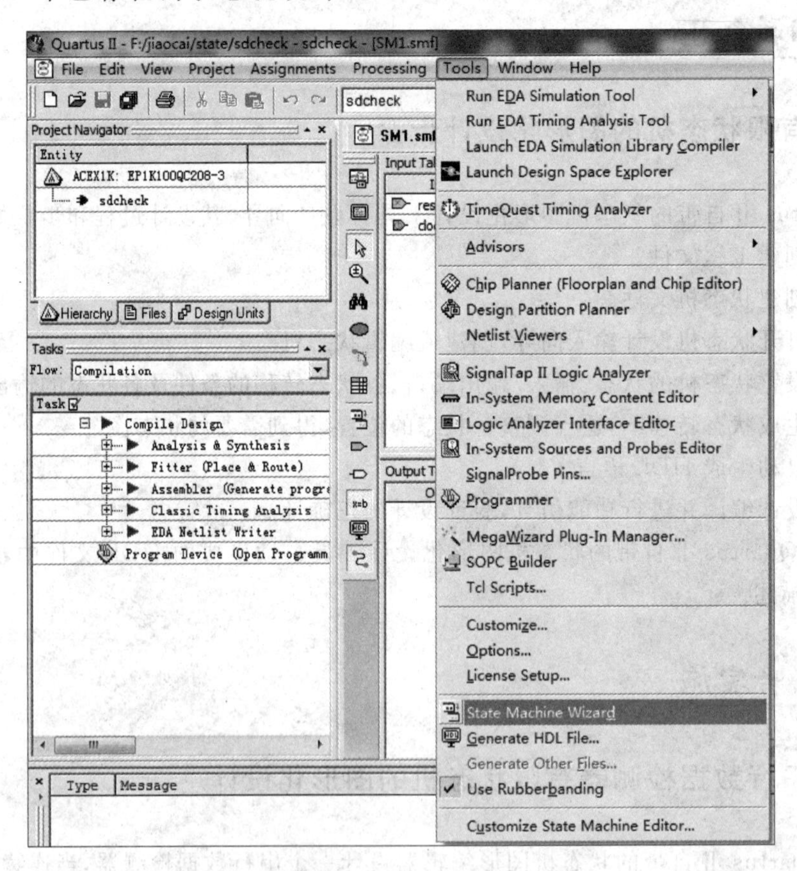

图 6-11　状态机设计输入指南菜单

existing state machine design)。这里需要创建一个新的状态机,因此选择 Crate a new state machine design,然后单击 OK 按钮。

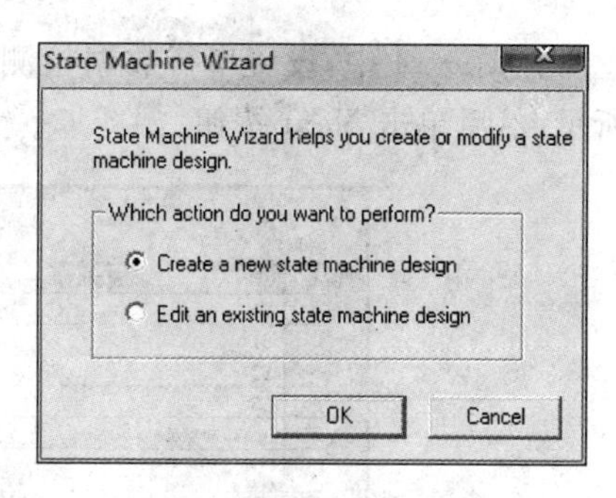

图 6-12　状态机设计输入指南对话框

(3) 进入状态机设计输入指南第 1 页对话框,如图 6-13 所示。选择复位 reset 信号模式,是同步(Synchronous)还是异步(Asynchronous)。本任务的串行数据检测器选择异步复位方式。选择 reset 为高电平复位(Reset is active-high);选择输出端的输出方式为寄存器方式(Register the output ports),然后单击 Next 按钮。

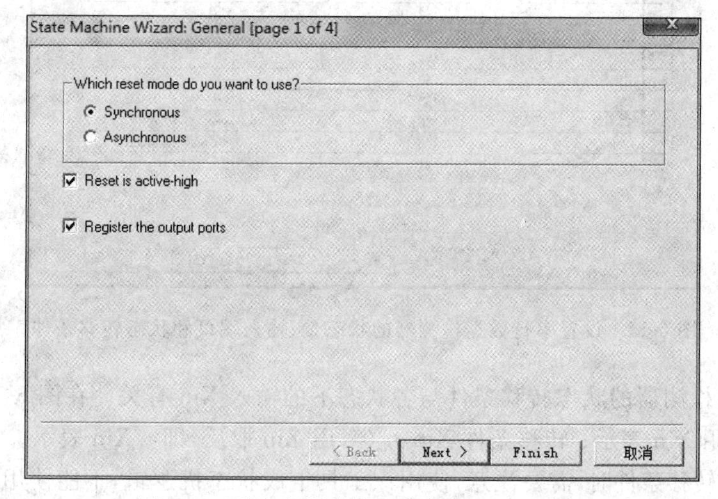

图 6-13　状态机设计输入指南第 1 页对话框

(4) 进入状态机设计输入指南第 2 页对话框,如图 6-14 所示。

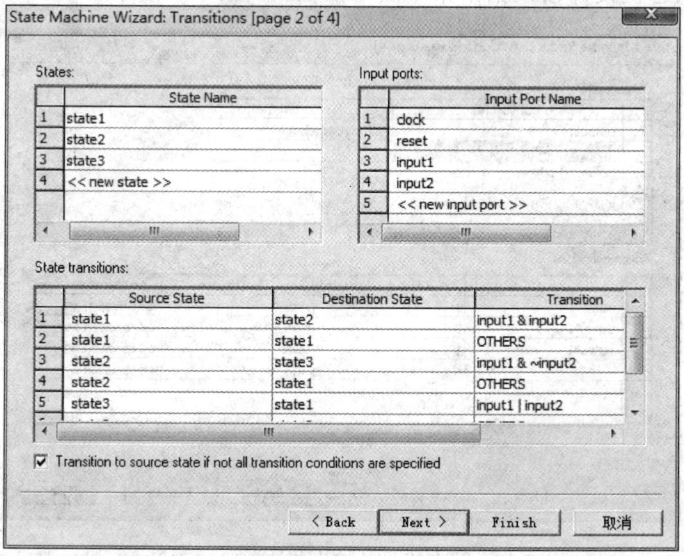

图 6-14　状态机设计输入指南第 2 页对话框

在图 6-14 中,设置串行数据检测器的状态量、输入端口和状态转移条件,如图 6-15 所示,然后单击 Next 按钮。

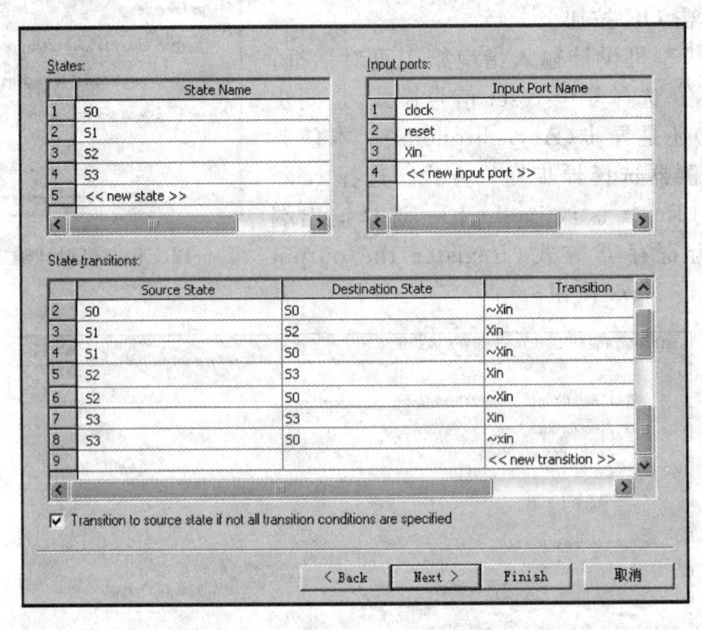

图 6-15　设置串行数据检测器的状态量、输入端口和状态转移条件

串行数据检测器的状态转移条件与各状态下的输入 Xin 有关。在图 6-15 中,转移条件 Xin='1',用 Xin 表示;转移条件 Xin='0',用 Xin 取反,即~Xin 表示。

设置状态转移条件时,需要注意,使用该工具生成状态机逻辑,不能使用 &&、|| 等操作符以及+、-等运算符来作为状态转移条件的一部分。条件必须是很简单的高、低电平或比较、取反等符号。如果不希望生成锁存器逻辑,可以为每一个状态指定 OTHERS 条件。

(5) 进入状态机设计输入指南第 3 页对话框,如图 6-16 所示。

State Machine Wizard: Actions [page 3 of 4]

Output ports:

	Output Port Name	Output State
1	output1	Next clock cycle
2	<< new output port >>	

Action conditions:

	Output Port	Output Value	In State	Additional Conditic
1	output1	1	state1	<< condition >>
2	output1	0	state2	<< condition >>
3	output1	1	state3	<< condition >>
4		<< output value >>		<< condition >>

< Back　Next >　Finish　取消

图 6-16　状态机设计输入指南第 3 页对话框

在图 6-16 中，设置串行数据检测器的输出端口和各状态的输出值，如图 6-17 所示，然后单击 Next 按钮。

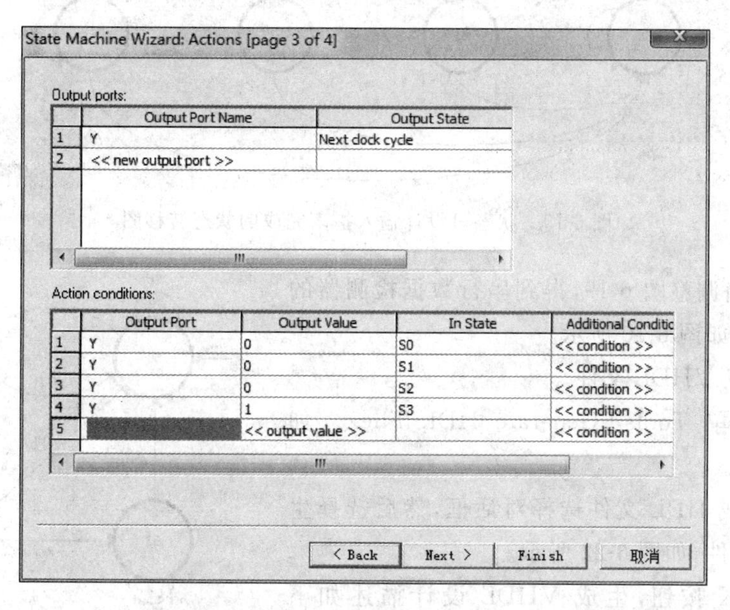

图 6-17　设置串行数据检测器的输入端口和各状态的输出值

(6) 进入状态机设计输入指南第 4 页对话框，确认状态量、输入端口和输出端口，如图 6-18 所示。检查、确认各设置量。如果不正确，单击 Back 按钮，返回到前面的页面去修改设置；检查正确后，单击 Finish 按钮，完成状态机的设计输入，弹出现状态转移图，如图 6-19 所示。

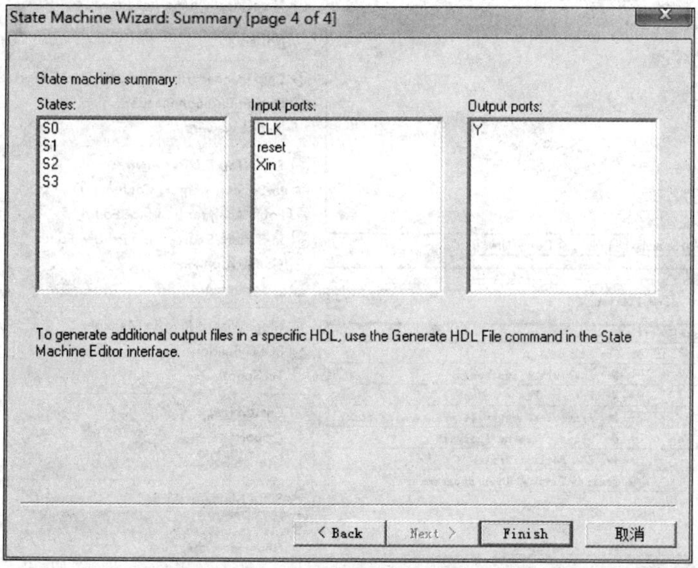

图 6-18　状态机设计输入指南第 4 页对话框

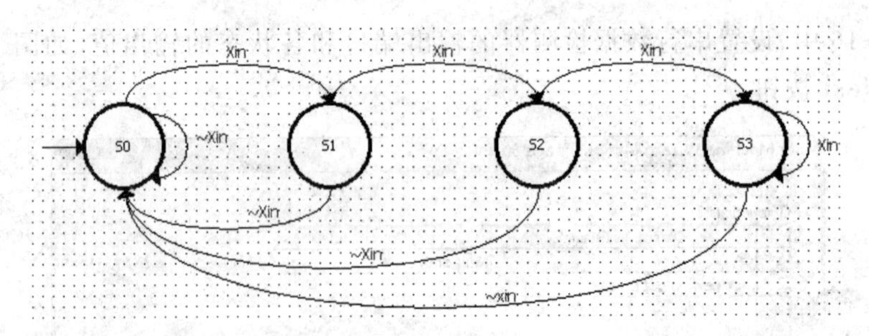

图 6-19　状态机设计输入指南完成的状态转移图

(7) 适当调整图 6-19，得到串行数据检测器的状态转移图，如图 6-20 所示。

(8) 生成 VHDL 文件。

选择菜单 Tools | Generate HDL File...，如图 6-21 所示。

进入生成 HDL 文件选择对话框，然后选择生成 VHDL 文件，如图 6-22 所示。

单击 OK 按钮，生成 VHDL 设计描述如下所示。

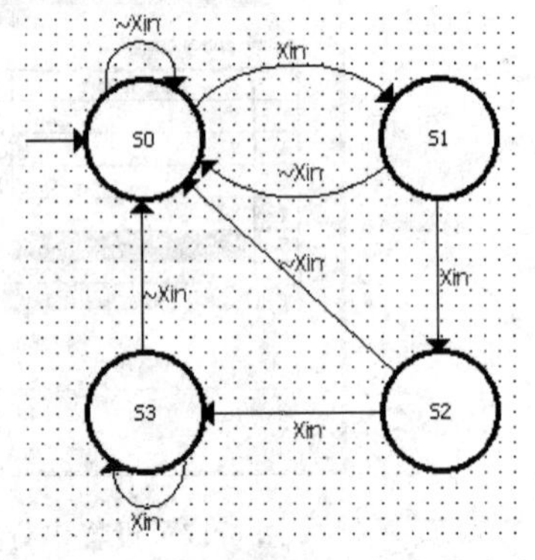

图 6-20　串行数据检测器的状态转移图

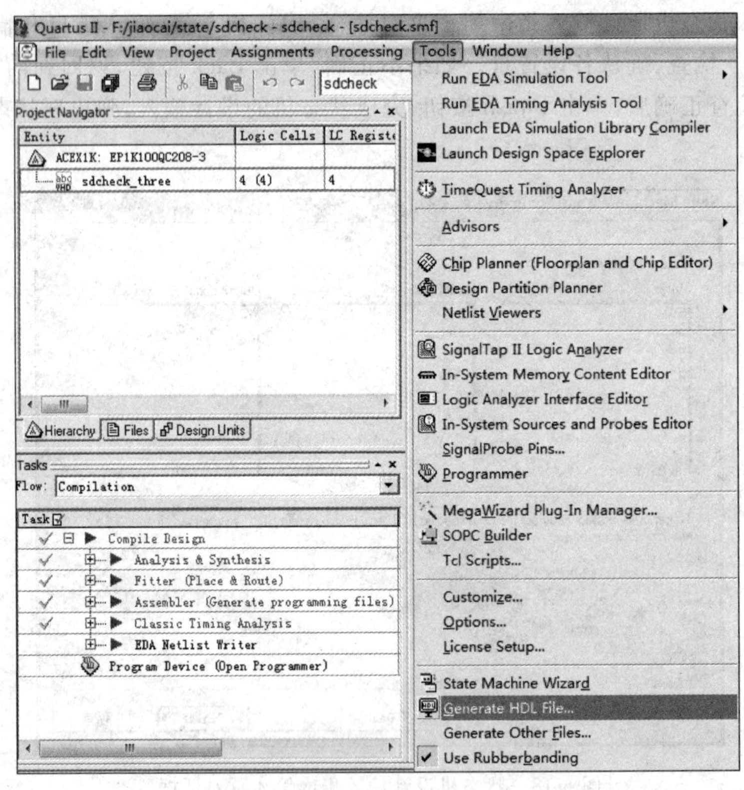

图 6-21　生成 HDL 文件菜单

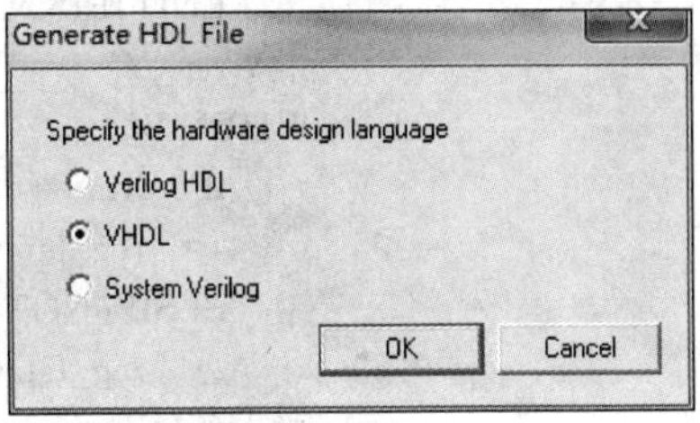

```
LIBRARY ieee;
USE ieee.std_logic_1164.all;
ENTITY sdcheck IS
    PORT(
        clk: IN STD_LOGIC;
        reset: IN STD_LOGIC := '0';
        Xin: IN STD_LOGIC := '0';
        Y: OUT STD_LOGIC
    );
END sdcheck;
ARCHITECTURE BEHAVIOR OF sdcheck IS
    TYPE type_fstate IS(S0,S1,S2,S3);
    SIGNAL fstate : type_fstate;
    SIGNAL reg_fstate : type_fstate;
    SIGNAL reg_Y : STD_LOGIC := '0';
BEGIN
    PROCESS(clk,reg_fstate,reg_Y)
    BEGIN
        IF(clk='1' AND CLK'event) THEN
            fstate <= reg_fstate;
            Y <= reg_Y;
        END IF;
    END PROCESS;
    PROCESS(fstate,reset,Xin)
    BEGIN
        IF(reset='1')THEN
            reg_fstate <= S0;
            reg_Y <= '0';
        ELSE
            reg_Y <= '0';
            CASE fstate IS
                WHEN S0 =>
                    IF((Xin = '1'))THEN
                        reg_fstate <= S1;
                    ELSIF(NOT((Xin = '1'))) THEN
                        reg_fstate <= S0;
                    -- Inserting 'else' block to prevent latch inference
                    ELSE
                        reg_fstate <= S0;
                    END IF;
                    reg_Y <= '0';
                WHEN S1 =>
                    IF((Xin = '1')) THEN
                        reg_fstate <= S2;
                    ELSIF(NOT((Xin = '1'))) THEN
                        reg_fstate <= S0;
                    -- Inserting 'else' block to prevent latch inference
                    ELSE
                        reg_fstate <= S1;
```

Generate HDL File

Specify the hardware design language

- Verilog HDL
- VHDL
- System Verilog

OK　Cancel

图 6-22　生成 HDL 文件选择对话框

```
                    END IF;
                    reg_Y <= '0';
                WHEN S2 =>
                    IF((Xin = '1')) THEN
                        reg_fstate <= S3;
                    ELSIF(NOT((Xin = '1'))) THEN
                        reg_fstate <= S0;
                    -- Inserting 'else' block to prevent latch inference
                    ELSE
                        reg_fstate <= S2;
                    END IF;
                    reg_Y <= '0';
                WHEN S3 =>
                    IF(NOT((Xin = '1'))) THEN
                        reg_fstate <= S0;
                    -- Inserting 'else' block to prevent latch inference
                    ELSE
                        reg_fstate <= S3;
                    END IF;
                    reg_Y <= '1';
                WHEN OTHERS =>
                    reg_Y <= 'X';
                    report "Reach undefined state";
            END CASE;
        END IF;
    END PROCESS;
END BEHAVIOR;
```

可以看出，上述 VHDL 设计是双进程描述方式。对于程序中定义的信号，fstate 和 reg_fstate 为状态量，分别是现态和次态；reg_Y 是输出的次态。

对上述 VHDL 设计描述的串行数据检测器进行功能仿真，波形如图 6-23 所示。

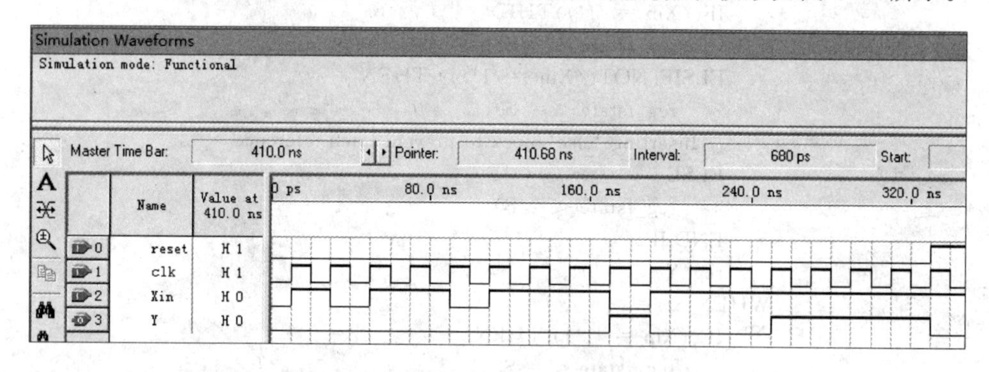

图 6-23　串行数据检测器的功能仿真波形

由图 6-23 可以看出，用 Quartus Ⅱ 自带的状态机图形化设计工具完成的串行数据检测器状态机设计与任务 6.1 中的进程描述实现了同样的状态机设计功能。

任务 6.3　交通灯控制器的 VHDL 设计

任务描述与分析

交通灯控制器控制十字路口的红绿灯,指挥行人和各种车辆安全通行,是城市交通管理自动化的重要保证。

对于本任务的交通灯控制器,假设控制的是由一条南北和东西 2 个方向的道路汇合而成的十字路口,在每个方向设置了红、绿、黄 3 种信号灯和通行时间倒计时显示屏。十字路口交通灯系统示意图如图 6-24 所示。

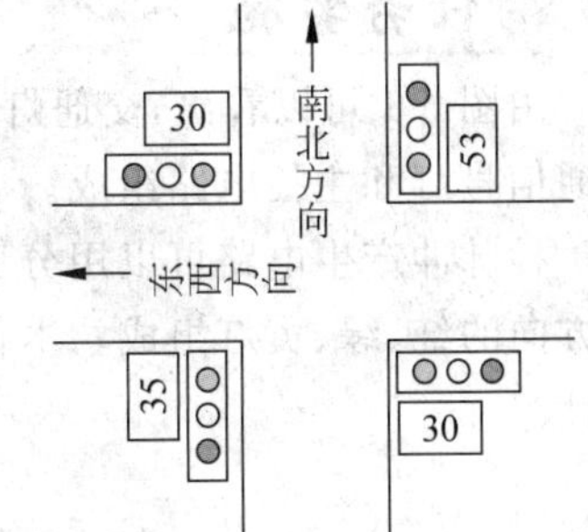

图 6-24　十字路口交通灯系统示意图

本任务中的交通灯控制器设计要求如下所述:

(1) 2 个方向的干道通行时间为 30s,过渡时间为 5s,禁行时间为 35s。

(2) 假设初始状态为东西向通行(绿灯亮),东西向时间显示数码管从 30s 开始倒计时,南北向禁行(红灯亮,从 35s 开始倒计时);当东西向 30s 通行时间结束时,变为过渡状态(黄灯亮),时间显示数码管从 5s 开始倒计时,南北向保持禁行状态;过渡状态结束时,东西向禁行(红灯亮),时间显示数码管从 35s 开始倒计时,南北向通行(绿灯亮,从 30s 开始倒计时);当南北向 30s 通行时间结束时,变为过渡状态(黄灯亮,从 5s 开始倒计时);南北向过渡状态结束时,回到初始状态,即南北向禁行,东西向通行。

相关知识

6.3.1　交通灯控制器的状态转换图

根据控制要求,画出交通灯控制器的状态转换图如图 6-25 所示。

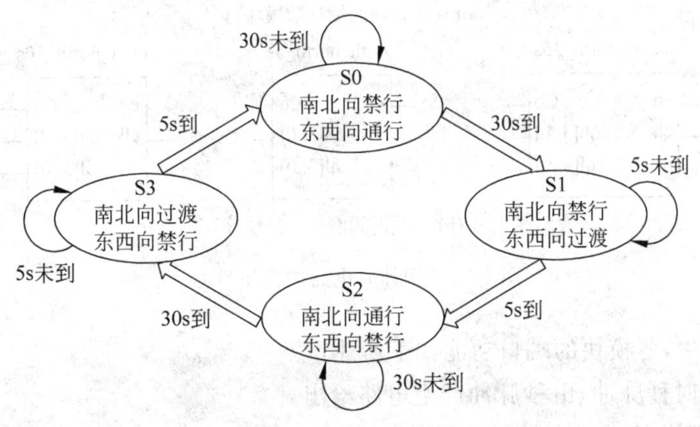

图 6-25　交通灯控制器的状态转换图

如图 6-25 所示,交通灯控制器分为 4 个状态:S0 是初始状态,此时,东西向绿灯亮,南北向红灯亮;东西向通行 30s 后,转换到状态 S1。此时,东西向由通行进入过渡状态,绿灯灭,黄灯亮,南北向保持红灯亮;5s 后,转换到 S2 状态。此时,东西由过渡进入禁行状态,黄灯灭,红灯亮,南北向通行,绿灯亮;南北向通行 30s 后,转换到状态 S3。此时,南北向由通行进入过渡状态入,绿灯灭,黄灯亮,东西向保持红灯亮;5s 后,回到状态 S0,开始新的循环。

任务实施

由图 6-1 可以看出,交通灯控制器由秒脉冲产生电路、倒计时电路、倒计时显示电路、交通信号灯和主控电路组成。

秒脉冲产生电路可以用分频器将晶振分频为 1Hz 的秒脉冲信号。交通信号灯由 2 个方向的红、绿、黄灯组成。本任务主要学习倒计时电路、倒计时显示电路和主控电路的设计。

6.3.2 倒计时电路的设计

倒计时电路是对交通信号灯的点亮时间进行倒计数,并产生状态转换控制信号,然后送到主控电路中,控制交通灯不同状态的转换。

1. 倒计时电路的模块符号

根据本项目的设计功能要求,通行时间为 30s,过渡时间为 5s,禁行时间为 35s。因此,倒计时电路包括 2 个方向的 30s 倒计时、5s 倒计时和 35s 倒计时各 3 个模块。

东西、南北 2 个方向的 6 个倒计时电路的模块符号如图 6-26 所示。

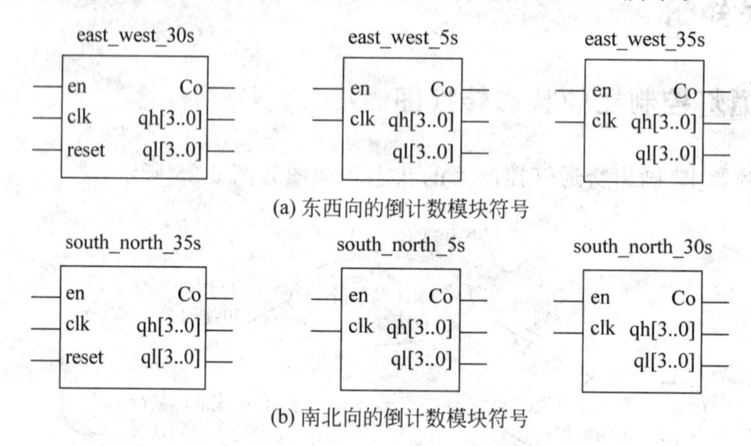

图 6-26 倒计时电路的模块符号

在图 6-26 中,各模块的端口功能如下所述:

① clk:计时秒脉冲,由秒脉冲产生电路给出。

② en:计数使能端。有效时,开始倒计时;无效时,停止计数。由主控电路给出。

③ qh、ql：2 位倒计数的数值输出。qh 为高位，ql 为低位。

④ co：倒计时时间减到 0 的标志，为主控电路提供状态转换的控制信号。

⑤ reset：与主控电路同步的复位信号。复位时，回到交通灯控制器初始状态。

交通灯控制器的初始状态 S0 为东西向通行，南北向禁行，则起始工作状态是东西向 30s 倒计时，南北向 35s 倒计时。为了保持与主控电路的复位状态同步，东西向 30s 倒计时和南北向 35s 倒计时模块设置有异步复位端 reset。

2. 南北向 35s 倒计时电路的 VHDL 设计

以南北向 35s 倒计时电路为例，该模块是有异步复位端 reset 的。

```
LIBRARY IEEE;
USE IEEE.STD_LOGIC_1164.ALL;
USE IEEE.STD_LOGIC_UNSIGNED.ALL;
ENTITY south_north_35s IS
   PORT(en,clk,reset: IN STD_LOGIC;
        co: OUT STD_LOGIC;
        qh,ql: BUFFER STD_LOGIC_VECTOR(3 DOWNTO 0));
END south_north_35s;
ARCHITECTURE behave south_north_35s IS
 BEGIN
  PROCESS(clk)
   BEGIN
     IF reset='1' THEN                          --复位信号有效,回到初始状态,计数初值为35s
         qh<="0011"; ql<="0101";
       ELSIF(clk'EVENT AND clk='1')THEN
         IF en='1' THEN                         --计数使能端有效,开始计数
             IF qh="0000" and ql="0000" then
              qh<="0011"; ql<="0000";co<='1';   --倒计时到0时,送下个状态的初始值
              ELSIF(ql="0000")THEN
                ql<="1001";qh<=qh-1;
              ELSE ql<=ql-1; co<='0';
             END IF;
         END IF;
       END IF;
     END PROCESS;
END behave;
```

其余各倒计时模块的设计描述思路基本相同，这里不再赘述。

6.3.3　倒计时显示电路的设计

倒计时显示电路用于显示倒计时电路的输出时间，东西和南北 2 个方向的 4 个路口共有 4 组倒计时显示，每组由 2 位数码管组成。

倒计时显示电路采用动态显示技术，由倒计时模块选择电路、动态扫描显示构成。倒计时模块选择电路用于选择输出哪个倒计时模块的时间；动态扫描显示电路用于实现对南北和东西 2 个方向倒计时时间的动态显示。

1. 倒计时模块选择电路的 VHDL 设计

倒计时模块选择电路用于选择 30s、5s 和 35s 3 个倒计时模块中的 1 个输出送到动态扫描电路中去显示。

倒计时模块选择电路的模块符号如图 6-27 所示。

select3_1

dh30[3..0] yh[3..0]
dl30[3..0] yl[3..0]
dh5[3..0]
dl5[3..0]
dh35[3..0]
dl35[3..0]
start30s
start5s
start35s

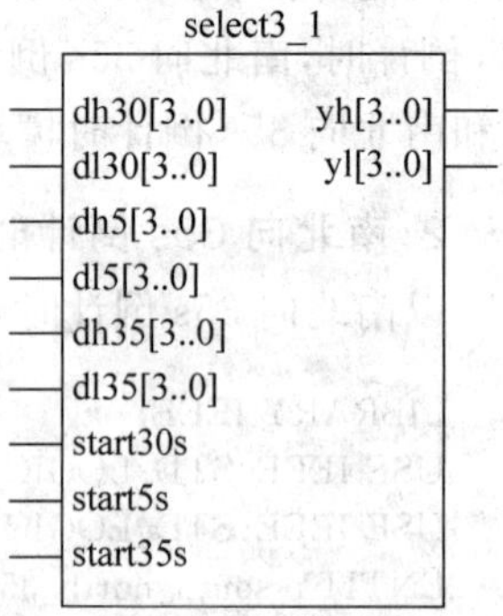

图 6-27　倒计时模块选择电路的模块符号

在图 6-27 中,各端口的功能如下所述:

① dh30、dl30:输入数据,是 30s 倒计时模块的输出。

② dh5、dl5:输入数据,是 5s 倒计时模块的输出。

③ dh35、dl35:输入数据,是 35s 倒计时模块的输出。

④ start30s:输入信号,有效时选择输出 30s 倒计时模块的数据。

⑤ start5s:输入信号,有效时选择输出 5s 倒计时模块的数据。

⑥ start35s:输入信号,有效时,选择输出 35s 倒计时模块的数据。

⑦ yh、yl:输出数据。

其中,start30s、start5s 和 start30s 是主控电路产生的送到 30s、5s 和 35s 倒计时模块的计数使能信号。有效时,启动相应的倒计时模块,并选择该模块的计时时间作为显示数据。

倒计时模块选择电路的 VHDL 源程序描述如下所示:

```
LIBRARY IEEE;
     USE IEEE.STD_LOGIC_1164.ALL;
ENTITY select3_1 IS
     PORT(dh30,dl30,dh5,dl5,dh35,dl35:IN STD_LOGIC_VECTOR(3 DOWNTO 0);
          start30s,start5s,start35s: IN STD_LOGIC;
          yh,yl:OUT STD_LOGIC_VECTOR(3 DOWNTO 0));
END select3_1;
ARCHITECTURE abc OF select3_1 IS
 SIGNAL sel: STD_LOGIC_VECTOR(2 DOWNTO 0);
BEGIN
  PROCESS(start30s,start5s,start35s)
    BEGIN
      IF start30s='1' THEN
        yh<=dh30;yl<=dl30;
      ELSIF start5s='1' THEN
        yh<=dh5;yl<=dl5;
      ELSIF start35s='1' THEN
        yh<=dh35;yl<=dl35;
      END IF;
   END PROCESS;
END abc;
```

倒计时时间的显示分为南北和东西 2 个方向,因此倒计时模块选择电路南北向和东西向各有 1 个。

2. 动态扫描显示电路的 VHDL 设计

动态扫描显示电路用于实现南北和东西 2 个方向倒计时时间的动态显示，由显示数据选择电路、位码产生电路和 BCD 七段译码器构成。

动态扫描显示电路的结构如图 6-28 所示。

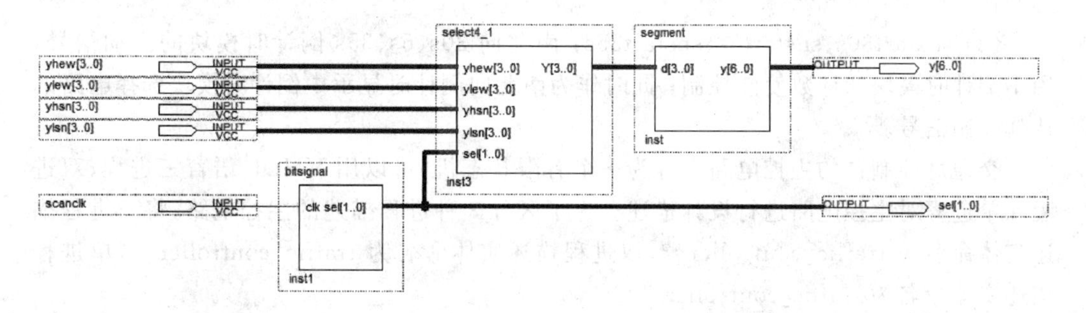

图 6-28　动态扫描显示电路的结构图

图 6-28 中各模块的功能如下所述：

(1) 模块 bitsignal：位码产生电路，其输入信号 clk 为动态扫描的脉冲，输出为位选码，并作为显示数据选择电路 select4_1 的数据选择控制端。

(2) 模块 select4_1：倒计时显示数据选择电路，相当于一个四选一的数据选择器。yhsn 和 ylsn 为南北向倒计时时间的高位和低位数据；yhew 和 ylew 为东西向倒计时时间的高位和低位数据；这 4 个输入数据分别来自南北向和东西向倒计时模块选择电路的输出；sel 为位码产生电路输出的位选信号；y 为输出信号，送到 BCD 七段译码器输入端。

(3) 模块 segment：BCD 七段译码器，产生七段码后送到数码管显示。

6.3.4　交通灯控制器主控电路的设计

主控电路是交通灯控制器的核心。状态转换和其他各模块的同步时序，都是由主控电路产生的。主控电路的模块符号如图 6-29 所示。

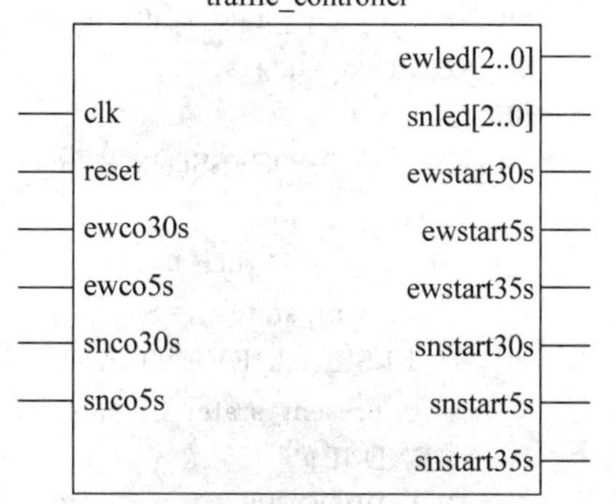

图 6-29　主控电路的模块符号

图 6-29 中各端口的功能如下所述：

(1) clk：主控电路的时序控制脉冲。

(2) reset：系统复位信号。

(3) ewco30s、ewco5s：东西向 30s、5s 倒计时模块的计时结束(减到了 0)信号，用于控制状态的转换。ewco30s 用于控制状态 S0 到 S1 的转换，ewco5s 用于控制状态 S1 到 S2 的转换。

(4) snco30s、snco5s：南北向 30s、5s 倒计时模块的计时结束(减到 0)信号，用于控制状态的转换。snco30s 用于控制状态 S2 到 S3 的转换；snco5s 用于控制状态 S3 到 S0 的转换。

(5) ewled：东西向交通信号灯接口，3 位二进制数，从高到低分别接绿、黄、红灯。

(6) snled：南北向交通信号灯接口，3 位二进制数，从高到低分别接绿、黄、红灯。

(7) ewstart30s、ewstart5s、ewstart35s：东西向 30s、5s、35s 倒计时模块的启动信号，用于倒计时模块的计数使能控制；同时作为东西向倒计时显示中倒计时模块选择电路的选择控制信号。

(8) snstart30s、snstart5s、snstart35s：南北向 30s、5s、35s 倒计时模块的启动信号，用于倒计时模块的计数使能控制；同时作为南北向倒计时显示中倒计时模块选择电路的选择控制信号。

交通灯控制器的主控电路设计为一个有限状态机，可以用 VHDL 语言三进程、双进程和单进程对主控电路进行设计描述。为了区分 3 种进程描述的主控电路，将三进程描述实体命名为 traffic_controller_3，双进程描述实体命名为 traffic_controller_2，单进程描述实体命名为 traffic_controller_1。

1. 主控电路的三进程描述

将主控电路状态机划分为 3 个进程，分别为状态寄存器进程 state_reg、次态逻辑进程 next_logic 和输出逻辑进程 output_logic。用 present_state 和 next_state 表示现态和次态。主控电路有限状态机的三进程描述为：

```
LIBRARY IEEE;
USE IEEE.STD_LOGIC_1164.ALL;
USE IEEE.STD_LOGIC_UNSIGNED.ALL;
ENTITY traffic_controller_3 IS
  PORT(clk,reset:IN STD_LOGIC;
       ewco30s,ewco5s:IN STD_LOGIC;
       snco30s,snco5s:IN STD_LOGIC;
       ewled,snled:OUT STD_LOGIC_VECTOR(2 DOWNTO 0);   --从高到低，分别为绿、黄、红灯
       ewstart30s,ewstart5s,ewstart35s:OUT STD_LOGIC;
       snstart30s,snstart5s,snstart35s:OUT STD_LOGIC);
END traffic_controller_3;
ARCHITECTURE behave of traffic_controller_3 IS
 TYPE state IS(S0,S1,S2,S3);
 SIGNAL present_state:state:=S0;
 SIGNAL next_state:state;
 BEGIN
    state_reg:PROCESS(clk,reset)                          --状态寄存器进程
     BEGIN
      IF reset='1' then
        present_state<=S0;
        ELSIF(clk'EVENT AND clk='0')THEN
          present_state <=next_state;
       END IF;
     END PROCESS;
```

```
    next_logic:PROCESS(present_state)                          --次态逻辑进程
    BEGIN
     CASE present_state IS
       WHEN S0=>IF ewco30s='1' THEN
          next_state <=S1;
        ELSE
          next_state <=S0;
        END IF;
       WHEN S1=>IF ewco5s='1' THEN
          next_state <=S2;
        ELSE
          next_state <=S1;
        END IF;
       WHEN S2=>IF snco30s='1' THEN
          next_state <=S3;
         ELSE
          next_state <=S2;
        END IF;
       WHEN S3=>IF snco5s='1'  THEN
          next_state <=S0;
         ELSE
          next_state <=S3;
        END IF;
       END CASE;
    END PROCESS;
  output_logic:PROCESS(present_state)                          --输出逻辑进程
    BEGIN
     IF present_state =S0 THEN
         ewled<="100";snled<="001";                            --东西向绿灯亮,南北向红
                                                                 灯亮
         ewstart30s<='1';ewstart5s<='0';ewstart35s<='0';       --启动东西向 30s 倒计时
         snstart30s<='0';snstart5s<='0';snstart35s<='1';       --启动南北向 35s 倒计时
       ELSIF present_state =S1 THEN
         ewled<="010";snled<="001";
         ewstart30s<='0';ewstart5s<='1';ewstart35s<='0';
         snstart30s<='0';snstart5s<='0';snstart35s<='1';
       ELSIF present_state =S2 THEN
          ewled<="001";snled<="100";
          ewstart30s<='0';ewstart5s<='0';ewstart35s<='1';
          snstart30s<='1';snstart5s<='0';snstart35s<='0';
       ELSIF present_state =S3 THEN
         ewled<="001";snled<="010";
         ewstart30s<='0';ewstart5s<='0';ewstart35s<='1';
         snstart30s<='0';snstart5s<='1';snstart35s<='0';
     END IF;
   END PROCESS;
END behave;
```

2. 交通灯控制器的双进程描述

将主控电路状态机划分为 2 个进程,分别为时序进程 sequence、组合进程 combination。用 present_state 和 next_state 表示现态和次态,主控电路有限状态机的双进程描述为:

```
LIBRARY IEEE;
USE IEEE.STD_LOGIC_1164.ALL;
USE IEEE.STD_LOGIC_UNSIGNED.ALL;
ENTITY traffic_controller_2 IS
  PORT(clk, reset:IN STD_LOGIC;
       ewco30s, ewco5s:IN STD_LOGIC;
       snco30s, snco5s:IN STD_LOGIC;
       ewled, snled:OUT STD_LOGIC_VECTOR(2 DOWNTO 0);
       ewstart30s, ewstart5s, ewstart35s:OUT STD_LOGIC;
       snstart30s, snstart5s, snstart35s:OUT STD_LOGIC);
END traffic_controller_2;
ARCHITECTURE behave OF traffic_controller_2 IS
 TYPE state IS(S0, S1, S2, S3);
 SIGNAL present_state:state:=S0;
 SIGNAL next_state:state;
 BEGIN
   sequence:PROCESS(clk, reset, next_state)                                  --时序进程
          BEGIN
           IF reset='1' then
             present_state<=S0;
           ELSIF(clk'EVENT AND clk='0')THEN
            present_state <=next_state;
           END IF;
         END PROCESS;
   combination:PROCESS(ewco30s, ewco5s, snco30s, snco5s, present_state)  --组合进程
           BEGIN
            CASE present_state IS
              WHEN S0=>
                ewled<="100";snled<="001";
                ewstart30s<='1';ewstart5s<='0';ewstart35s<='0';
                snstart30s<='0';snstart5s<='0';snstart35s<='1';
                IF ewco30s='1' THEN
                   next_state <=S1;
                 ELSE
                   next_state <=S0;
                 END IF;
               WHEN S1=>
                 ewled<="010";snled<="001";
                 ewstart30s<='0';ewstart5s<='1';ewstart35s<='0';
                 snstart30s<='0';snstart5s<='0';snstart35s<='1';
                 IF ewco5s='1' THEN
                   next_state <=S2;
                 ELSE
                   next_state <=S1;
```

```
                    END IF;
                  WHEN S2=>
                    ewled<="001";snled<="100";
                    ewstart30s<='0';ewstart5s<='0';ewstart35s<='1';
                    snstart30s<='1';snstart5s<='0';snstart35s<='0';
                    IF snco30s='1' THEN
                      next_state <=S3;
                    ELSE
                      next_state <=S2;
                    END IF;
                  WHEN S3=>
                    ewled<="001";snled<="010";
                    ewstart30s<='0';ewstart5s<='0';ewstart35s<='1';
                    snstart30s<='0';snstart5s<='1';snstart35s<='0';
                    IF snco5s='1'   THEN
                      next_state <=S0;
                    ELSE
                      next_state <=S3;
                    END IF;
                END CASE;
              END PROCESS;
  END behave;
```

3. 交通灯控制器的单进程描述

将主控电路状态机用 1 个进程来描述，此进程是既有组合逻辑，又有时序逻辑的混合逻辑进程。其 VHDL 描述如下所示：

```
LIBRARY IEEE;
USE IEEE.STD_LOGIC_1164.ALL;
USE IEEE.STD_LOGIC_UNSIGNED.ALL;
ENTITY traffic_controller_1 IS
  PORT(clk,reset:IN STD_LOGIC;
       ewco30s,ewco5s:IN STD_LOGIC;
       snco30s,snco5s:IN STD_LOGIC;
       ewled,snled:OUT STD_LOGIC_VECTOR(2 DOWNTO 0);
       ewstart30s,ewstart5s,ewstart35s:OUT STD_LOGIC;
       snstart30s,snstart5s,snstart35s:OUT STD_LOGIC);
END traffic_controller_1;
ARCHITECTURE behave OF traffic_controller_1 IS
 TYPE state IS(S0,S1,S2,S3);
 SIGNAL present_state:state:=S0;
  BEGIN
    PROCESS(clk,reset)
      BEGIN
        IF reset='1' then
          present_state<=S0;
          ewled<="100";snled<="001";
          ewstart30s<='0';ewstart5s<='0';ewstart35s<='0';
          snstart30s<='0';snstart5s<='0';snstart35s<='0';
```

```
ELSIF(clk'EVENT AND clk='1')THEN
    CASE present_state IS
        WHEN S0=>IF ewco30s='1' THEN
                    present_state <=S1;
                 ELSE
                    ewled<="100";snled<="001";
                    ewstart30s<='1';ewstart5s<='0';ewstart35s<='0';
                    snstart30s<='0';snstart5s<='0';snstart35s<='1';
                END IF;
        WHEN S1=> IF ewco5s='1' THEN
                    present_state <=S2;
                 ELSE
                    ewled<="010";snled<="001";
                    ewstart30s<='0';ewstart5s<='1';ewstart35s<='0';
                    snstart30s<='0';snstart5s<='0';snstart35s<='1';
                 END IF;
        WHEN S2=>IF snco30s='1' THEN
                    present_state <=S3;
                 ELSE
                    ewled<="001";snled<="100";
                    ewstart30s<='0';ewstart5s<='0';ewstart35s<='1';
                    snstart30s<='1';snstart5s<='0';snstart35s<='0';
                 END IF;
        WHEN S3=>IF snco5s='1'   THEN
                    present_state <=S0;
                 ELSE
                    ewled<="001";snled<="010";
                    ewstart30s<='0';ewstart5s<='0';ewstart35s<='1';
                    snstart30s<='0';snstart5s<='1';snstart35s<='0';
                END IF;
    END CASE;
  END IF;
 END PROCESS;
END behave;
```

6.3.5 交通灯控制器的 FPGA 设计

在 FPGA 内部的交通灯控制器电路分为东西向和南北向 2 个部分。图 6-30 所示的是东西向的模块电路连接。

交通灯控制器电路南北向的模块电路图与图 6-30 所示结构相同,含有 3 个倒计时模块 south_north_35s、south_north_5s 和 south_north_30s,1 个倒计时模块选择电路 select3_1,其余的模块与东西向共用。具体接法为:倒计时模块 south_north_30s 和 south_north_5s 的输出 co 分别接到图 6-30 中主控电路模块 traffic_controller 的 snco30s 和 snco5s 端;traffic_controller 模块的输出 snstart30s、snstart5s 和 snstart35s 分别接到 3 个倒计时模块 south_north_35s、south_north_5s 和 south_north_30s 的计数使能 en

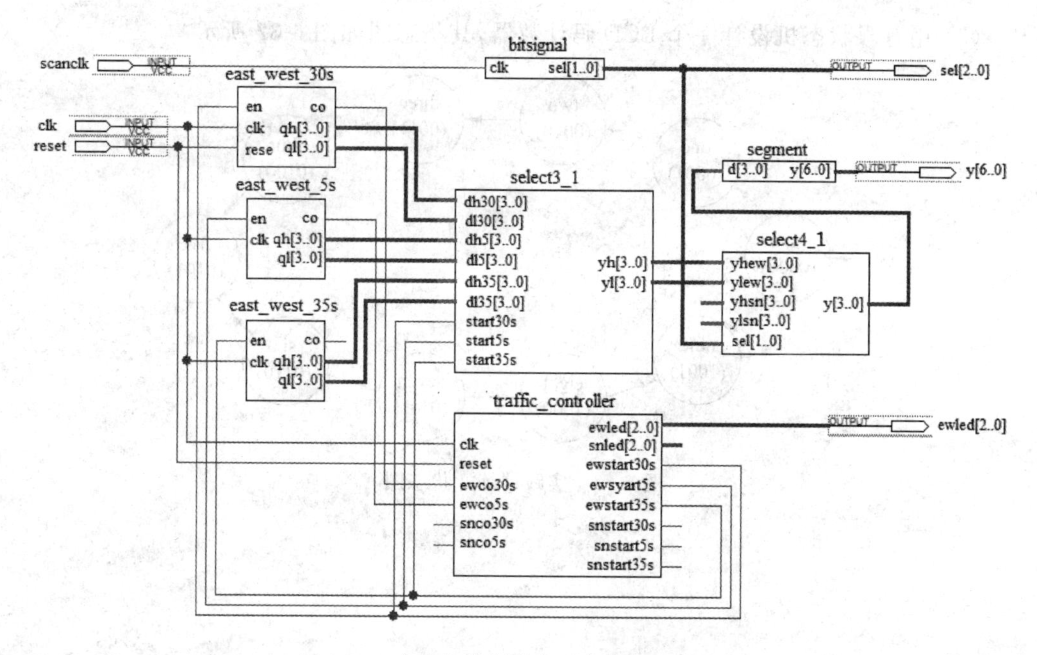

图 6-30　交通灯控制器东西向模块电路连接

端；南北向倒计时模块选择电路 select3_1 的输出数据接到图 6-30 中 select4_1 模块的 yusn[3..0]和 ylsn[3..0]端。

按照上述接线方法，完成交通灯控制的整体设计。分别连接东西向和南北向的倒计时时间数码管和绿、黄、红 3 个信号灯，验证设计硬件的正确性。

实践训练

在完成本项目学习，掌握项目知识的基础上，完成下列实践训练项目：

(1) 用 Quartus Ⅱ 自带的状态机图形化设计工具完成交通灯控制器的设计。

(2) 分别用 VHDL 的三进程、双进程及单进程描述实现如图 6-31 所示状态图的有限状态机。

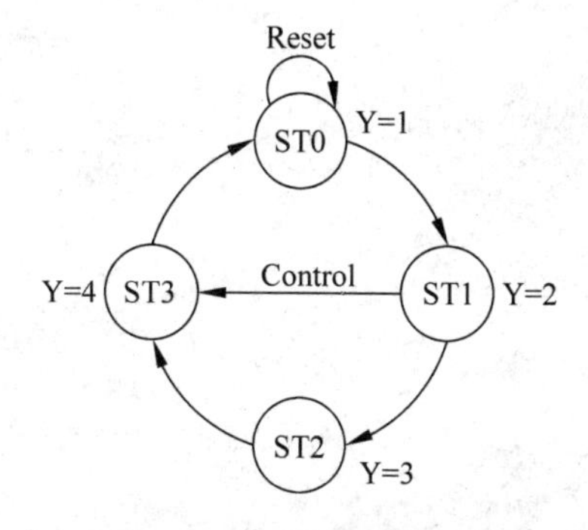

图 6-31　实践训练 1 状态图

(3) 用有限状态机设计一个 BCD 码计数器,其状态图如图 6-32 所示。

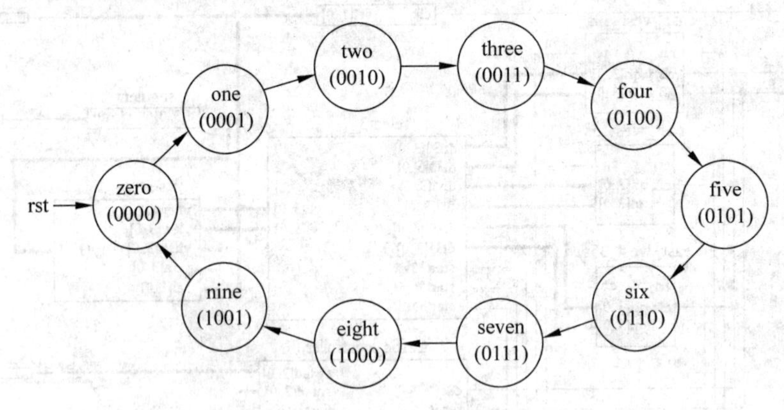

图 6-32 实践训练 2 状态图

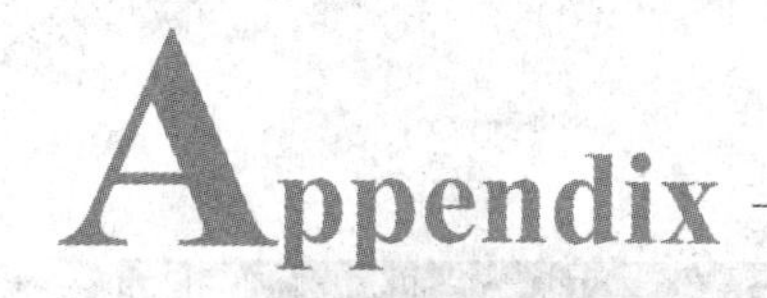

附录

全加器的 MAX+ plus Ⅱ平台设计开发

1　开发工具 MAX+ plus Ⅱ简介

Altera 公司研制的 PLD 开发系统有 MAX+plus Ⅱ和 Quartus Ⅱ两种。Quartus Ⅱ用于开发单片集成度较大的 PLD 器件，特别是 APEX20K、APEX20KE、APEX Ⅱ、EXCALIBUR-ARM、Mercury、Stratix 等集成度高达百门的大容量、高性能系列器件。MAX+plus Ⅱ用于开发单片集成度不超过 25 万门的 PLD 器件。由于 MAX+plus Ⅱ开发系统具有简单、操作灵活、功能强大、支持的器件种类多、易于学习掌握等特点，目前仍是 Altera 公司中小规模 PLD 的流行的开发工具。

1.1　功能简介

1. 4 种设计输入编辑器

打开 MAX+plus Ⅱ开发工具后，单击 File|New 菜单，将弹出如图附-1 所示的设计输入编辑器选择对话框，共有 4 种设计编辑器。

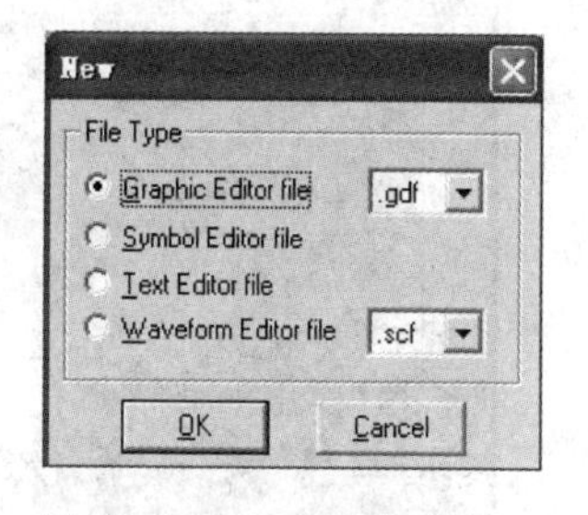

图附-1　设计编辑器选择框

1）图形编辑器

选择 Graphic Editor file，进入图形编辑器窗口。在 MAX+plus Ⅱ中，熟悉数字电路的设计者可以方便地使用图形编辑器输入电路原理图。它提供了丰富的库单元，尤其是在 MAX2LIB 里提供的 mf 库，几乎包含所有 74 系列器件，prim 库提供了数字电路中所有的分离器件。因此，只要具有数字电路的知识，几乎不需要过多的学习，就可以利用 MAX+plus Ⅱ进行 PLD 设计。除调用库中的元件以外，还可以调用该软件中的符号功能形成的功能块。图形编辑器窗口如图附-2 所示。

2）符号编辑器

选择 Symbol Editor file，进入符号编辑器窗口。在 MAX+plus Ⅱ中，可以利用符号编辑器创建和修改符号。创建符号，就是利用符号编辑器创建一个新的符号，以便在图形编辑界面下使用，形成自顶向下的设计方法。修改符号，可以将已有符号进行端口重排等设计修改。符号编辑器窗口如图附-3 所示。

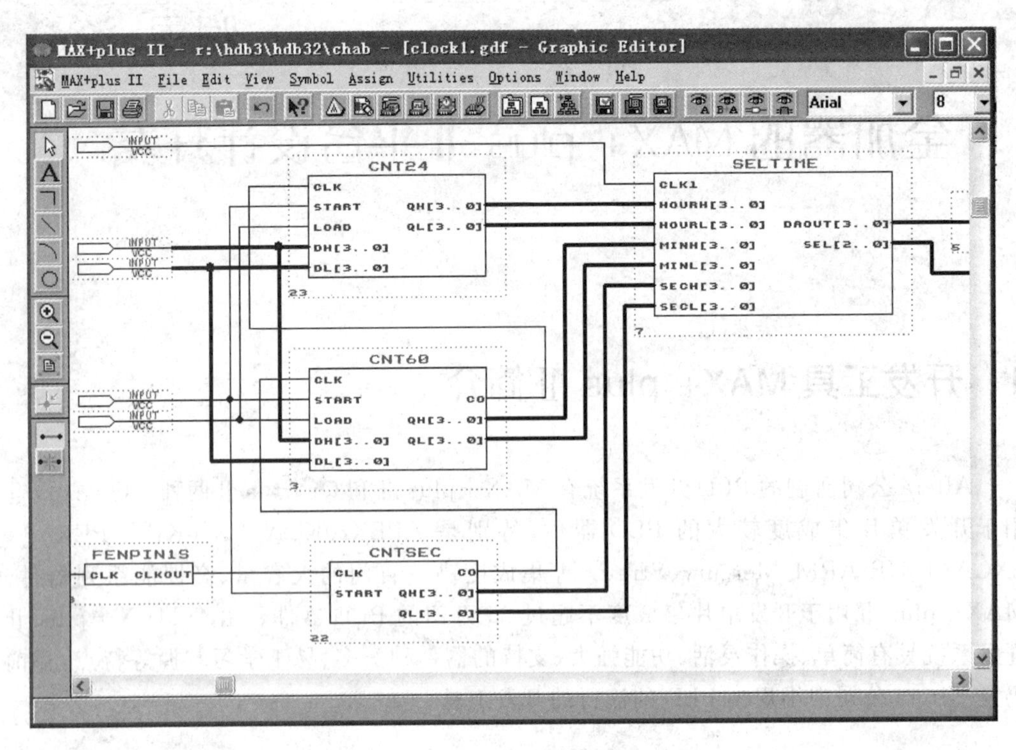

图附-2　图形编辑器窗口

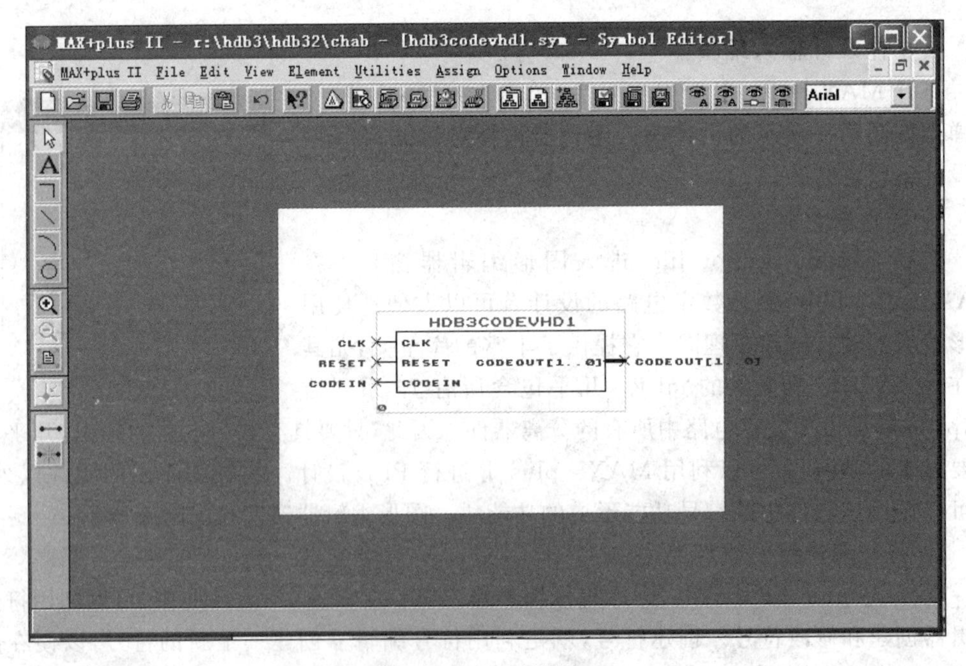

图附-3　符号编辑器窗口

3）文本编辑器

选择 Text Editor file，进入文本编辑器窗口。文本编辑器支持 VHDL、AHDL 和 Verilog 等硬件描述语言的设计输入，编译这些程序语言，形成可以下载、配置的数据。文本编辑器窗口如图附-4 所示。

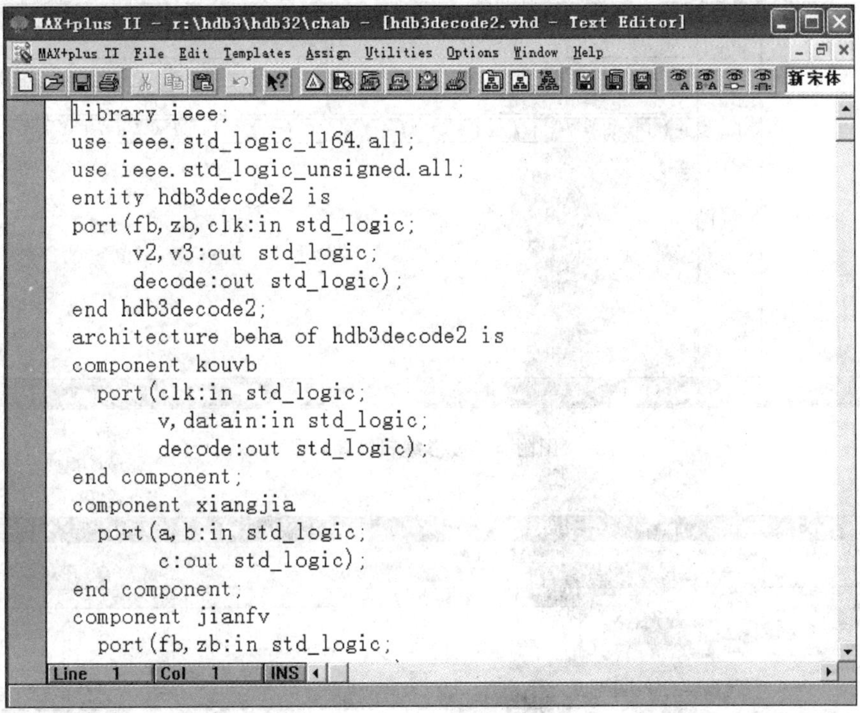

MAX+plus II - r:\hdb3\hdb32\chab - [hdb3decode2.vhd - Text Editor]

MAX+plus II File Edit Templates Assign Utilities Options Window Help

```
library ieee;
use ieee.std_logic_1164.all;
use ieee.std_logic_unsigned.all;
entity hdb3decode2 is
port(fb,zb,clk:in std_logic;
     v2,v3:out std_logic;
     decode:out std_logic);
end hdb3decode2;
architecture beha of hdb3decode2 is
component kouvb
  port(clk:in std_logic;
       v,datain:in std_logic;
       decode:out std_logic);
end component;
component xiangjia
  port(a,b:in std_logic;
       c:out std_logic);
end component;
component jianfv
  port(fb,zb:in std_logic;
```

Line 1 Col 1 INS

图附-4 文本编辑器窗口

4）波形编辑器

选择 Waveform Editor file，进入波形编辑器窗口。若已知输入/输出的波形，可以编辑波形文件(*.WDF)，经编译，生成逻辑功能块，设计出一个满足输入和输出波形逻辑关系的 PLD 电路。在 MAX+plus Ⅱ中，波形编辑器主要用于与波形仿真器共同使用进行电路设计的仿真验证，产生与输入端编辑的波形对应的输出端仿真波形，验证电路设计逻辑的正确性。波形编辑器窗口如图附-5 所示。

2. 引脚平面图编辑器

单击 MAX+plus Ⅱ|Floorplan Editor，进入引脚平面图编辑器窗口。该窗口用于将已设计好电路的输入/输出节点分配到实际芯片的引脚上。通过拖动鼠标，可以方便地定义和分配引脚功能。引脚平面图编辑器窗口如图附-6 所示。

3. 编译器

单击 MAX+plus Ⅱ|Compiler，进入编译器窗口。MAX+plus Ⅱ软件使用编译器对设计的文件进行逻辑综合与适配。单击 Start 命令框，对设计文件进行编译。在编译过程中，通过逻辑综合(Logic Synthesizer)和适配(Fitter)模块，把最简单的逻辑表达式自

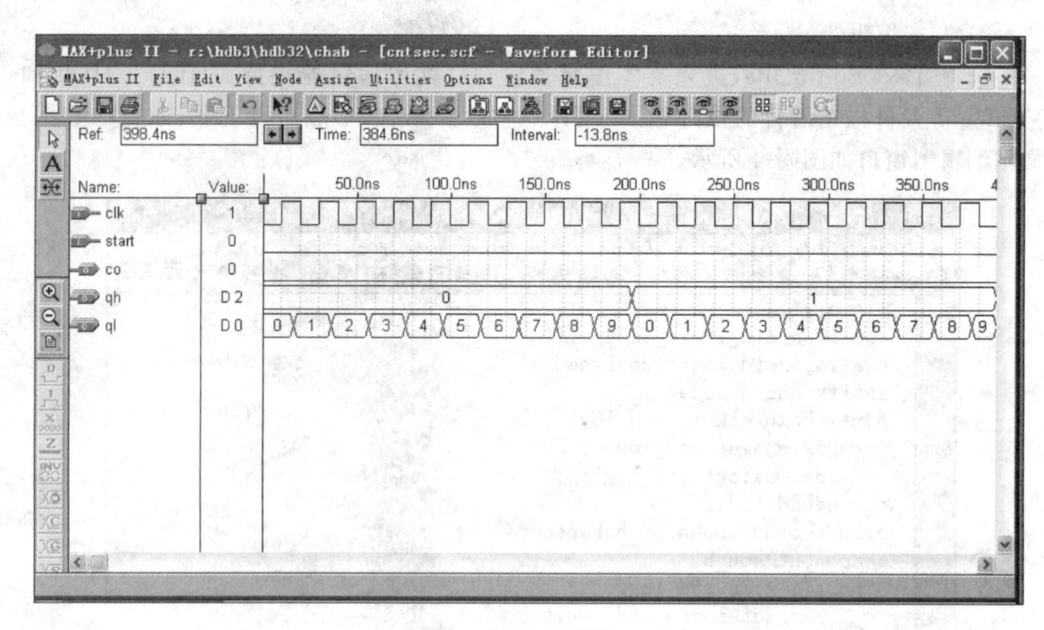

图附-5　波形编辑器窗口

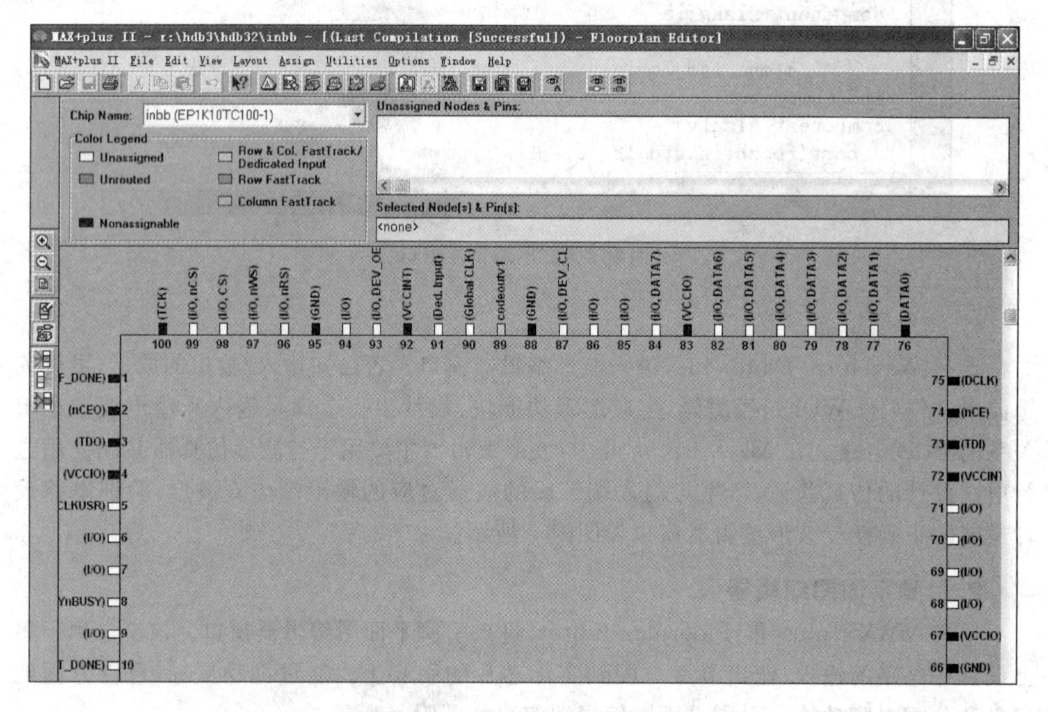

图附-6　引脚平面图编辑器窗口

动地吻合在合适的器件中。在编译源文件的过程中,若源文件有错误,软件可以自动在编辑信息窗口指出错误类型和错误所在的位置。图附-7 中的上半部分为编译窗口,下半部分为编译信息窗口。

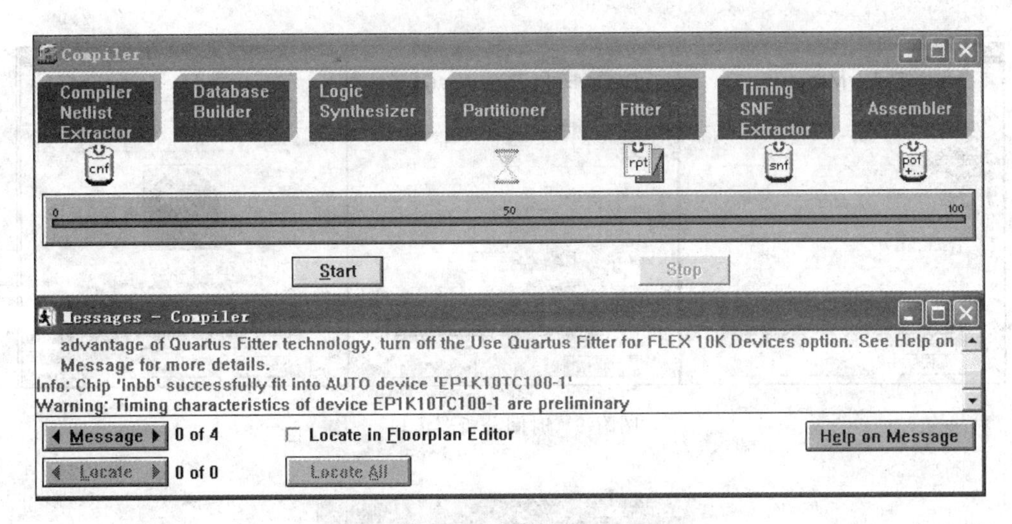

图附-7　编译窗口和编译信息窗口

4. 仿真器

选择主菜单的 MAX＋plus Ⅱ|Simulator，弹出仿真器窗口。设计文件编译好，并在波形编辑器中将输入波形编辑完毕后，就可以利用仿真器进行行为仿真了。通过仿真，可以检验设计的逻辑关系是否正确。出现仿真器后，选择 Start 命令框，弹出仿真器信息窗口，指出是否成功仿真及相关的仿真参数信息。仿真器窗口及信息窗口如图附-8 所示。

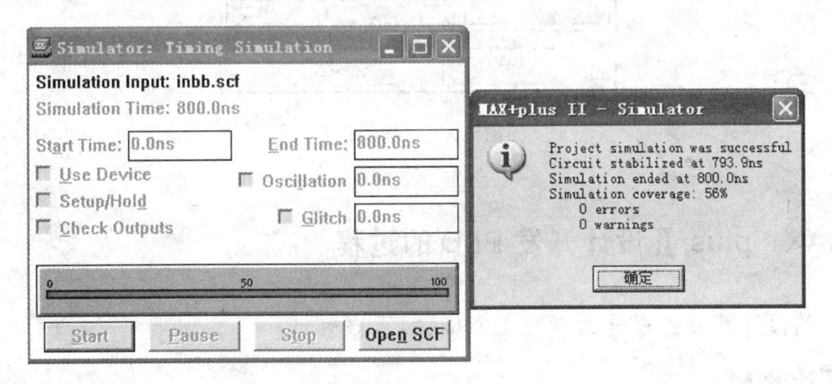

图附-8　仿真器窗口及仿真信息窗口

5. 时间分析器

单击 MAX＋plus Ⅱ|Timing Analyzer，弹出时间分析器窗口。选择该功能，可以分析各个信号从输入端到输出端的时间延迟，得出延迟矩阵、保持时间分析和最高工作频率，如图附-9 所示。

6. 编程器

设计全部完成后，将形成的目标文件用编程器下载到指定的 PLD 芯片中，实际验证设计的准确性。单击 MAX＋plus Ⅱ|Programmer，弹出编程器窗口，显示出编程文件的名称和 PLD 器件的名称等信息，便于编程前核对、检查，如图附-10 所示。

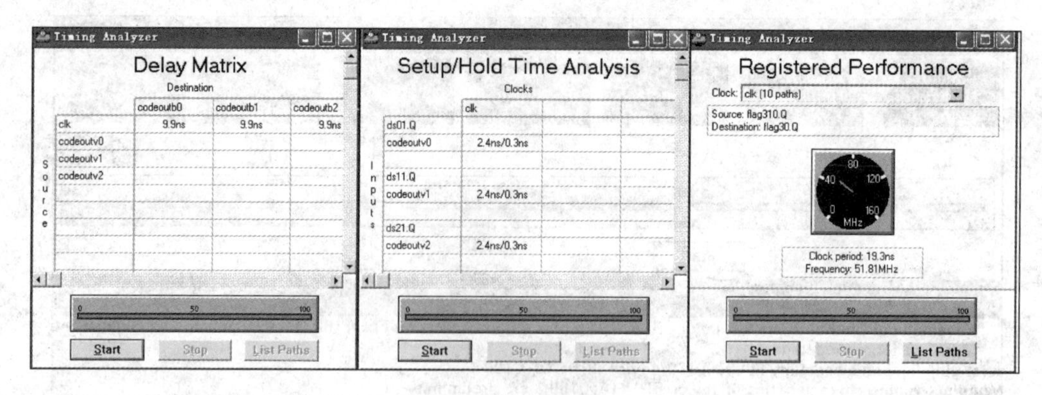

图附-9　时间分析器窗口

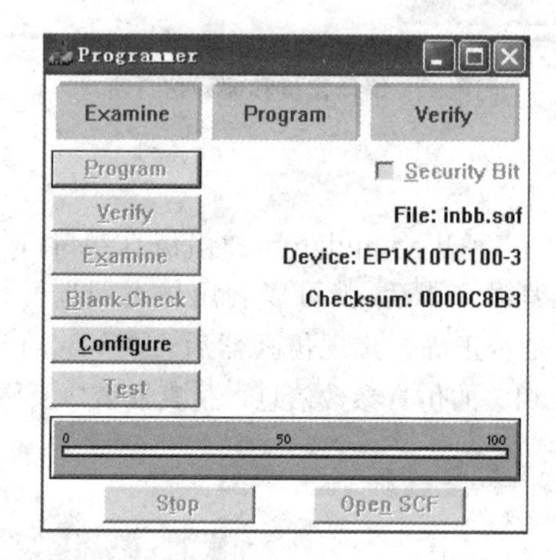

图附-10　编程器窗口

1.2　MAX+ plus Ⅱ设计开发 PLD 的过程

PLD 的设计开发过程分为下列 4 个步骤。

1. 设计输入

首先是输入设计的源文件。

MAX+plus Ⅱ常用的设计输入方法有以下 4 种。

1）原理图设计输入法

选择主菜单 MAX+plus Ⅱ|Graphic Editor 或 File|New,然后在设计输入编辑器对话框中选择 Graphic Editor file,进入图形编辑器窗口,可以输入原理图设计文件。将原理图设计文件保存为 *.gdf。

2）硬件描述语言输入法

单击 MAX+plus Ⅱ|Text Editor 或 File|New,然后在设计输入编辑器对话框中选择 Text Editor file,进入文本编辑器窗口,可以输入 AHDL 语言、VHDL 语言、Verilog

语言3种设计文件。AHDL语言设计文件的保存名为*.tdf，VHDL语言设计文件的保存名为：*.vhd，Verilog语言设计文件的保存名为*.v。

3）波形输入法

单击MAX+plus Ⅱ|Waveform Editor或File|New，然后在设计输入编辑器对话框中选择Waveform Editor file，进入波形编辑器窗口，可以输入已知的输入/输出波形来实现设计功能。波形文件的保存名为*.wdf。

4）混合输入法

在MAX+plus Ⅱ设计开发环境下，可以完成原理图设计输入、硬件描述语言输入和波形输入混合编辑。具体做法是：先将硬件描述语言设计文件和波形设计文件生成电路符号，再在图形编辑器中调用，完成混合输入设计。

2. 设计编译

设计输入完成后，需要对设计文件进行编译，看是否符合设计规则要求，称之为前编译。单击MAX+plus Ⅱ|Compiler，对设计文件进行编译。如果有错误，需要改正。编译完全通过后，才能继续后面的设计过程。

3. 设计仿真

用仿真器和波形编辑器对设计电路进行波形仿真，验证设计逻辑功能的正确性。进入波形编辑器窗口，对设计的输入波形进行编译定义；再单击MAX+plus Ⅱ|Simulator打开仿真器，对设计文件进行仿真。通过检查波形编辑器窗口的输出波形，验证设计功能。

4. 设计下载

若设计仿真完成，电路满足设计功能，就可以将形成的目标文件用编程器下载到指定的PLD芯片中，实际验证设计的正确性。一般将CPLD器件的下载称为编程，其目标文件是*.pof。将FPGA器件的下载称为配置，其目标文件为*.sof。

图附-11(a)所示为FPGA器件的配置界面，图附-11(b)所示为CPLD的编程界面。

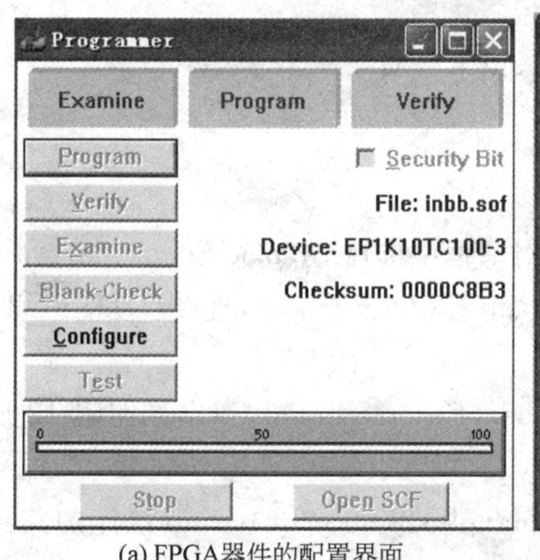

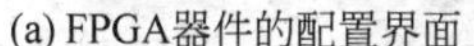
(a) FPGA器件的配置界面

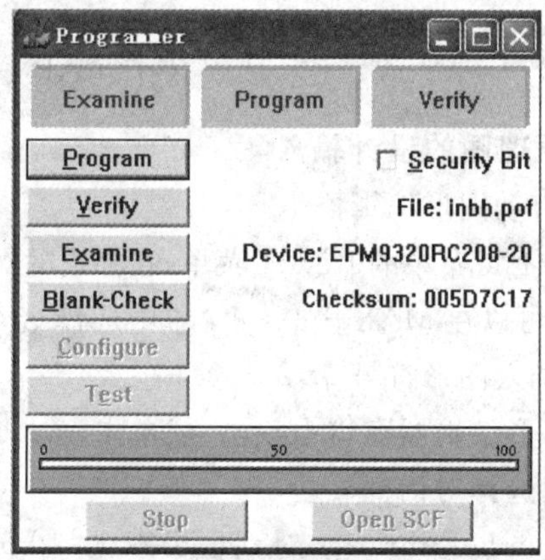

(b) CPLD的编程界面

图附-11　设计下载界面

2 1位全加器的原理图设计

2.1 1位全加器原理图设计输入

1. 1位全加器原理图设计分析

全加器是实现带进位加法的运算电路。1 位全加器不仅要考虑对两个 1 位二进制数进行加法运算,还要加上低位的进位,运算结果为 1 位二进制和与向高位的进位。可确定其输入端为加数 A、B,低位的进位 Ci;输出端为和 S、高位的进位 Co。

1 位全加器的真值表如表附-1 所示。

表附-1 1位全加器的真值表

Ci	B	A	S	Co
0	0	0	0	0
0	0	1	1	0
0	1	0	1	0
0	1	1	0	1
1	0	0	1	0
1	0	1	0	1
1	1	0	0	1
1	1	1	1	1

由表 1 写出和 S 与高位进位 Co 的逻辑表达式为

$$S = A\overline{B}\,\overline{Ci} + \overline{A}B\,\overline{Ci} + \overline{A}\overline{B}Ci + ABCi$$

$$C_O = AB\,\overline{Ci} + A\overline{B}Ci + \overline{A}BCi + ABCi$$

经转换及化简,得

$$S = A \oplus B \oplus Ci$$

$$Co = AB + BCi + ACi$$

2. 原理图的设计输入

1) 启动图形编辑器

选择 File 菜单的 New 子菜单,在弹出的对话框中选择 Graphic Editor file,然后单击 OK 按钮;也可以在 MAX+plus Ⅱ菜单中选择 Graphic Editor 子菜单,直接启动图形编辑器。

2) 调入图形符号库

在图形编辑器窗口中双击,或单击 Symbol|Enter Symbol,弹出如图附-12 所示的图形符号库选择对话框。

在 Symbol libraries 对话框中双击 c:\maxplus2\max2lib\prim(该库的路径与软件的安装路径有关),将在 Symbol files 对话框中显示如图附-12 中所示内容。选择所需的器件,然后单击 OK 按钮。采用同样的方法可以选择其他库中的元件。

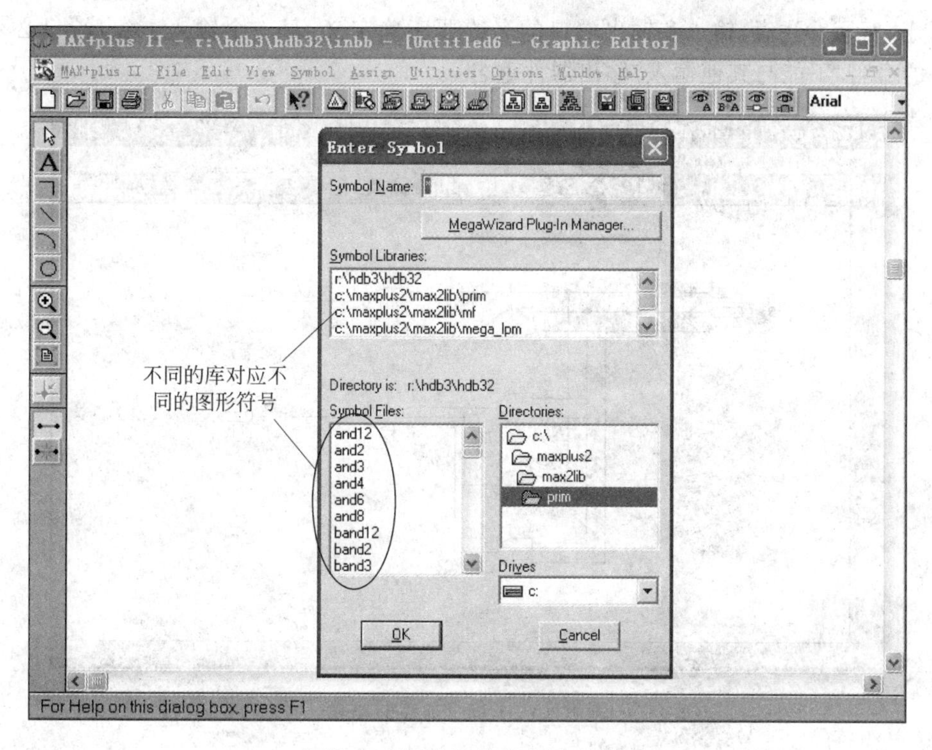

图附-12　图形符号库选择对话框

MAX＋plus Ⅱ提供下列符号库：

(1) prim 库

prim 是 primtive 的缩写。该库是数字电路器件的原形库，包含最基本的电路符号，如门电路、触发器、输入端口、输出端口等。

(2) mf 库

mf 库是小规模数字集成电路库，包含 74 系列符号及其他小规模电路符号，如 161mux 等。

(3) edif 库

edif 库是电子设计交换格式库。MAX＋plus Ⅱ支持 edif(edif200、edif300)格式的设计文件，可以用 HDL 语言、图形编辑等设计文件，通过第三方综合器形成 edif 格式文件(＊.edf)，然后导入 MAX＋plus Ⅱ，即可使用。集成在 MAX＋plus Ⅱ中的 edif 库也包含一些小规模的器件。

(4) mega_lpm 库

mega_lpm 库是兆功能模块库，库中的符号都是规模很大的模块，而且该库中的模块都是由 AHDL 语言编写的具有 parameter 参数的符号。在图形编辑时，只要选择不同的方式填写参数化框，就可以将其配置成多用途模块。

3) 输入原理图

在图附-12 所示的 Symbol Files 框中，找到并选中 xor、and2、or3、input 和 output 器件，然后调入图形编辑器窗口，再合理排布各器件的位置并连线。1 位全加器的原理如图附-13 所示。注意,输入和输出端口的名称要正确定义,每一个输入、输出端口必须有唯一的命名,不能与其他输入、输出器件重名。

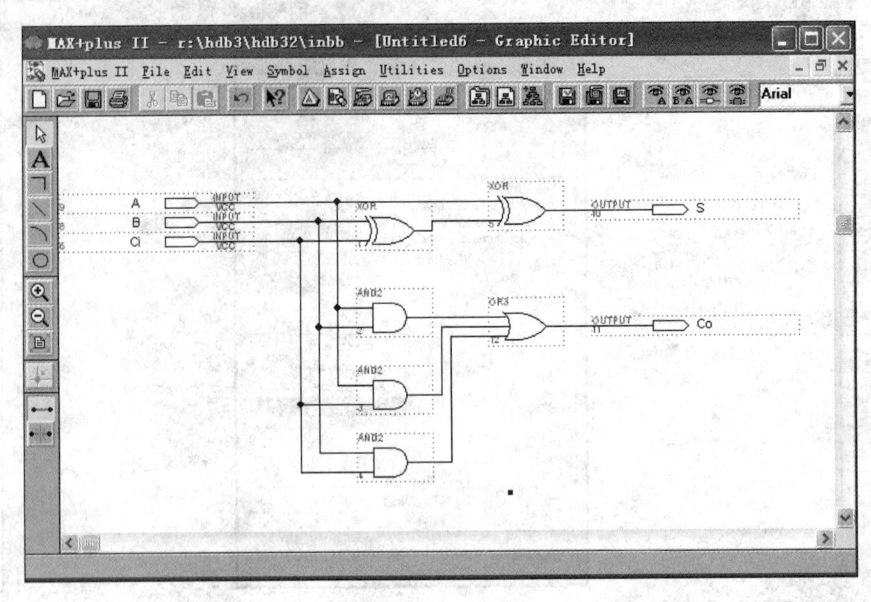

图附-13　1 位全加器的原理

MAX＋plus Ⅱ中提供了很方便的连线功能。将光标移动到需要连线的引脚附近,箭头光标变成“十”字形,拖动光标到连线的另一端即可。

4) 保存原理图文件

完成如图附-13 所示原理图文件后,选择主菜单 File|Save 保存设计文件,名称为 *.gdf。

2.2　1 位全加器的设计编译

在设计编译前,单击 File|Project|Set Project to Current File 子菜单,将 Project 名与文件名一致起来。

在 MAX＋plus Ⅱ菜单下选择 Compiler 命令,弹出编译器界面。该界面分为 3 个部分:图形编辑区、编译区、编译信息窗口,如图附-14 所示。

如果在图形编辑区有错误,在编译信息区将有错误信息提示。一般情况下,错误信息描述得都比较详细,仔细阅读,就会明白错误原因。双击错误信息,界面将直接跳到图形编辑区的错误处,出错部分处于激活状态,查错、改错都比较方便。

注意,如果有编译错误,必须全部改正。查找和修改错误时,一般是选择先第一行错误提示,因为有时下面的一系列错误可能都是由第一行错误引起的,修改了前面的错误,后面的多条错误提示可能随之消失。双击错误信息,界面将直接跳到图形编辑区,在有错误的地方出现光标。一般情况下,错误是在光标出现行的前后行附近,仔细查找,可以方便地改正错误。

按照上述步骤完成 1 位全加器的设计编译。

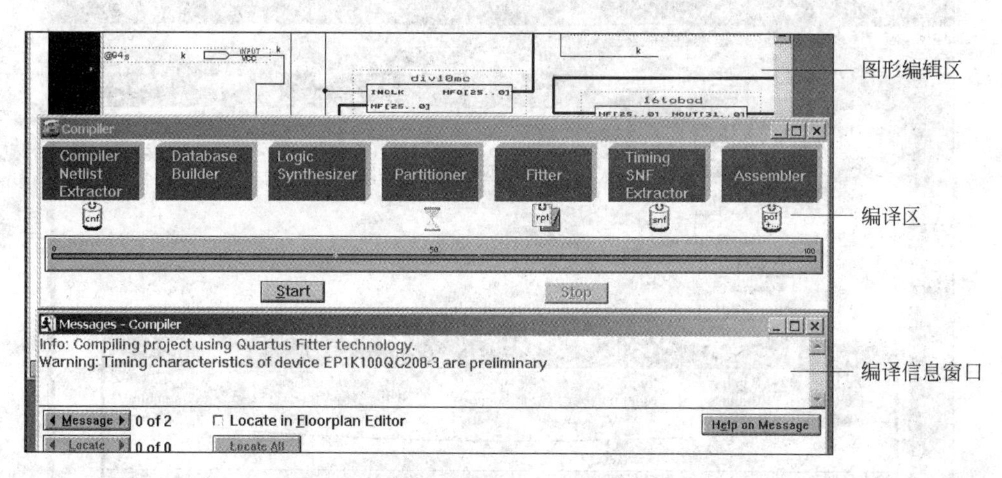

图附-14　设计编译窗口

2.3　1位全加器的设计仿真

设计仿真是电路设计的验证部分，主要采用波形仿真。

波形仿真分为功能仿真模式(Functional Simulation Mode)和时序仿真模式(Timing Simulation Mode)两种。功能仿真不考虑器件内部各功能模块的延时，只仿真电路的逻辑功能，一般是设计的前期仿真。时序仿真结合不同器件的具体性能，并考虑器件内部各功能模块之间的延时信息。这种仿真结果不仅能验证逻辑功能，而且验证用户所设计的电路在时间(或速度)上是否满足要求，是设计的后期仿真。

1. 功能仿真模式

1) 提取功能仿真网表文件

单击 MAX+plus Ⅱ|Compiler，在编译器窗口菜单中单击 Processing|Function SNF Extractor，提取功能仿真网表文件。编译器窗口发生了变化，需要编译的项目由7个变成3个，如图附-15所示。

2) 设计编译

提取功能仿真网表文件后，编译器窗口发生了变化，需要编译的项目由7个变成了3个。单击 Start 按钮，按照图附-15所示的3个编译项目进行设计编译。

3) 编辑输入节点波形

(1) 启动波形编辑器

单击 MAX+plus Ⅱ|Waveform Editor，进入波形编辑器窗口。

(2) 添加输入、输出节点

在波形编辑器中单击 Node|Enter Node From SNF…，弹出输入、输出及内部节点选择对话框。单击 List 按钮，在 Available Node & Groups 框中出现设计的输入、输出及内部节点，如图附-16所示。需要仿真的节点用中间的=>按钮选中到 Selected Nodes & Groups 框中。

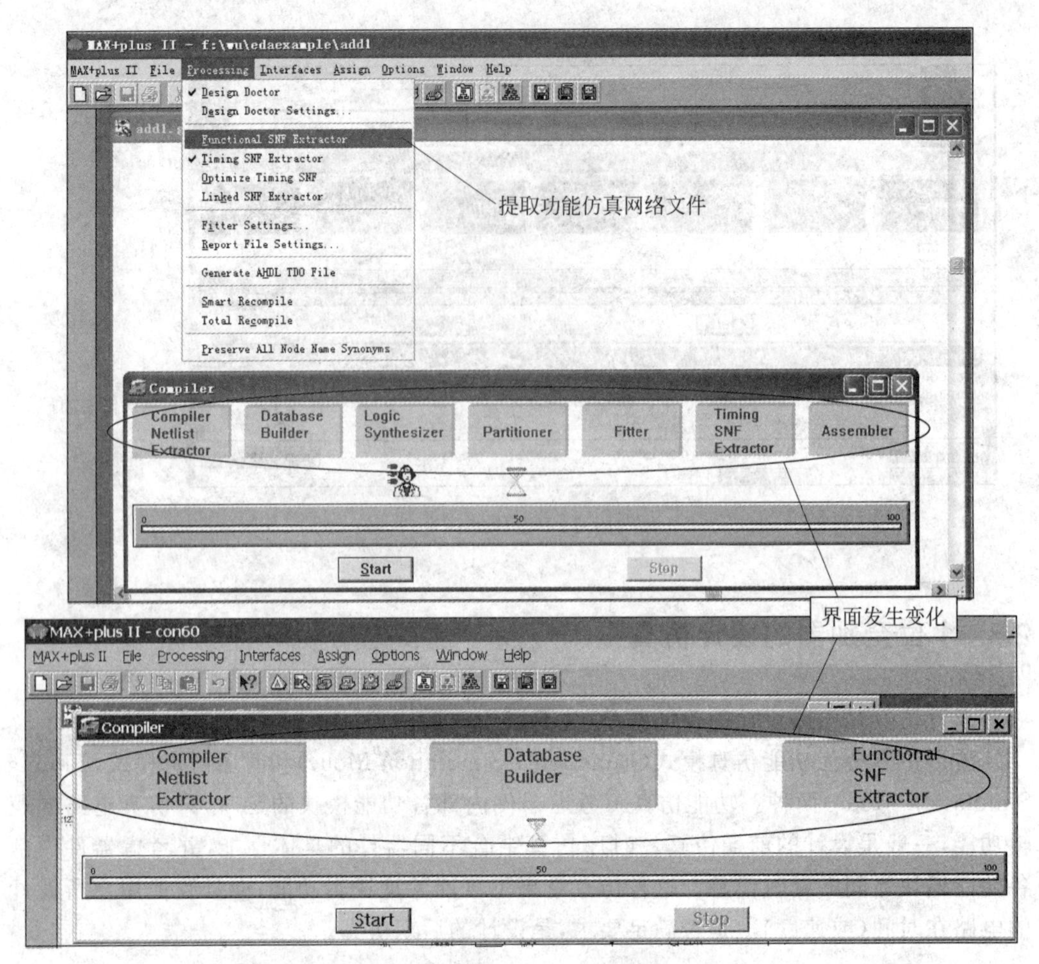

图附-15 提取功能仿真网络文件

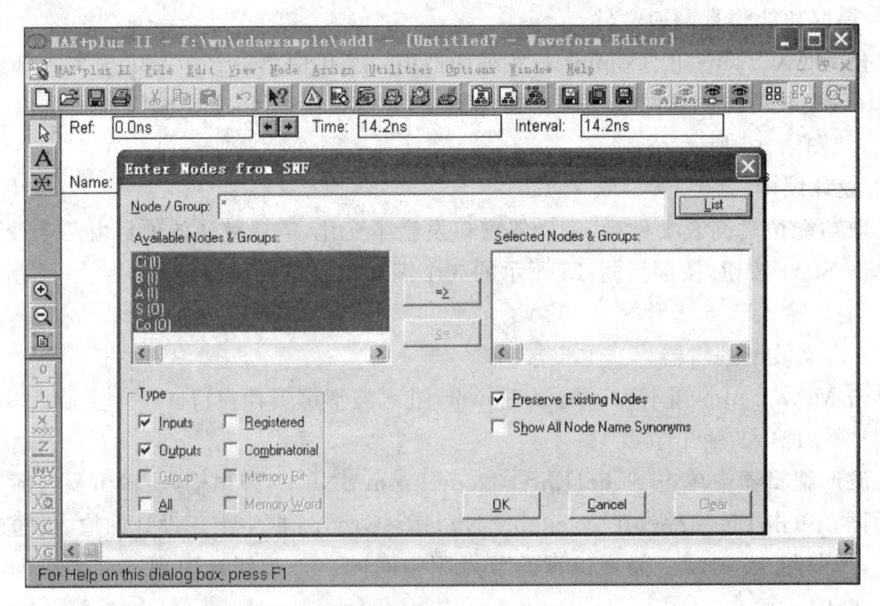

图附-16 添加输入、输出节点对话框

将需要仿真的节点全部选入 Selected Nodes & Groups 框后，单击 OK 按钮，输入、输出节点就添加到波形编辑器窗口中，如图附-17 所示。

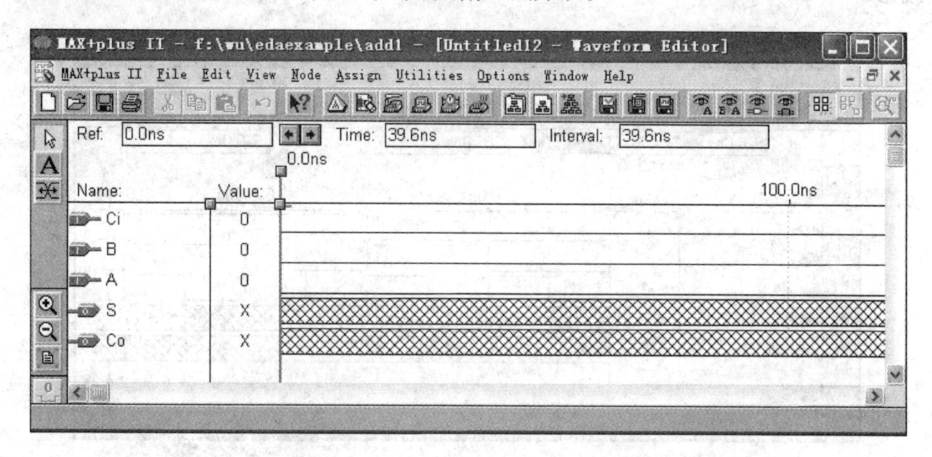

图附-17 输入、输出节点添加到波形编辑器窗口

(3) 设置仿真结束时间和栅格尺寸

在波形编辑器界面下，单击 File|End Time，可以设置仿真结束的时间。在弹出的对话框中输入合适的仿真结束时间，如 100ns、1μs、10μs 等，如图附-18 所示。

栅格尺寸是波形高、低电平转换的最小时间，如栅格尺寸设为 20ns，则仿真周期信号的周期为 40ns。在波形编辑器界面下单击 Options|Grid Size，弹出界面栅格设置对话框。在对话框输入合适的数据(如 10ns、20ns 等)，如图附-19 所示。

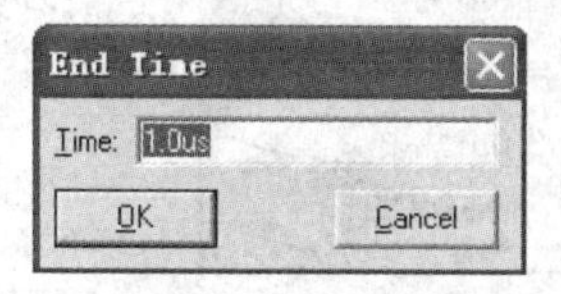

图附-18 设置仿真结束时间

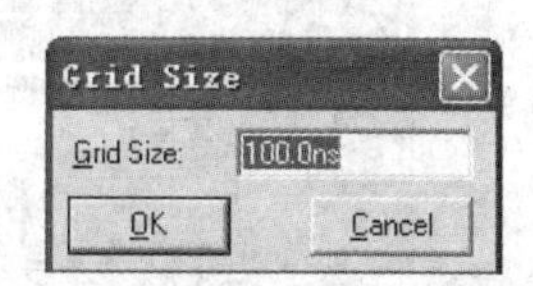

图附-19 栅格尺寸设置

(4) 设置输入节点波形

1 位全加器的输入节点都是单个的 1 位二进制信号，可以利用波形编辑器最左边的列波形工具栏选择合适的逻辑电平。对 1 位二进制节点波形设置的列波形工具栏含义如下所述：

① "0"表示设置低电平状态。

② "1"表示设置高电平状态。

③ "X"表示设置无关状态。

④ "Z"表示设置高阻状态。

⑤ "inv"表示设置取反状态。

⑥ " "表示给节点设置一个按时钟变化的周期波形。

⑦ " "表示给节点设置一个按指定的计数顺序变化的周期波形。

选择需要设置波形的节点，然后拖动鼠标选中需要设置的波形段，再选择界面最左边列工具栏的相应逻辑电平即可。图附-20 所示为按照真值表设置的 1 位全加器的输入节点波形。

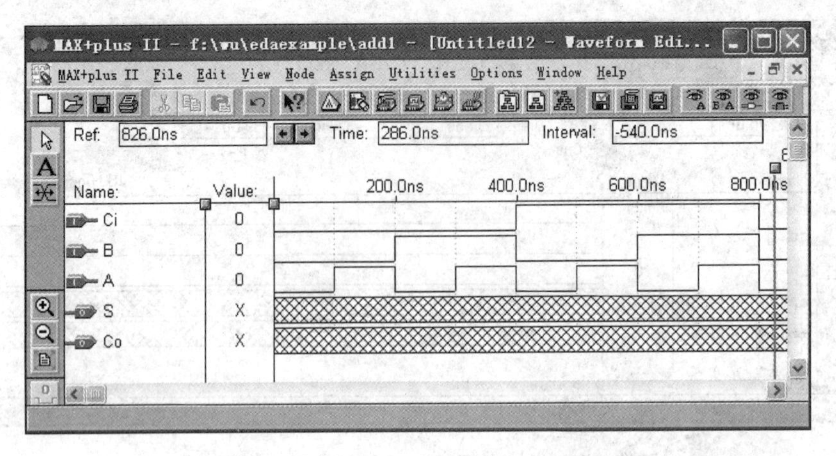

图附-20　1 位全加器输入节点波形设置

“ ”称为时钟符号，能给节点设置一个按时钟变化的周期波形。设置对话框如图附-21 所示。

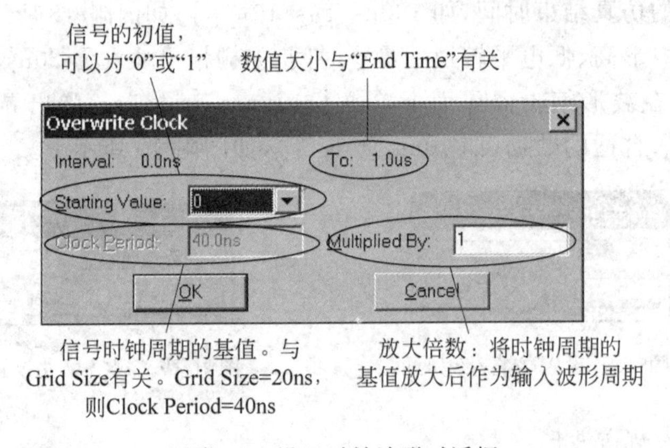

图附-21　设置时钟波形对话框

“ ”称为计数符号，可以给节点设置一个按指定的计数顺序变化的周期波形。对于 1 位二进制节点的设置，与计数符号基本相同。

图附-20 中的输入节点都是周期波形，也可以用时钟符号或计数符号设置：A 节点设置放大倍数为 1，B 节点设置放大倍数为 2，Ci 节点设置放大倍数为 4。

4）功能仿真

输入节点的波形设置结束，就可以进行设计功能的仿真了。有以下两种方法：

① 单击 File|project|save，compile &simulate，弹出要求保存仿真波形文件的对话框。不用修改文件名（*.scf），直接单击 OK 按钮，得到输出波形的仿真结果。

② 单击 File|save，保存仿真波形文件（*.scf）；再单击 MAX+plus Ⅱ|Simulator，弹出仿真器窗口，然后单击 Start 按钮。

1 位全加器的功能仿真结果如图附-22 所示。

图附-22　1 位全加器的功能仿真结果

由图附-22 可见，输出波形没有任何延时信息，只是设计的逻辑功能的仿真结果。根据波形编辑器窗口中的输入、输出仿真波形，可以检查、验证设计的逻辑功能的正确性。如果不正确，需要重新检查、修改设计输入文件，并重新编译和仿真。

2. 时序仿真模式

时序仿真属于后仿真，即功能仿真验证通过后，与 PLD 器件结合，通过逻辑综合、功能分割、适配、延时参数提取等过程，利用得到的结果进行仿真。此时的仿真结果已含有延时信息，可以充分验证具体的电路设计在某个 PLD 器件中真实的信号响应结果。

1）选择 PLD 器件

时序仿真是与实际 PLD 器件相结合的，需要先选择 PLD 器件。器件指定可以在编译前完成，也可以在编译后完成。单击 Assign|Device，弹出器件选择对话框，如图附-23 所示。

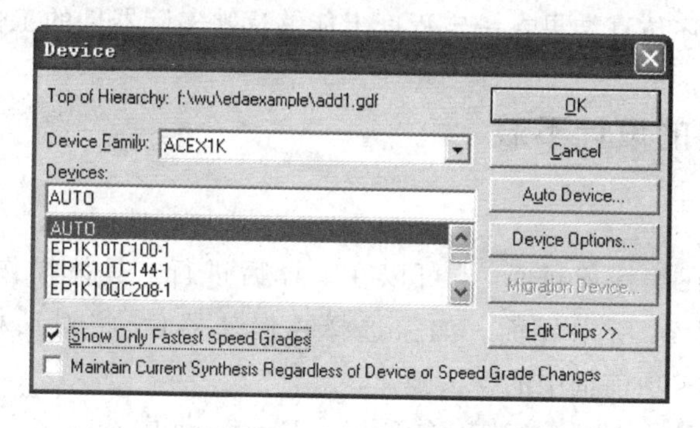

图附-23　器件选择对话框

在图 23 的 Device Family 框中选择 PLD 器件所属的系列，将在 Devices 框中显示选中系列的具体器件。Show Only Fastest Speed Grades 选项被选中时，只在 Devices 框中显示该系列的最快速器件。当需要选用延时较大的器件时，将该选框中的√取消。

2）延时参数的提取和编译

单击 MAX+plus Ⅱ|Compiler，在编译器窗口菜单中单击 Processing|Function SNF Extractor，即取消 Function SNF Extractor 命令；选中 Timing SNF Extractor 菜单命令，就进入时序仿真模式，编译器回到图附-15 下方的界面，即编译项目由功能仿真模式下的 3 个变回到 7 个，包含逻辑综合、分割、装配、时间参数提取等，因此是一种全编译过程。

3）编辑输入节点波形

时序仿真输入波形设置与功能仿真设置基本相同。

4）时序仿真

时序仿真与功能仿真的操作步骤基本相同。1 位全加器的时序仿真结果如图附-24 所示。

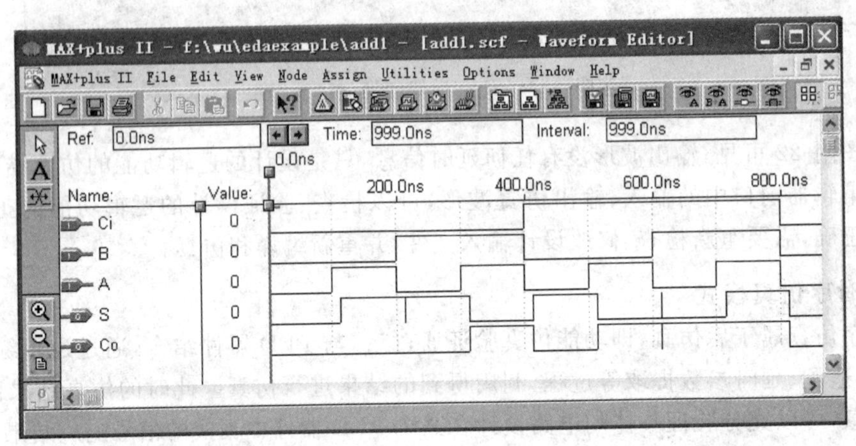

图附-24　1 位全加器的时序仿真结果

由图附-24 可见，时序仿真结果与功能仿真结果相比发生了较大的变化，不仅输出结果与输入信号相比产生了一定的延时，而且在输入信号变化时，输出波形产生了一些错误(毛刺)。可见，时序仿真结果在一定程度上能够反映实际器件的工作情况。

2.4　1 位全加器的设计下载

1. 器件的指定

器件指定可以在编译前进行，也可以在编译后进行。具体操作是：单击 Assign|Device，弹出如图附-24 所示界面。如需选择较慢速器件，将对话框下面 Show Only Fastest Speed Grades 项前框中的√去掉。

针对所使用的 EDA 教学实验箱，在 Device Family 框中选择 ACEX1K，在 Device 框中选择 EP1K100QC208-3 器件(注：对于 EP1K100QC208-3，1K 表示该器件为 1K 系列，后面的 100 表示等效门数约为 100000 门。当然，型号不同，具体的门数也不完全一致。Q 表示封装形式，C 表示商用器件，208 表示该器件有 208 个引脚，3 表示器件的速度)，如图附-25 所示。

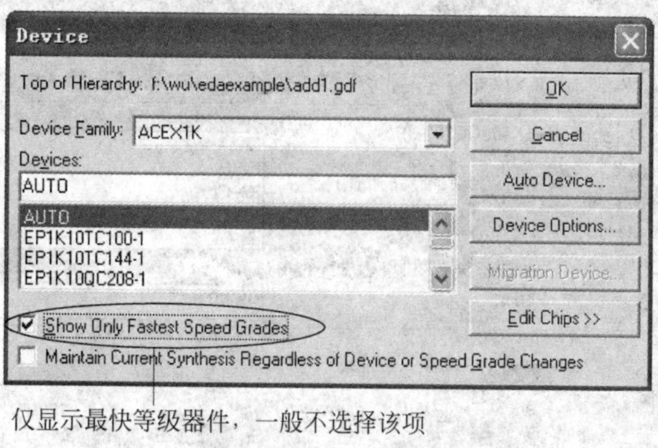

仅显示最快等级器件，一般不选择该项

图附-24　器件选择

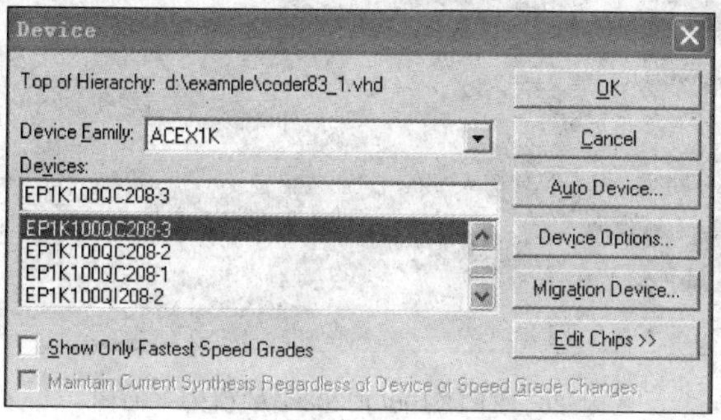

图附-25　EDA 教学实验箱器件选择示意图

2. 引脚分配

器件选择完成后，进行引脚分配。引脚分配的方法有以下两种。

1）利用引脚平面图编辑器进行引脚分配

单击 MAX+plus Ⅱ|Floorplan Editor，芯片的引脚平面编辑界面如图附-26 所示。其中，Chip 框显示文件名和已选择的器件，Unassigned Nodes 框显示尚未分配的输入、输出引脚。主编辑区显示放大的已选择芯片的引脚图。该引脚图和实际芯片的引脚排列一一对应，只要将 Unassign Nodes 区的输入、输出引脚拖放到主编辑区的 I/O 引脚上，即完成引脚分配。

注意：主编辑区显示了各种类型的引脚。其中，I/O 引脚呈白色显示，VCC、GND、JTAG 接口以及下载电路专用的接口等呈黑色显示。在进行引脚分配时，一般只能使用呈白色的 I/O 引脚。

在引脚平面图编辑器中，Layout 菜单选项的几个设置是非常重要的，如图附-27 所示。

(1) Last Compilation Floorplan(上一次编辑的平面图)：这个选项主要显示已经编辑过的引脚平面图，或由系统自动进行 I/O 引脚分配的平面图。如果需要重新编辑，选择 Current Assignments Floorplan(当前编辑的平面图)。

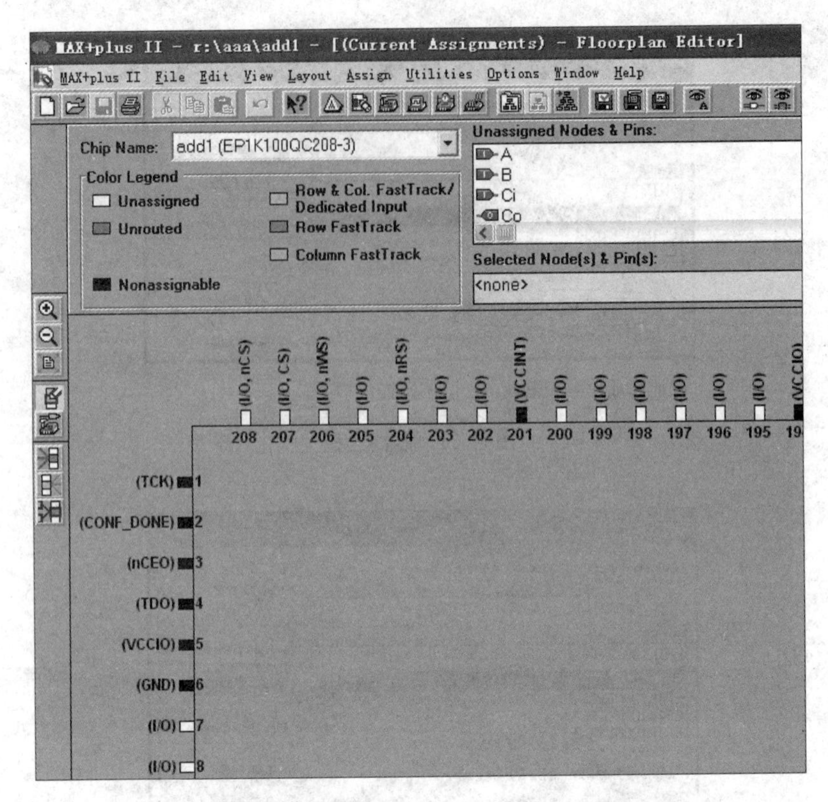

图附-26　EP1K100QC208-3的引脚平面图

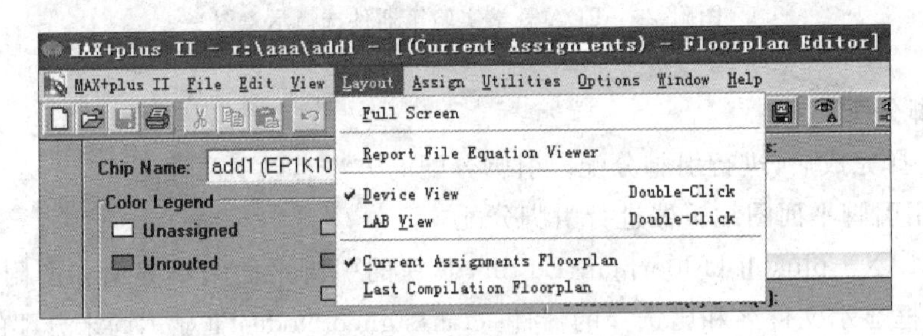

图附-27　引脚平面图编辑器中Layout菜单

(2) Device View(器件视图)与LAB View(逻辑阵列块视图)：这两个选项的主要区别是Device View菜单的功能是显示器件周边的引脚视图，如图附-26所示；LAB View主要显示器件内部的逻辑阵列块等结构及分配情况，如图附-28所示。

只要在视图中用鼠标左键双击，即可实现Device View与LAB View两种视图的相互切换。

2) 利用菜单Device|Pin|Location|Chip进行I/O引脚锁定

在图形编辑界面中，经过器件指定后，可以单击Device|Pin|Location|Chip完成I/O引脚的锁定，操作步骤如下所述。

(1) 在图形编辑界面中，右击选择将要锁定的I/O口，然后在弹出的菜单中单击AssignPin|Location|Chip，弹出的界面如图附-29所示。

图附-28 LAB View 视图

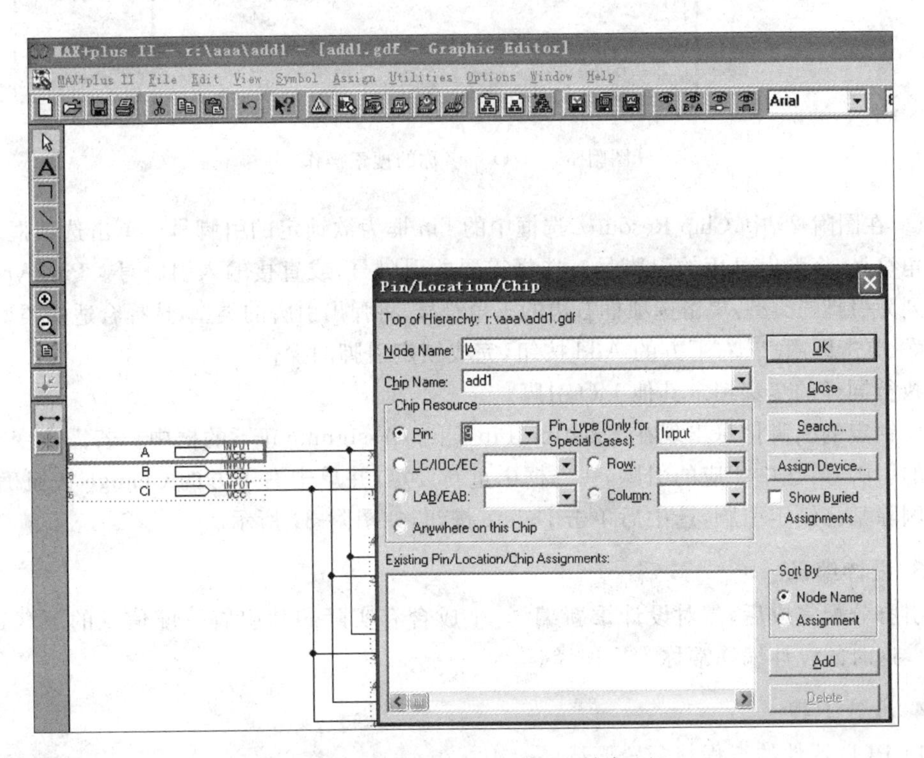

图附-29 利用 Pin/Location/Chip 锁定 I/O 口

在图附-29 中,Node Name 框中为欲锁定的 I/O 口名称。单击 Search 命令按钮,搜索设计中用到的所有 I/O 口的名称。在弹出的对话框中单击 List 按钮,弹出设计中用到的 I/O 口,选择其中的 I/O 口并锁定,如图附-30 所示。

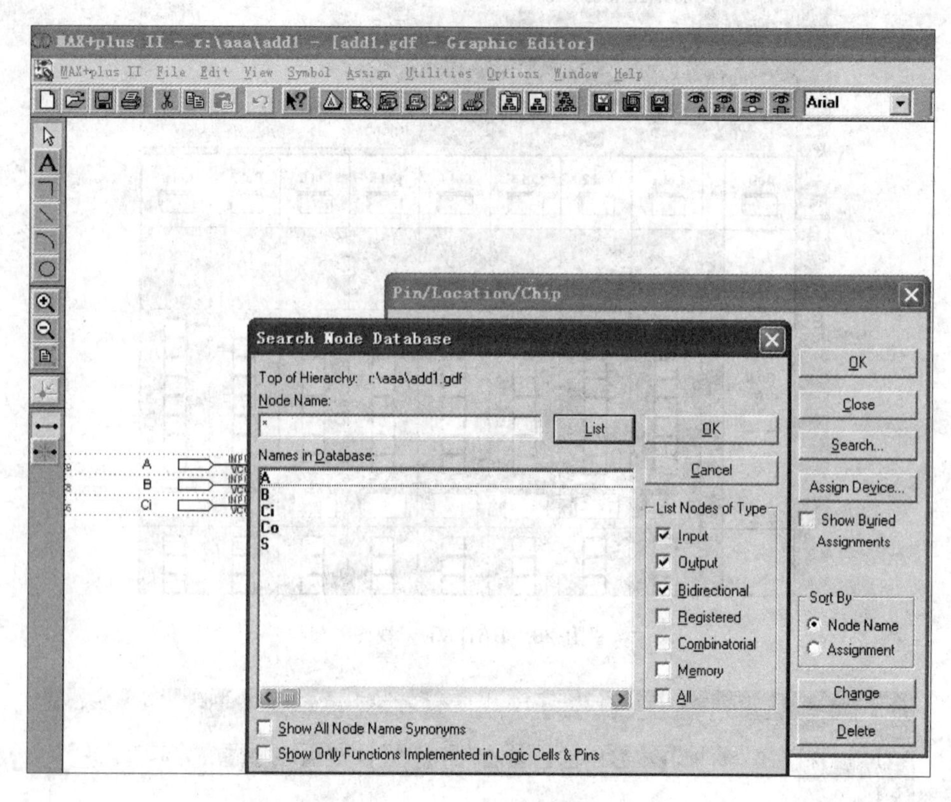

图附-30　I/O 口名称的搜索操作

② 在图附-29 中,Chip Resource 选框中的 Pin 框为欲锁定的引脚号。单击选项框右边的三角符号,将弹出可用的引脚号。选择需要的引脚号,或直接输入引脚号。Pin Type 框中所列为引脚的类型,单击选项框右边的三角符号,将弹出引脚的类型,选择合适的类型。

③ 单击图附-29 右下方的 Add 按钮,完成锁定引脚的操作。

执行同样的步骤锁定其他 I/O 引脚。

已锁定的引脚信息出现在 Existing Pin/Chip Assignment 下的框中。若需改变除已锁定的引脚号,选中相应的引脚,在选框中重新设定,并单击右下方的 Change 按钮确认;若需删除某已锁定引脚,选中后单击 Delete 按钮,如图附-31 所示。

3. 设计编译

引脚分配完成后,需对设计重新编译,生成含有实际芯片引脚分配信息的下载目标文件。这时的设计编译常称为后编译。

4. 设计下载

1) PLD 器件的编程与配置概述

当利用 CPLD/FPGA 开发系统完成数字电路或系统的开发设计,并且通过仿真验证

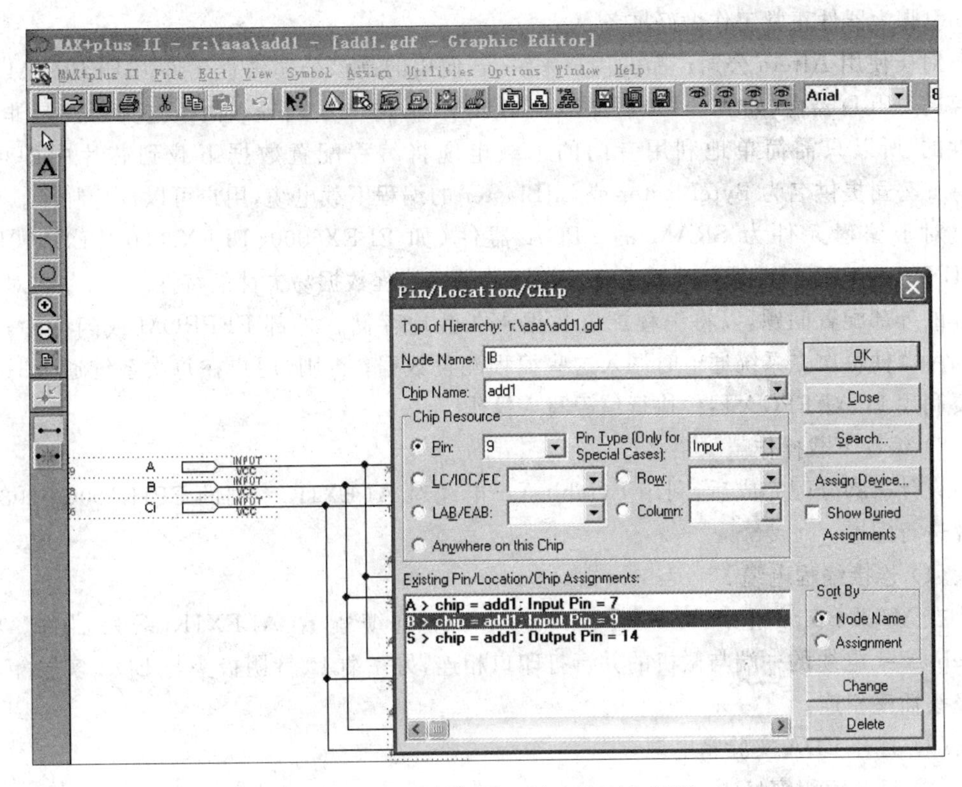

图附-31　改变或删除已锁定的 I/O 引脚

之后，需要将获得的 CPLD/FPGA 编程配置目标数据下载到 PLD 芯片中，以便最后获得所设计的硬件数字电路或系统，并结合用户的设计需求进行电路功能的硬件调试和应用。

(1) 器件编程的分类

PLD 编程配置数据下载的方式有多种。

按使用计算机的通信接口，划分为串口下载(BitBlaster 或 MasterBlaster)、并口下载(ByteBlaster)、USB 接口下载(MasterBlaster 或 APU)等方式。

按使用的 PLD 器件，划分为 CPLD 编程(适用于编程元件为 EPROM、EEPROM 和闪存的器件)、FPGA 配置(适用于编程元件为 SDRAM 的器件)。

按 PLD 器件在编程下载过程中的状态，划分为主动配置方式(由 CPLD 器件引导配置操作的过程，并控制外部存储器和初始化过程)、被动配置方式(由外部计算机或单片机等微处理器控制配置的过程)。

(2) 器件的工作状态

按照正常使用和下载的不同过程，将 PLD 器件的工作状态分为以下 3 种：

① 用户状态(User mode)，即电路中 CPLD 器件正常工作时的状态。

② 配置状态(Configuration)，指将编程数据装入 CPLD/FPGA 器件的过程，也称为下载状态。

③ 初始化状态(Initialization)，此时 CPLD/FPGA 器件内部的各类寄存器复位，让

I/O引脚为器件正常工作做好准备。

对于使用Altera公司产品的用户来说，若使用的是该公司编程元件为EEPROM或闪存的CPLD器件(如MAX5000、MAX7000、MAX9000系列等)，由于这类器件是非易失性的，所以只需简单地利用专门的下载电缆将编程配置数据下载到芯片中即可。Altera公司提供名为ByteBlaster或BitBlaster的编程下载电缆，用户可以自行制作。

对于编程元件为SRAM的FPGA器件(如FLEX6000、FLEX8000、FLEX10K、ACEX1K、APEX20K系列等)，由于这类器件具有编程数据易失性的特性，所以存在对于芯片的外部配置问题，以将编程配置数据永久性地存储在外部EEPROM或闪存中，供FPGA器件每次在系统通电时调入这些编程配置数据；否则，用户在每次系统通电时都需要利用PC对FPGA器件执行编程写入操作。

2）编程下载操作

设计引脚分配完成后，利用Byteblaster电缆对ALEX1K系列的EP1K100QC208-3芯片进行配置。

(1) 连接编程电缆。

在MAX+plus Ⅱ中，可以通过Byteblaster电缆配置ALEX1K系列器件。将Byteblaster电缆的一端与微机的并行打印口相连，另一端10针阴极头与EDA实验箱的阳极头插座相连。

(2) 打开EDA实验箱电源。

(3) 打开编程窗口。

选择菜单MAX+plus Ⅱ|Programmer，打开编程器窗口，如图附-32所示。

(4) 选择下载电缆的类型

在MAX+plus Ⅱ编程器界面中，选择菜单Option|Hardware Setup，然后在Hardware Type对话框内设定下载电缆的类型。这里选择下载电缆为ByteBlaster(MV)，然后单击OK按钮。如果是BitBlaster类型，还要选择相应的波特率，最后单击OK按钮，如图附-33所示。

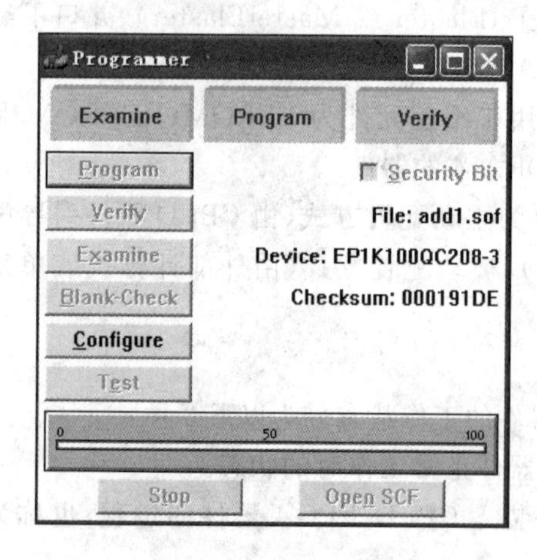

图附-32 编程器窗口

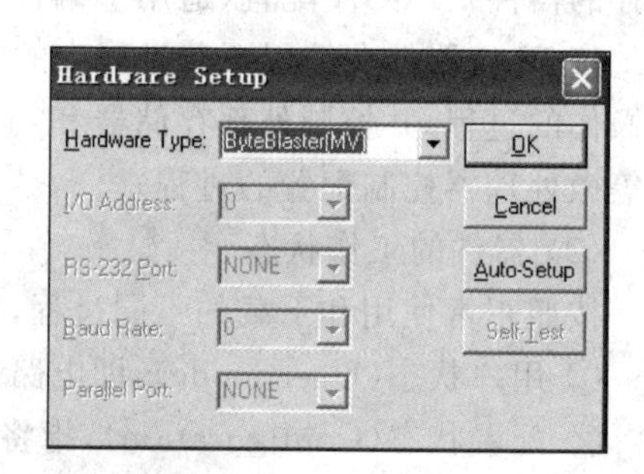

图附-33 下载电缆的选择

（5）在编程器窗口中，检查所选择的编程文件和器件是否正确。在对 ALEX1K 系列器件编程时，使用扩展名为.sof 的文件；如果选择的编程文件不正确，在 File 菜单中执行 Select Programming File 命令，选择编程文件，如图附-34 所示。

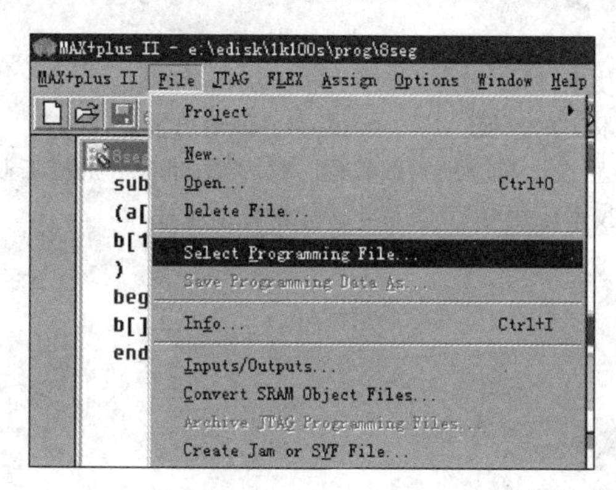

图附-34　编程文件的选择

（6）在编程器窗口中单击 Configure 按钮，等待完成下载配置。

设计编程完成后，就可以按照各 I/O 口的引脚分配，将 PLD 的各引脚与相应的输入和输出资源相连接，从硬件上验证设计的正确性。输入口一般连接在实验箱的开关或按钮上，以便设置输入的状态；输出口一般连在发光二极管或数码管上，以便显示验证输出的状态。

参考文献

[1] 吴翠娟,陈曙光. EDA 技术[M]. 北京：清华大学出版社,2009.

[2] 潘松,黄继业. EDA 技术实用教程[M]. 3 版. 北京：科学出版社,2006.

[3] 王振红. VHDL 数字电路设计与应用实践教程[M]. 2 版. 北京：机械工业出版社,2006.

[4] 龚江涛,唐亚平. EDA 技术应用[M]. 北京：高等教育出版社,2012.